ENVIRONMENTAL MICROBIOLOGY EXPERIMENTATION

环境微生物实验教程

陈 倩　刘思彤　编著

北京大学出版社
PEKING UNIVERSITY PRESS

图书在版编目（CIP）数据

环境微生物实验教程 / 陈倩，刘思彤编著．—北京：北京大学出版社，2022.5
环境科学本科专业核心课程教材
ISBN 978-7-301-29302-7

Ⅰ．①环… Ⅱ．①陈… ②刘… Ⅲ．①环境微生物学—实验—高等学校—教材
Ⅳ．①X172-33

中国版本图书馆CIP数据核字（2022）第062719号

书　　名	环境微生物实验教程 HUANJING WEISHENGWU SHIYAN JIAOCHENG
著作责任者	陈　倩　刘思彤　编著
责任编辑	刘　洋　黄　炜
标准书号	ISBN 978-7-301-29302-7
出版发行	北京大学出版社
地　　址	北京市海淀区成府路205号　100871
网　　址	http://www.pup.cn　　新浪微博：@北京大学出版社
电子信箱	liuyanglk@pup.cn
电　　话	邮购部 010-62752015　发行部 010-62750672　编辑部 010-62764976
印 刷 者	三河市北燕印装有限公司
经 销 者	新华书店
	787毫米×980毫米　16开本　20.75印张　340千字
	2022年5月第1版　2022年5月第1次印刷
定　　价	60.00元

前言

环境微生物学是一门横跨微生物学、环境科学与环境工程等众多领域的新兴学科，具有知识更新速度快、交叉性强的显著特点。环境微生物学是以微生物学理论、方法和技术为基础，研究环境现象、解决环境问题的科学。随着环境微生物学研究深度和广度的不断拓展，环境微生物实验技术的迅速发展为人们认识环境和改造环境提供了重要的技术手段和研究方法。环境微生物实验技术具有很强的实践性，操作要求较高，在掌握基本实验原理的基础上必须规范操作，才能获得科学、满意的实验结果；同时，环境微生物实验技术日新月异、发展迅猛，相关人员需要时刻关注前沿技术发展，及时进行技术更新换代，才能将环境微生物实验技术更好地应用于环境问题的解决。

《环境微生物实验教程》是一本关于环境微生物学实验技术与方法的综合性教材。编者在阅读了大量国内外实验技术与方法的基础上，结合多年的实验教学和科研工作经验，力求以环境问题为导向，将环境领域研究需求和现代微生物实验技术有机结合，注重实用性和操作性，使读者在掌握环境微生物基本操作技术的基础上，理解每项技术在研究中的应用范围；同时，将现阶段基于宏组学的微生物生态学技术与方法写进教材，兼顾先进性和开拓性，弥补了现有教材中该部分内容缺失的问题。

全书共分3部分：第一部分为基础微生物实验方法与技术，共6个章节，17个实验，主要包括培养基的基本配置程序和器皿的灭菌消毒，常用器皿的无菌操作和微生物的接种技术与培养方法，以及微生物的分离、纯化、鉴定、显微镜观察、革兰氏染色、大小与数量的测定、生长因子的测定与菌种保藏技术等基本操作。第二部分为现代微生物实验方法与技术，共4个章节，16个实验，主要包括微生物DNA提取、RNA提取、PCR扩增、凝胶电泳、FISH技术以及宏基因组、宏蛋白质组等组学技术，对环境微生物进行更深层次地分析与探究。第三部分为环境微生物及其应用，共2个章节，6个实验，主要包括水体、土壤、大气等不同环境介质中微生物的测定，以及利用微生物处理生活污水等综合性较强的应用型实验。本书的编排按照从基础到综合的原则，从传统的微生物实验出发，逐渐深入现代微生物实验与微生物在环境领域中的应用实验；不仅适合作为环境领域相关专业本科生的实验教材，也可作为研究生或科研人员的重要参考用书。

本书由北京大学环境科学与工程学院陈倩、刘思彤等从事环境微生物学研究多年的教师编写。郝芳华、丁小平参与了第一部分的内容整理与编写工作；刘唐、赵云鹏、周建行参与了第二部分的内容整理与编写工作；叶正芳、李雷参与了第三部分的内容整理与编写工作。本书编写过程中参考和引用了国内外微生物学实验教程和技术方面的书籍和资料，并引用了一些相关的标准和图片，在此一并感谢。

本书的出版，是我们对多年环境微生物教学和科研工作的总结，希望能够对教学科研工作有所促进；但由于水平和经验所限，全书疏漏、谬误之处在所难免，敬请同行专家和读者给予批评和指正。

编　者

2022年4月

目　录

环境微生物
实验教程

目
录

环境微生物实验室安全须知

微生物实验的多数操作需要在无菌环境下进行，因此需要配备能够满足微生物实验操作要求的实验室。根据所操作微生物危险等级的不同，实验室可以分为四级：①基础实验室——一级生物安全水平，适用于基础的教学和科学研究；②基础实验室——二级生物安全水平，适用于初级卫生服务、诊断和研究工作；③防护实验室——三级生物安全水平，适用于特殊的诊断和研究；④最高防护实验室——四级生物安全水平，适用于危险病原体研究。

一般而言，环境微生物实验操作通常在二级生物安全水平的实验室开展。实验室的布局一般可根据不同的实验目的设计，实验人员可在不同区域进行不同的实验操作，实验室内还须配备生物安全柜、高压蒸汽灭菌器以及必要的洗眼和应急喷淋装置等设施。为确保环境微生物实验室教学和科研活动的安全开展，必须注意以下事项。

一、微生物实验室安全注意事项

1. 实验室的准入与个人防护

（1）实验室的门应保持关闭，只有经批准的人员方可进入实验室工作

区域。

（2）实验人员进入无菌室前应用肥皂或洗手液洗手消毒，应在缓冲间更换已消毒的连体衣、隔离服或实验服，佩戴手套、口罩、护目镜等个人防护用具后方可进入实验室。

（3）除所需的记录本、文具外不得将其他个人物品带入实验室。

（4）严禁在实验室工作区内进食、饮水、化妆和处理隐形眼镜等；不得将手指触及头面部，尤其是眼睛、鼻口周围。

（5）手套用完后，应先消毒再摘除；在离开实验室工作区域前，都必须洗手。

（6）严禁穿着实验室防护服离开实验室，实验室内用过的防护服不得和日常服装放在同一柜子内。

（7）严禁将实验材料置于口内，严禁舔标签或用口吸移液管。

2. 实验室内无菌操作

（1）实验室无菌操作区应保持清洁整齐，严禁摆放和实验无关的物品。

（2）发生具有潜在危害性的材料溢出以及在每天工作结束之后，都必须清除工作台面的污染。

（3）使用菌种时要采用严格的防范措施，严格操作规程，防止菌种传播。设置专门的冰柜保存菌种，进入实验室的菌种都必须购自正规单位；实验室中使用的菌种和物品未经允许，不得带出实验室。

（4）进行高压蒸汽灭菌的人员必须认真负责，中途不准离开实验室。

（5）使用超净工作台前应先打开紫外灯照射 15 min 以上，实验过程中关闭紫外灯，打开通风。

（6）酒精灯内液体体积不能超过酒精灯容积的 2/3，熄灭酒精灯时应用灯帽盖灭。

3. 实验室废弃物管理

（1）废弃物是指将要丢弃的所有物品，其处理的首要原则是所有感染性材料必须在实验室内清除污染、高压蒸汽灭菌或焚烧。

（2）所有微生物样本或沾染微生物的器具须经过消毒灭菌后专门处理，不得随意丢弃。

（3）实验室使用的吸管、涂布棒、试管、三角瓶和培养皿等器具在使用后须先经过高压蒸汽灭菌后再进行清洗和循环使用。

（4）水槽用后及时清理，不得有杂物，不得堵塞。

（5）实验室垃圾、利器、生活垃圾应分类收集处理，污染物及危险物品须放入指定容器，专门处理。

4. 实验室清洁消毒制度

（1）无菌室每次使用前应打开紫外灯灭菌 30 min 以上。

（2）应定期用含有 1% 有效氯的溶液或通过煮沸福尔马林所产生的甲醛蒸气熏蒸方法对无菌室的地面、台面等进行消毒。蒸气熏蒸较为危险，需要由专业人员来进行。

（3）每次实验结束后，应将个人实验物品及时撤出实验室，并用消毒液对实验台面器具进行消毒。离开后打开紫外灯照射 30 min 以上。

（4）无菌室应每月检查菌落数。100 级洁净区平板杂菌数平均不得超过 1 个菌落，10 000 级洁净室平均不得超过 3 个菌落。如超过限度，应对无菌室进行彻底消毒，直至符合要求为止。

5. 实验室消防、用水用电与仪器设备安全

（1）实验室应配备灭火器，实验室工作人员应熟练掌握灭火器使用方法，并定期参加消防安全培训。

（2）实验室所有电器设备都必须进行检查和测试，包括接地系统。

（3）实验室电路中要配置断路器和漏电保护器；插排应防水、固定，严

禁乱拉电线或将插排摆放在地面上。

（4）超净台内必须配备灭火毯。

（5）压缩气体钢瓶须固定，由专人负责更换。

（6）离开实验室前，应洗净双手，关闭门、窗、水、电等。

6. 意外事故应对方案

（1）发生了皮肤感染（刺伤、擦伤、抓伤、眼或面部飞溅）时，受伤人员应立即脱下防护服，并用抗菌皂液和温水冲洗感染部位 15 min，使用适当的皮肤消毒剂。

（2）感染性物质溢出时，应当立即用布或纸巾覆盖受感染性物质污染或受感染性物质溢洒的破碎物品；在上面倒上消毒剂，并使其作用适当时间；然后将布、纸巾以及破碎物品清理掉；再用消毒剂擦拭污染区域。

第一部分

基础微生物实验方法与技术

第一章

培养基的配制及灭菌消毒

实验 1-1　培养基的种类与常规配制程序

【目的要求】

（1）了解微生物培养基的种类及其配制原理。

（2）掌握微生物培养基的配制程序和分装方法。

【基本原理】

培养基（culture medium）是由人工配制的适合微生物生长繁殖或积累代谢产物的营养基质。由于微生物种类繁多，对营养物质的要求各异，加之实验和研究目的的不同，培养基在组成成分和存在状态上也各有差异。但是，培养基中一般应含有满足微生物生长发育且比例合适的水分、碳源、氮源、无机盐、生长因子以及某些特殊的微量元素等，并且能够保障各营养成分之间的协调。除满足上述营养成分的需求外，培养基还应具有适宜的酸碱度（pH）、一定的缓冲能力以及合适的渗透压。

一、培养基的种类

根据不同的标准可将培养基分为多种不同的类型。

1. 根据培养基的组成成分划分

根据培养基的组成成分划分，可分为天然培养基、合成培养基和半合成培养基。

（1）天然培养基：天然培养基由各种动、植物或微生物原料等天然有机物制作而成，其化学成分难以明确。用作这种培养基的主要原料有牛肉膏、麦芽汁、蛋白胨、酵母膏、玉米粉、麸皮、各种饼粉、马铃薯、牛奶、血清等。由于这些原料来源广泛，配制方便，尤其适合于配制实验室常用的培养基和生产上规模使用的培养基。

（2）合成培养基：合成培养基是由化学成分已知的化学物质按照一定比例配制而成的培养基。这类培养基化学成分精确、可重复性强，但价格昂贵，往往适用于科学研究中培养基的配制。

（3）半合成培养基：在合成培养基中，加入某种或几种天然成分；或者在天然培养基中，加入一种或几种已知成分的化学试剂即成为半合成培养基，例如马铃薯蔗糖培养基等。如果在合成培养基中加入琼脂，由于琼脂中较多的化学成分并不清楚，故也只能算是半合成培养基。这种培养基在生产实践和实验室中使用最多。

2. 根据培养基的物理状态划分

根据培养基的物理状态划分，可分为液体培养基、固体培养基和半固体培养基。

（1）液体培养基：液体培养基中不加任何凝固剂，将各种培养基组分溶于水即可。这种培养基成分均匀，微生物能充分接触和利用培养基中的养料，发酵率高，常用于大规模工业发酵和微生物培殖等科学研究领域。

（2）固体培养基：固体培养基是呈固体状态的培养基，通常通过在液体培养基中加入1.5%～2.0%凝固剂的方式进行固化。常用于微生物分离、鉴定、计数和菌种保存等方面。常见的凝固剂包括琼脂、明胶、硅胶等。其中琼脂是最常用的凝固剂，它是一种可逆性胶体，通常加热到96℃以上时成为溶胶，降温到42℃以下时成为凝胶。

（3）半固体培养基：半固体培养基是在液体培养基中加入少量的凝固剂

使培养基呈半固体状态，常用于细菌运动能力的观察、菌种鉴定以及噬菌体的效用评价等方面。

3. 根据培养基的用途划分

根据培养基的用途划分，可分为基础培养基、加富培养基、选择性培养基和鉴别培养基。

（1）基础培养基：可以无选择地满足一般微生物的生长需要，牛肉膏蛋白胨培养基是最常用的基础培养基。

（2）加富培养基：在基础培养基中添加一些特殊物质配成的培养基为加富培养基，可以满足营养要求较为苛刻的某些异养微生物的生长需要。

（3）选择性培养基：利用某一种或某一类微生物的特殊营养要求或特殊环境要求，在培养基中加入某些特殊物质配成的培养基为选择性培养基，可以抑制非目的微生物的生长，同时促进目的微生物的生长。

（4）鉴别培养基：不同微生物的生物化学特性不同，在培养基中加入某种化学试剂配成的鉴别培养基，可根据培养后发生的某些变化来区分不同类型的微生物。

二、培养基的配制流程

由于微生物种类及代谢类型繁多，用于培养微生物的培养基也多种多样，虽然它们的成分和配制方法差异较大，但其配制程序大致相同。培养基的配制流程为：原料称量→加水溶解→加琼脂融化→调节 pH →分装→包装→灭菌。

1. 原料称量、加水溶解

根据培养基配方，准确称取各种原料成分，在烧杯或其他容器中加入所需水量的一半，然后依次将各种原料加入水中，用玻璃棒搅拌使之溶解。某些不易溶解的原料，如蛋白胨、牛肉膏等，可先在小容器中加少许水，加热溶解后再冲入容器中。待原料全部加入容器后，补足需要的全部水分，即配制成为液体培养基。配制固体培养基时，可在加热套中将液体培养基加热煮沸，然后边搅拌边加入称量好的琼脂，继续加热直至琼脂完全融化，再用热水补足因蒸发而损失的水分。

2. 调节 pH

液体培养基常用 1～2 mol/L HCl 或 1～2 mol/L NaOH 溶液进行 pH 调节。调节 pH 最简单的方式是用精密 pH 试纸进行测定，操作中用玻璃棒蘸少许培养基，点在试纸上进行比对，如 pH 偏酸则加入 NaOH 溶液，如 pH 偏碱则加入 HCl 溶液，经反复几次调节至所需 pH。若需要较为准确地调节培养基 pH，也可用酸度计测定 pH。固体培养基 pH 的调整方法与液体培养基相同，一般在加入琼脂后进行，同时应注意将培养基温度保持在 80℃以上，以防止琼脂凝固。

3. 培养基的分装

培养基配好后，要根据不同的使用目的，分装到不同的容器中。对于不同用途的培养基，其分装量应视具体情况而定，要做到适量、实用。

4. 包装

培养基分装到各种规格的容器（试管、锥形瓶、血清瓶等）后，应按管口或瓶口的不同大小分别塞以大小适度、松紧适合的硅胶塞或聚丙烯试管帽，其主要作用在于阻止外界微生物进入培养基内，防止污染，同时还可保证良好的通气性能，使微生物能不断地获得无菌空气。

5. 灭菌

培养基配制完毕后应立即进行灭菌。如延误时间，会因杂菌繁殖而导致培养基变质，不能使用。培养基一次不宜配制过多，最好是现配现用。培养基较长时间搁置不用或储存不当，往往会因污染、脱水或光照等因素而变质。

【实验器材】

1. 实验试剂

配制各种培养基所需的试剂、琼脂、1 mol/L HCl 溶液、1 mol/L NaOH 溶液。

2. 实验仪器

天平、加热套、高压灭菌器、烘箱。

3. 实验器皿

移液管、试管、烧杯、量筒、锥形瓶、培养皿、玻璃漏斗、玻璃棒等。

4. 实验工具

称量勺、称量纸、精密 pH 试纸、记号笔、硅胶塞、聚丙烯试管帽、牛皮纸或报纸等。

【实验步骤】

一、玻璃器皿的洗涤

在使用前，将移液管、锥形瓶、试管、培养皿、量筒等浸入含有洗涤剂的水中，用毛刷刷洗，再用自来水和蒸馏水冲净。洗刷干净的玻璃器皿置于烘箱中烘干备用。

二、培养基的配制

按照上述培养基的配制流程进行称量、溶解和调节 pH。

1. 液体培养基的配制

（1）称量：一般可使用 1/100 天平称量配制培养基所需要的各种试剂，先按培养基配方计算各成分的用量，然后进行准确称量。

（2）溶解：将称好的试剂置于烧杯中，加入所需水量一半的蒸馏水或自来水，难溶的试剂可通过加热搅拌的方式促进溶解。常见加热溶解装置如图 1-1-1 所示。

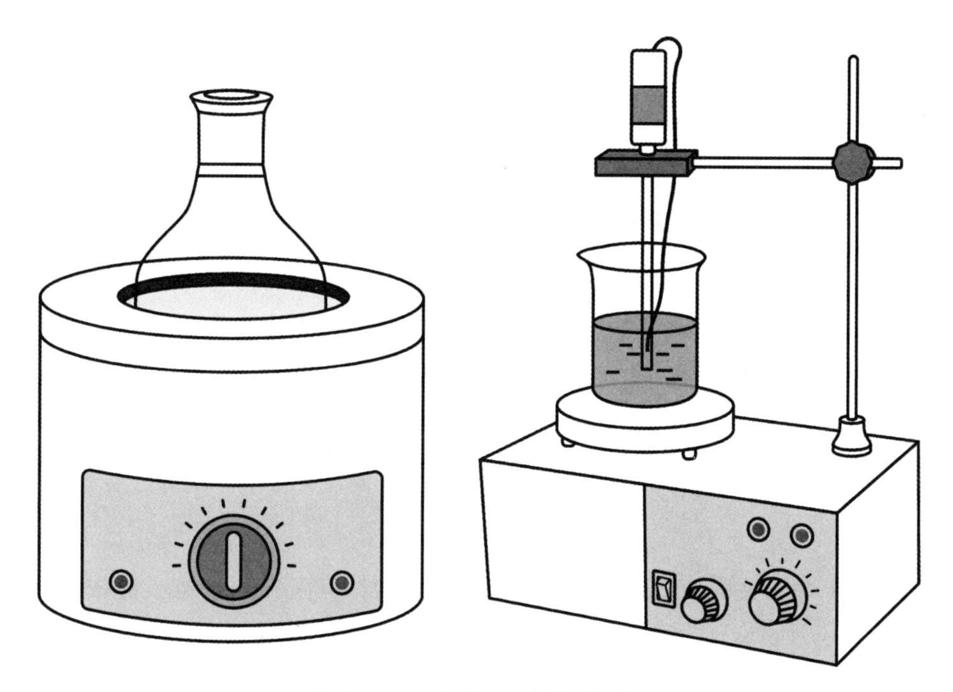

图 1-1-1 培养基加热溶解装置

（3）定容：待全部试剂溶解后，加水至所需体积。如某种试剂用量太少时，可预先配成高浓度储备液，然后按比例吸取一定体积的溶液，再加入培养基中。

（4）调节 pH：一般可采用精密 pH 试纸进行调节，过程中应逐滴加入

NaOH 溶液或 HCl 溶液，防止局部过酸或过碱，破坏培养基成分。

2. 固体培养基的配制

配制固体培养基时，应将已配好的液体培养基加热煮沸，再加入称量好的琼脂，并用玻璃棒不断搅拌，以免煳底烧焦，直至琼脂完全融化，最后补足因蒸发而失去的水分。

三、培养基的分装

1. 液体培养基的分装

使用试管分装，可使用大容量移液管移取，分装高度以试管高度的 1/4 左右为宜。分装三角锥形瓶的量则应根据需要而定，一般以不超过锥形瓶容积的一半为宜。如果是用于振荡培养，则根据通气量的要求酌情减少。分装过程中须注意不要使培养基沾污管口或瓶口，以免造成污染。

2. 固体培养基的分装

（1）试管的分装：取一个玻璃漏斗装在铁架台上，漏斗下连接一根橡皮管，橡皮管再与另一玻璃管相接，橡皮管的中部加一弹簧夹，松开弹簧夹，使培养基直接流入试管内；也可使用虹吸装置进行培养基的分装（图 1–1–2）。

（2）锥形瓶的分装：用于制作平板培养基时，可在 250 mL 锥形瓶中装入 150 mL 液体培养基，再加入 3 g 琼脂粉（按 2% 计算），灭菌过程中琼脂粉可被融化。

如需要分装大批量的试管和平皿，也可使用全自动培养基分装装置进行，可实现配制、溶解和灭菌过程的一体化。

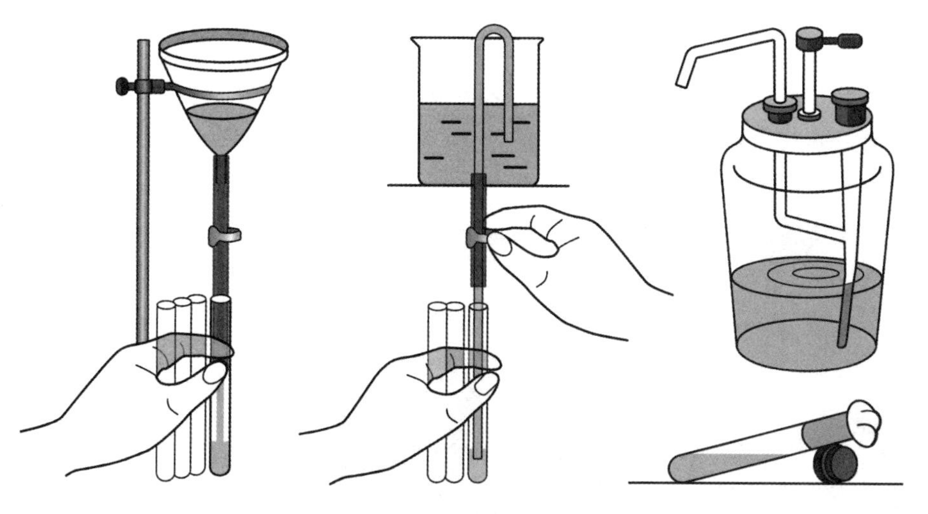

图 1-1-2 试管的分装方法

四、玻璃器皿和常用器具的包装

1. 培养皿的包装

培养皿（petri dish）由皿盖和皿底组成，根据需要可选择不同直径大小的培养皿。传统的包装方法为用报纸将几套培养皿包装成一包，灭菌后使用，为方便操作，也可购置不锈钢平皿灭菌桶进行平皿的灭菌（图 1-1-3）。

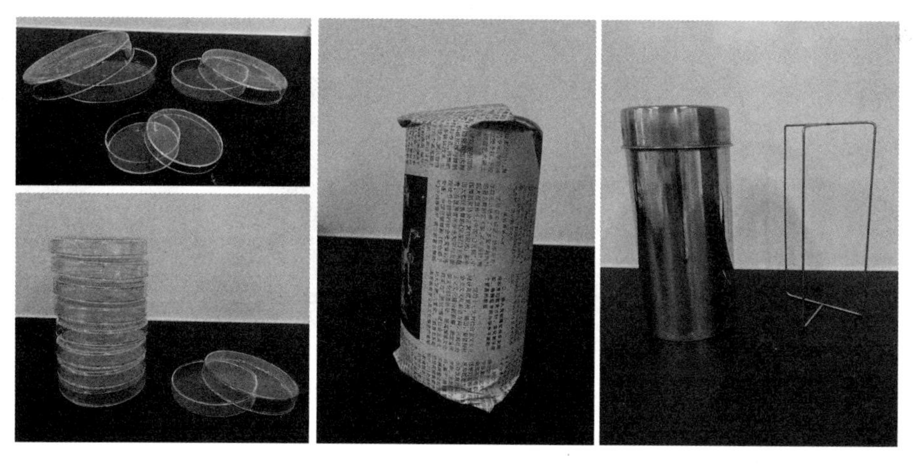

图 1-1-3 培养皿及培养皿的包装

2. 锥形瓶的包装

锥形瓶的瓶口常常先包上一层无菌透气封口膜或纱布，一般还需要包上一层牛皮纸或报纸并用橡皮筋捆好，再灭菌备用，如图 1–1–4 所示。

图 1–1–4　锥形瓶的包装

3. 试管的包装

可将试管口用硅胶塞塞住，因后续还要进行灭菌操作，须注意硅胶塞不能塞得太紧，以防试管在灭菌过程中炸裂，也可直接购买无菌带塞试管使用。加塞后，将全部试管放在烧杯中用橡皮筋捆好，再在烧杯口外包一层报纸或牛皮纸，以防止灭菌时冷凝水浸湿塞子（图 1–1–5）。

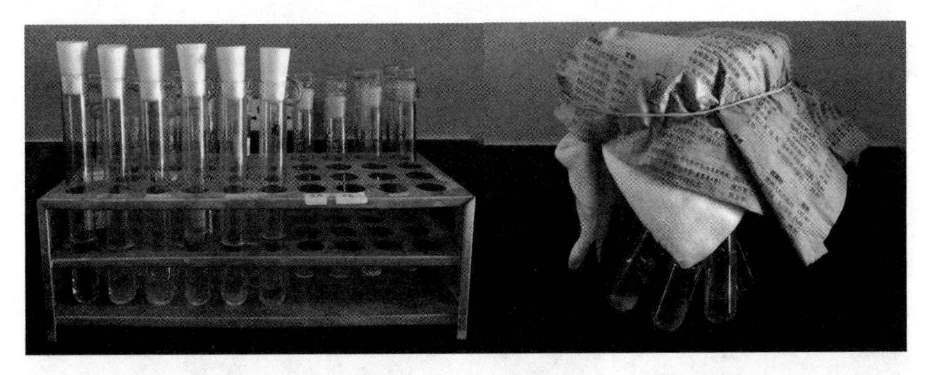

图 1–1–5　试管的包装

4. 移液管的包装

移液管可使用移液管灭菌桶直接进行灭菌，如图 1–1–6 所示。

图 1-1-6 移液管的包装

5. 枪头的包装

使用枪头盒放置 10 μL、100 μL、200 μL、1 mL、5 mL 等不同规格的枪头。灭菌前，将枪头盒用报纸或牛皮纸包裹，用橡皮筋捆好后进行灭菌（图 1-1-7）。

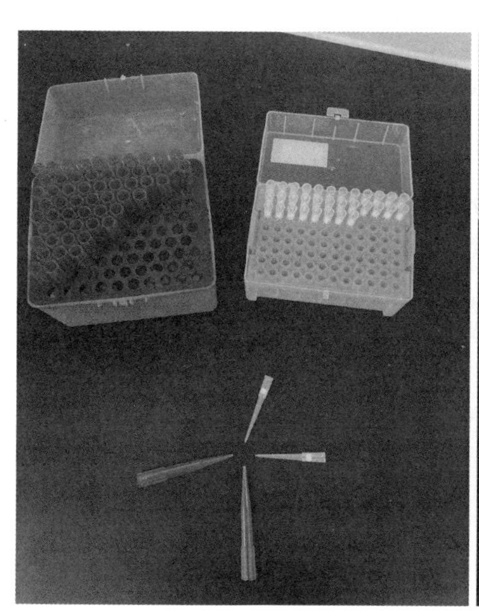

图 1-1-7 枪头的包装

五、培养基和器皿的灭菌

将分装好的培养基或器皿放入高压灭菌器中以0.103 MPa，121℃高压蒸汽灭菌20～30 min，取出待用。如需制作斜面，应在高压蒸汽灭菌器降压后，取出培养基摆成斜面。

六、杂菌检测

灭菌后，将培养基放在30℃恒温培养箱中培养24 h，检查杂菌污染情况。若无菌生长，说明没有杂菌污染，培养基可投入使用。

【注意事项】

（1）培养基配方上标出的pH是该培养基使用时的pH，灭菌处理会影响培养基的最终pH，应注意调整。

（2）培养基配好后，应及时包装成捆，并贴上标签，写明培养基名称、配制人和配制日期等信息，以免后续使用过程中出错。

（3）制作斜面的试管内，培养基的量不宜过多，制成的斜面长度以不超过试管长度的1/2为宜。

【实验报告】

拍照记录配制的各类培养基，并记录培养基经过灭菌后有无杂菌污染的情况。

【问题与思考】

（1）配制培养基的基本要求和程序是什么？

（2）为什么实验过程中使用的器具都要使用报纸或牛皮纸包装起来，经高压蒸汽灭菌后才能使用？

（3）配制好的培养基如不能及时灭菌，应该如何放置？灭菌后的培养基应该如何放置？

（4）检查灭菌后的培养基是否无菌的意义是什么？

实验 1-2 实验室常用培养基的配制程序

【目的要求】

（1）学习并掌握微生物培养基的配制程序。

（2）了解牛肉膏蛋白胨培养基和高氏一号培养基的基本用途。

【基本原理】

根据培养微生物种类的不同，培养基可分为细菌培养基、放线菌培养基、霉菌培养基和蓝藻培养基等。不同实验的培养基种类较多，配方成分也不尽相同。本实验以典型的细菌培养基（牛肉膏蛋白胨培养基）和典型的放线菌培养基（高氏一号培养基）为例来介绍培养基的配制过程。

牛肉膏蛋白胨培养基是使用最为广泛的细菌培养基，能够适应细菌的好氧和兼性厌氧生长。其主要成分是牛肉膏、蛋白胨和 NaCl，分别为细菌的生长提供碳源、氮源和无机盐。牛肉膏蛋白胨培养基是天然培养基，不加琼脂又称肉汤培养基，加上琼脂用来分离、培养细菌以及计数分析等。在实际使用过程中，也可根据研究需要在牛肉膏蛋白胨培养基的基础上增加葡萄糖或目标降解物等以提高培养基的专一性。

高氏一号培养基是最常用的放线菌培养基，主要成分是可溶性淀粉以及 KNO_3、$MgSO_4$、K_2HPO_4、NaCl 和 $FeSO_4 \cdot 7H_2O$ 等无机盐。可溶性淀粉为放线菌的生长提供碳源，KNO_3 提供氮源。高氏一号培养基是典型的合成培养基，含无机盐种类较多，通常专门用于培养和观察放线菌的形态特征。

【实验器材】

1. 实验试剂

蛋白胨、牛肉膏、NaCl、可溶性淀粉、KNO_3、$MgSO_4$、K_2HPO_4、$FeSO_4 \cdot 7H_2O$、1 mol/L 的 NaOH 溶液、1 mol/L 的 HCl 溶液、琼脂粉。

2. 实验仪器

高压蒸汽灭菌器、天平、加热装置（微波炉、电炉、电磁炉或加热套等，加热溶解培养基用）。

3. 实验器皿

移液管、烧杯、量筒、锥形瓶（含封口膜或纱布用于封口）、直径为 90 mm 的培养皿（一次性无菌塑料平皿或玻璃平皿）、玻璃棒、试管（含对应规格的硅胶塞或试管帽用于封口，试管规格可选：18 mm × 150 mm，18 mm × 180 mm，15 mm × 150 mm 等）。

4. 实验工具

橡皮筋、报纸或牛皮纸、称量匙、称量纸、pH 计（pH 精密试纸也可）、记号笔等。

【实验步骤】

一、牛肉膏蛋白胨培养基的配制

1. 液体培养基配方

牛肉膏 3.0 g，蛋白胨 10.0 g，NaCl 5.0 g，蒸馏水 1000 mL。

2. 液体培养基的配制

（1）称量：按照培养基的先后顺序称量试剂。由于牛肉膏呈膏状，不便称量，具体操作中可用玻璃棒挑取放入烧杯或平皿中称量，用热水溶解后待用。蛋白胨极易吸湿，因此称量速度要快。称量每种试剂时，均要保证称量勺的清洁。

（2）溶解和定容：牛肉膏蛋白胨培养基不易溶解，称量好的试剂放入烧杯，加入 500 ~ 750 mL 的蒸馏水，小火加热、用玻璃棒搅拌溶解，待试剂完全溶解后补充蒸馏水至 1 L。

（3）调节 pH：向配制好的培养基中滴加 1 mol/L 的 HCl 或 1 mol/L 的 NaOH 溶液调节 pH 至 7.4 ~ 7.6，测定 pH 可以使用 pH 计或者 pH 试纸。

（4）分装和包装：根据不同的实验需求对培养基进行分装。分装至锥形瓶时，以不超过容积的 1/2 为宜。分装好后封口，并将锥形瓶外包一层牛皮纸或报纸。

（5）灭菌和冷却：分装好后 121℃高温蒸汽灭菌 15 ~ 30 min。灭菌完成，等灭菌器温度降至规定温度（各灭菌器开盖温度可能稍有不同），打开灭菌器，取出培养基，冷却至室温。

杂菌检测：灭菌后的培养基须放入 37℃培养箱中培养 24 h，无菌生长后方可继续使用。

3. 固体培养基的配制

如需使用固体牛肉膏蛋白胨培养基，可在液体培养基的基础上按照1.5%～2%的比例加入琼脂。由于琼脂较难溶解，通常将琼脂放入已溶解的试剂中再加热融化，加热过程中须使用玻璃棒不断搅拌以防琼脂煳底。琼脂完全溶解后，待温度降至50℃左右后即可进行试管或平皿的分装。过热时进行分装，平皿上部易凝结较多的水蒸气；过冷时琼脂会凝固而导致无法正常分装。

（1）试管类的分装：配制好的培养基可用玻璃漏斗分装至试管中，不超过试管高度的1/5即可，用硅胶塞塞紧，瓶口用牛皮纸包装，灭菌后取出冷却凝固。制作斜面时，倾斜度要适当，使斜面的长度不超过试管长度的1/2，斜度不要从试管最底部开始，试管底部要预留1～2 cm管长的培养基底（图1-2-1）。

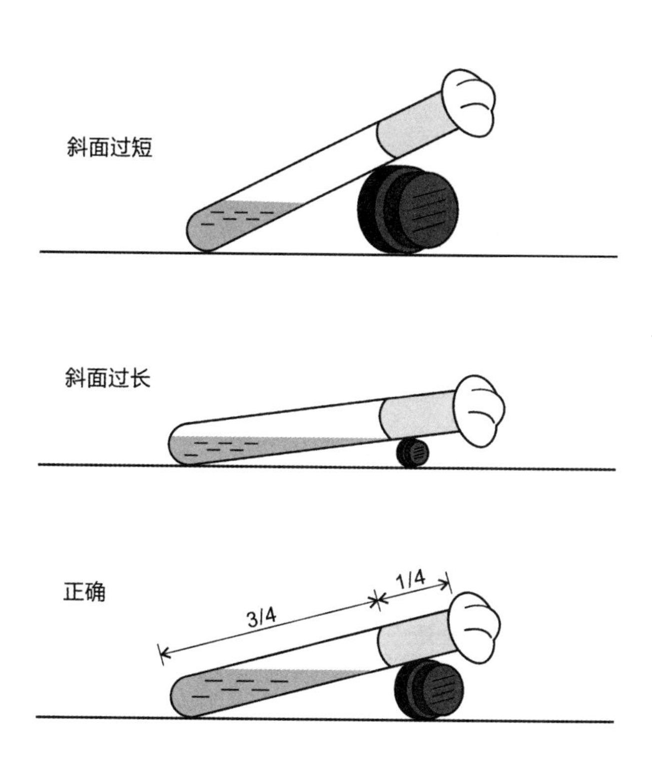

图1-2-1　斜面制作

（2）平皿的分装：配制好的固体培养基直接放入锥形瓶中进行灭菌。灭菌完成后，自然冷却至45～50℃左右，也可以放置在45℃水浴锅中冷却到45℃。在无菌操作台中将培养基倒入平皿中（图1–2–2）。

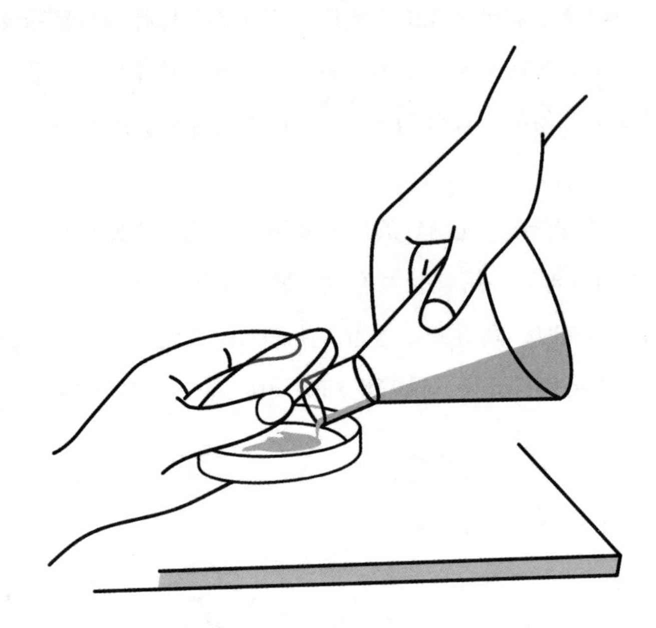

图 1–2–2　平皿的分装

二、高氏一号培养基的配制

1. 培养基配方

高氏一号培养基的配方见表1–2–1。

表 1–2–1　高氏一号培养基配方

种类	含量	种类	含量
可溶性淀粉	20.0 g	KNO_3	1.0 g
$MgSO_4\cdot7H_2O$	0.5 g	K_2HPO_4	0.5 g
NaCl	0.5 g	琼脂	15.0 ～ 20.0 g
$FeSO_4\cdot7H_2O$	0.01 g	蒸馏水	1000 mL

2. 培养基的配制

（1）称量、溶解和定容：按照培养基的先后顺序称量试剂，称量过程中先称可溶性淀粉。在烧杯中用冷水将可溶性淀粉调成糊状，再加入少量的沸水，边搅拌边加热直至完全溶解。然后再加入其他无机盐组分，依次溶解。对于微量成分的 $FeSO_4 \cdot 7H_2O$，可先配制 1 g/L 的储备液，再量取 10 mL 储备液于 1000 mL 蒸馏水中，即为 0.01 g/L。如需配制固体培养基，琼脂溶解过程与配制牛肉膏蛋白胨培养基相同。所有试剂完全溶解后，用蒸馏水定容至 1000 mL。

（2）调节 pH：向配制好的培养基中滴加 1 mol/L 的 HCl 或 1 mol/L 的 NaOH 溶液调节 pH 至 7.0 ~ 7.2。

（3）分装灭菌和杂菌检测：与配制牛肉膏蛋白胨培养基的步骤相同。

【注意事项】

（1）培养基配制用水一般用蒸馏水或去离子水。水中微生物不宜过多，菌落总数检测＜ 1000 CFU/L 为宜。配制水中所含微生物的代谢活动会影响目标菌的培养，配制水含菌量多也有可能造成高压灭菌不彻底等偶然情况的发生。

（2）无机盐培养基加热后容易产生沉淀，一方面要注意选择合适的培养基配方，另一方面可采用分别灭菌、无菌混合的方法来消除沉淀。

（3）pH 调节是培养基配制的重要环节，加入酸碱调节 pH 时要慢慢加入，边加边搅拌，防止局部过酸过碱破坏培养基组分。调节 pH 时尽量避免回调，以免影响培养基内各离子的浓度而不利于微生物培养。

（4）配制固体培养基时需要使用琼脂并将其加热融化，琼脂加热融化过程中须注意搅拌速度和加热温度，加热太快或搅拌太慢容易造成培养基沉底、烧焦糊化，搅拌太快又容易产生大量气泡，使琼脂团块，不利于溶解。

（5）培养基配制遵循“现用现配”“少量多次”的原则，一次不宜过多。

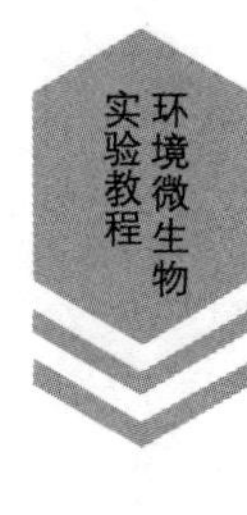

培养基久置不仅容易失水，某些成分由于对光或自然环境敏感，久置还易变质。

【实验报告】

记录本实验培养基的名称、数量，标记培养基中的氮源、碳源、无机盐，配制的培养基是否合格等。

【问题与思考】

（1）牛肉膏蛋白胨培养基属于何种培养基？具体用途是什么？可以用来培养哪种类型的微生物？

（2）培养基的配方均涉及什么元素？与微生物的生长有什么关系？

（3）整个配制过程中为确保无菌效果应该注意什么？

（4）培养基分类方法有哪些？

实验 1-3 培养基及器皿的消毒和灭菌程序

【目的要求】

（1）了解并熟悉不同种类的灭菌和消毒方法及其适用范围。

（2）掌握高压蒸汽灭菌的原理与安全操作方法。

【基本原理】

灭菌和消毒是有效保障微生物学实验过程不被外来杂菌干扰的主要手段。灭菌（sterilization）是指采用强力手段使特定环境中所有微生物永远丧失生长繁殖能力的过程。消毒是指采用较温和的方法杀死或除去特定环境中病原微生物或产生其他不良影响的微生物的过程，本质上是部分灭菌的过程。实验室最常用的灭菌方法是利用高温处理来达到灭菌效果。此外，过滤除菌、射线消毒与灭菌、化学药剂灭菌也是环境微生物实验操作中常用的方法。

一、热力灭菌法

热力灭菌法是指利用高温杀死微生物的方法，常用的包括火焰灭菌法、干热灭菌法和湿热灭菌法等方法。

1. 火焰灭菌法

火焰灭菌法是指通过在酒精灯火焰上灼烧来实现灭菌的方法，应用的场景常见于微生物接种操作，如接种环、接种针等通过酒精灯火焰的灼烧来灭菌（图 1-3-1），锥形瓶的瓶口或试管的管口在酒精灯的火焰旁旋转灭菌等。

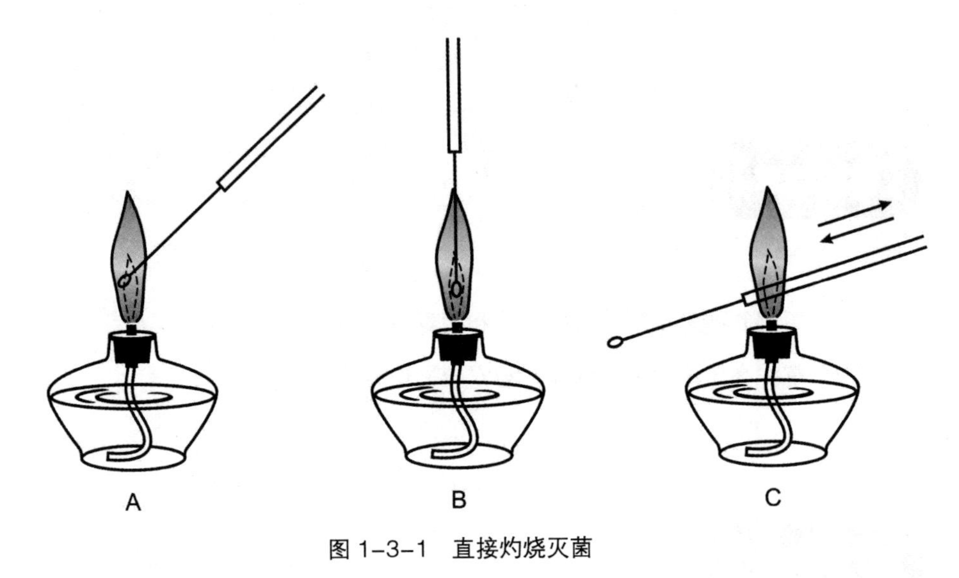

图 1-3-1　直接灼烧灭菌

2. 干热灭菌法

干热灭菌法是通过干燥热空气杀死微生物的方法，适用于耐受高温的玻璃器皿（移液管、培养皿等）和金属用具等。通常将待灭菌的材料放置于专门的电热恒温干燥箱内，加热升温至 160 ~ 170℃，维持 1.5 ~ 2 h 来达到灭菌目的。培养基、塑料制品、橡胶制品等不适用于干热灭菌。

3. 湿热灭菌法

湿热灭菌法是指用饱和水蒸气、沸水或流通蒸汽进行灭菌的方法。主要包括巴氏消毒法、间歇灭菌法和蒸汽持续灭菌法等常压蒸汽灭菌方法以及高压蒸汽灭菌方法等。在环境微生物实验教学和科研活动中，高压蒸汽灭菌是应用最为广泛、效果最佳的方法，能够杀死包括细菌、真菌以及芽孢在内的所有微生物。其基本原理是利用高压灭菌器，使水的沸点随压力加大而升高，以实现利用高温蒸汽杀灭微生物的目的。一般高压蒸汽灭菌要求温度达到

121℃（压力为 0.1 MPa），时间维持 15～30 min。

二、过滤除菌法

过滤除菌是指将带菌的液体或气体通过微孔材料，如通过孔径为 0.45 μm 或 0.22 μm 的无菌微孔滤膜，使微生物被滤膜截留而与原液体或气体分离的方法，尤其适用于对热不稳定、体积较少的液体（如血清、酶类等）以及气体的除菌。与热力灭菌法不同，过滤除菌法不会破坏培养基的化学成分。

三、紫外线灭菌法

紫外线灭菌的原理是细菌或病毒的 DNA 或 RNA 在紫外线（240～280 nm）中有很好的吸收峰，经紫外线辐照后遗传转录特性被改变，丧失蛋白质合成和复制繁殖能力，进而造成生长性细胞死亡和（或）再生性细胞死亡。

实验室内紫外线的制造可通过紫外线灭菌灯实现。紫外线灭菌灯（ultraviolet germicidal lamp）是一种采用石英玻璃或其他透紫外线玻璃的低气压汞蒸气放电灯，放电产生以波长为 253.7 nm 为主的紫外辐射。紫外线的灭菌作用随照射强度和照射时间的增加而增强，但由于紫外线穿透能力弱，只适用于物体表面和空气灭菌。一般的实验室、无菌室、接种室等，均可使用紫外线灭菌。微生物实验过程中使用的超净工作台通常也使用紫外线照射的方法进行内部环境的灭菌。由于紫外线对人体有一定的危害性，开启紫外灯时需张贴警示标识，此外紫外灯管也需要周期性清洁并定期监测辐照强度。

四、化学药剂消毒与灭菌

微生物实验室常用的化学消毒剂主要有高锰酸钾、酒精、甲醛、漂白粉、

过氧化氢、碘酒、龙胆紫、石炭酸（苯酚）等。由于化学消毒剂一般具有一定的危害性，应尽可能减少化学消毒剂的使用量，一般可用于实验室地面和物品表面的消毒。表 1–3–1 中汇总了常用化学消毒剂的推荐使用浓度。

表 1–3–1　常用化学消毒剂的推荐使用浓度

类型	名称	使用浓度	作用机制	适用范围
醇类	乙醇（酒精）	70%～75%	蛋白质变性，损伤细胞膜	皮肤表面、超净工作台台面
氧化剂	高锰酸钾	0.1%	氧化蛋白质的活性基团	皮肤等
	过氧化氢	3%	氧化蛋白质的活性基团	污染物件的表面
醛类	戊二醛	2%	破坏蛋白质氢键或氨基	精密仪器
含氯消毒剂	次氯酸钠溶液（含有 5% 的有效氯）	20～100 mL/L	破坏细胞膜、酶和蛋白质	地面、污染物体的表面等
	次氯酸钙（含有 70% 的有效氯）	1.4～7.0 g/L	破坏细胞膜、酶和蛋白质	
	二氯异氰尿酸钠粉剂（含 60% 的有效氯）	1.7～8.5 g/L	破坏细胞膜、酶和蛋白质	

【高压蒸汽灭菌器操作步骤】

本部分主要以高压蒸汽灭菌器（图 1–3–2）为例来介绍灭菌器的基本操作方法。具体操作步骤如下：

（1）放置排气储存桶：从灭菌器孔或后面拿出排气储存桶，拔掉硅胶管，打开桶盖，倾倒旧水，换新鲜实验用水，水位至“Low”低位即可，关掉水开关，拧好桶盖（拧紧，防止蒸汽泄漏造成人员烫伤事故发生）。重新安放至原来位置，连接好长短两根硅胶管线。再次灭菌时提前观察水位，水位逼近“High”高水位时须及时更换实验用水。

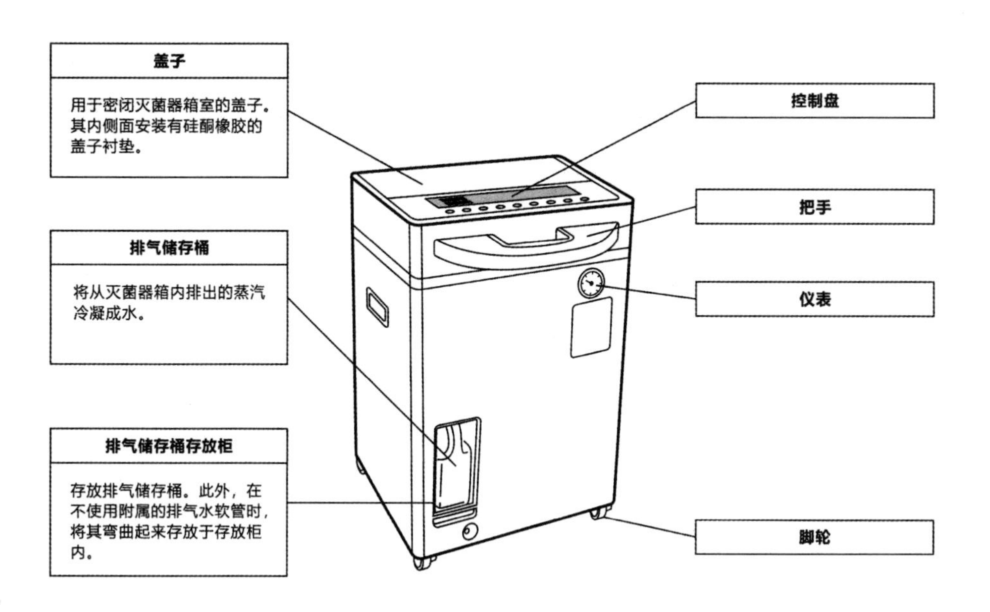

图 1-3-2 高压蒸汽灭菌器

（2）接通电源。

（3）打开灭菌器盖子：打开盖子前须确认通电状态，有些灭菌器不通电是无法打开灭菌器盖子的。按照灭菌器的操作说明书开启锅盖。如果是高温情况下，要确认温度低于限定值再开启灭菌器，而且要注意戴高温手套以及要注意避开开盖后上升的蒸汽流以防烫伤。

（4）注入加热用水：打开盖子后查看底部水位及水的质量，如果水体颜色发深，味道较大，要及时放水。放水阀一般在灭菌器后面或侧面偏底部，放水时注意拧阀的方向和力度，不知道方向的情况下要查看说明书并小心试拧，不可用蛮力。关紧放水阀，注入新鲜实验用水。

（5）放入灭菌物品：将待灭菌物品放入金属框内，再将框轻轻放入灭菌器内，注意不要堵塞灭菌器箱体内的孔或传感器，更不要让温度传感器受力。

（6）关闭灭菌器盖子。

（7）选择灭菌程序：设定灭菌温度、灭菌时长、灭菌后排气温度、维持时间等参数，具体按照说明书参考操作。

（8）灭菌器运行：选择设置好的灭菌程序后，启动灭菌流程。

（9）灭菌完成后开盖：灭菌完成后待压力降至零时再开盖，开盖要注意

防止高温蒸汽灼伤。

（10）取出物品，切断电源，排放加热用水。

【注意事项】

（1）高压蒸汽灭菌器属于压力容器，使用前须经过专业培训，考核合格后方可操作。在进行高压蒸汽灭菌操作时需要注意以下几个方面：①所有待高压灭菌的物品都应放在空气能够排出并具有良好热渗透性的容器中，灭菌器内装载要松散，以便蒸汽可以均匀作用于装载物；②当灭菌器内部加压时，不可打开灭菌器柜门；③当高压灭菌液体时，由于取出液体时，液体可能因过热而沸腾，故应采用慢排式设置；④即使温度下降到可打开门时，操作者也应当戴适当的手套和面罩来进行防护；⑤灭菌器的排水过滤器（如果有）应当每天拆下清洗，每次进行高压灭菌前均应检查灭菌器内水位；⑥应当注意保证高压灭菌器的安全阀没有被高压灭菌物品中的纸等物品堵塞。

（2）在对培养基进行高压蒸汽灭菌时，需要考虑不同培养基的热稳定性，如大多数糖类经加热灭菌均会发生某种程度的改变，故常将糖类与无机盐分别装瓶灭菌；相比固体培养基，液体培养基灭菌时除热传导作用外还会产生对流作用，因此灭菌时间可比固体培养基短。

【实验报告】

（1）记录操作灭菌器的具体步骤以及灭菌器工作过程中温度、压力的变化。

（2）列举高压蒸汽灭菌需要注意的安全事项。

【问题与思考】

（1）灭菌和消毒的区别是什么?

（2）干热灭菌法和湿热灭菌法的区别以及优缺点是什么？想一想哪些情况适用于干热灭菌，哪些情况适用于湿热灭菌?

第二章

无菌操作、接种技术和培养方法

实验 2-1 无菌环境的创建及无菌操作技术

【目的要求】

（1）了解超净工作台和生物安全柜的工作原理。

（2）学习超净工作台和生物安全柜的使用、维护及操作注意事项。

（3）了解无菌室布局以及进入无菌室须注意的操作规程。

【基本原理】

无菌操作是指在微生物实验中所采取的预防杂菌污染的一系列操作措施。为了预防杂菌污染，首先要通过灭菌杀死活菌，准备无菌容器和无菌材料，然后再创造无菌环境，使用无菌操作把已知或未知的菌株移种至无菌容器中，而不与外界环境发生接触。在这个过程中，无菌操作主要包括创造无菌环境、使用无菌操作装置、使用消毒灭菌器及无菌器材、遵循无菌操作规范等。

一、创造无菌环境

1. 无菌室基本条件

微生物实验一般情况下需要在无菌室内完成。根据实验过程中使用微生物致病性和感染风险的不同可分为基础实验室、一级生物安全实验室、二级生物安全实验室、三级生物安全实验室和四级生物安全实验室。一般而言，基础的环境微生物教学与研究实验室配备基础实验室或一级生物安全实验室即可。基础无菌室或一级生物安全实验室的设置一般情况下须满足以下几个条件：

（1）无菌室的面积无需太大，4～5 m^2 为宜，高 2.5 m 左右，温度 18～24℃，湿度 45%～65%。

（2）无菌室外须设置缓冲间，缓冲间的门和无菌室的门不要朝同一方向，以免气流带进杂菌。

（3）无菌室的外侧应设置小型玻璃传递窗，配置紫外灯，以传递物品和消毒，减少操作人员的进出次数，同时室外人员也可从玻璃窗观察到室内情况。

（4）无菌室和缓冲间的四周均应处于干净、平整、密闭的状态，应有照明、动力电源等，须安装紫外灯。

（5）无菌室内操作工作台应防水、抗热、抗腐蚀，以便于消毒和洗刷。

2. 无菌室内基础设施

（1）无菌室和缓冲间均应安装日光灯和紫外灯。常用的紫外灯规格为 30 W，装在工作区的上方，距地面高度 2.0 m 左右。

（2）缓冲间应放置隔离用的工作服、鞋、口罩、手套、消毒剂、手持式喷雾器、废物桶等。

（3）无菌室应配备接种相关工具，如酒精灯、接种环、接种针、剪刀、镊子、酒精棉球瓶、记号笔等。

二、实验室无菌操作装置

实验室常用的无菌操作装置主要是超净工作台和生物安全柜。

超净工作台是一种台式的能持续提供无菌风和高洁净度工作环境的设备。

工作原理是：通过风机将空气吸入预过滤器，经由静压箱进入高效过滤器过滤，将过滤后的空气以垂直或水平气流的状态送出。超净台能保证百级洁净度，适用于可在超净台内操作的、对人无致病危害的菌种的操作。

生物安全柜（biological safety cabinets，BSCs）是为操作原代培养物、菌毒株以及诊断性标本等具有感染性的实验材料时，用于保护操作者本人、实验室环境以及实验材料，使其避免暴露于上述操作过程中可能产生的感染性气溶胶和溅出物而设计的。其工作原理是：通过抽滤泵将柜内空气向外抽吸，使柜内保持负压状态，通过垂直气流来保护实验人员；外界空气经高效空气过滤器过滤后进入安全柜内，以避免安全柜处理的实验样品被污染；柜内的空气也须经过高效空气过滤器过滤后再排放到大气中，以保护环境。根据不同的保护类型，生物安全柜可分为Ⅰ级、Ⅱ级、Ⅲ级生物安全柜，具体分类可见表 2–1–1 所示。

值得注意的是，超净工作台只能保护在工作台内操作的试剂等不受污染，并不能保护人员的安全；而生物安全柜是负压系统，能有效保护工作人员。

表 2–1–1　不同保护类型及生物安全柜的选择

保护类型	生物安全柜的选择
个体防护，针对危险度 1 ～ 3 级微生物	Ⅰ级、Ⅱ级、Ⅲ级生物安全柜
个体防护，针对危险度 4 级微生物，手套箱型实验室	Ⅲ级生物安全柜
个体防护，针对危险度 4 级微生物，防护服型实验室	Ⅰ级、Ⅱ级生物安全柜
实验对象保护	Ⅱ级生物安全柜，柜内气流是层流的Ⅲ级生物安全柜
少量挥发性、放射性核素 / 化学品的防护	Ⅱ级 B1 型生物安全柜，外排风式Ⅱ级 A2 型生物安全柜
挥发性、放射性核素 / 化学品的防护	Ⅰ级、Ⅱ级 B2 型、Ⅲ级生物安全柜

三、常用消毒灭菌器及无菌器材

超净工作台或生物安全柜内放置的消毒灭菌器包括酒精灯和红外接种环

消毒器等；常用的无菌器材有接种环、接种针、接种铲、涂布棒、手术刀、镊子等。

1. 酒精灯

点燃的酒精灯能够把周围空气中降落或气流中携带的微生物烧死，从而在火焰周围创造出一片无菌区域。耐高温的材料如试管、锥形瓶等均可通过火焰灼烧管口杀死表面微生物。接种工具如接种环、接种针、接种铲等大多由金属材质制成，也可通过灼烧灭菌。

2. 红外接种环消毒器

红外接种环消毒器又称红外电热灭菌器，可应用于接种环、接种针等小型物品的高温消毒灭菌。使用过程中消毒器膛内温度可达到 800 ~ 900℃，能够快速杀死微生物，具有使用方便、无明火、不怕风等优点。

3. 无菌器材

使用无菌器材是无菌操作的重要组成部分。对从事微生物工作所需的器材，必须预先进行灭菌或消毒处理。玻璃器皿和塑料材料根据不同实验所需，主要可能有：烧杯、试管、锥形瓶、培养皿、吸管、移液管、注射器、培养皿、枪头等；金属器具可能有：手术刀、剪刀、镊子、针头等。

四、无菌操作规范

遵循无菌操作规范是保证无菌操作效果的重要措施，操作原则如下：

1. 操作前准备

保持无菌操作的环境清洁、干燥，减少人员流动，进入操作间前提前打开紫外灯进行 30 min 左右的杀菌处理。

2. 操作人员

无菌操作的工作人员必须穿戴工作服、鞋帽、口罩等，双手用75%的酒精擦拭消毒。

3. 无菌物品的保管

区分无菌物品和非无菌物品，定期检查无菌物品的保存情况，过期物品应重新灭菌。

4. 操作中无菌保持

进行无菌操作，首先应明确无菌区与非无菌区，并将所需的实验器材一次性带入，安放在无菌室台面上，依次排好。如实验器材、物品已被污染，应重新灭菌后使用。

【实验器材】

1. 实验材料

装有菌种的菌种管或安瓿瓶、无菌的液体培养基。

2. 实验仪器

超净工作台、生物安全柜、移液枪。

3. 实验工具

酒精灯、接种环、75%的酒精、75%酒精浸泡的棉球。

【实验步骤】

1. 超净工作台操作步骤（以传代菌种为例说明）

（1）打开紫外灯，灭菌 30 min，时间到后关闭紫外灯，打开风机运行 5 ～ 10 min 左右。

（2）对所有需要放进超净台的物品进行消毒处理，双手用 75% 的酒精擦拭。

（3）用打火机点燃酒精灯，一方面在火焰附近形成一个无菌区，另一方面为接种工具的灼烧灭菌提供火源。

（4）用 75% 酒精浸泡的棉球消毒菌种管或安瓿瓶。菌种一般保存在甘油管或安瓿瓶中，为防止杂菌污染，开启前要用酒精棉消毒菌种管或安瓿瓶，用于刻痕的砂轮或锉刀也需要消毒。

（5）准备好无菌的液体培养基。若需要将菌种转移至装有培养基的锥形瓶中，须事先解除包装纸，松动棉花塞或硅胶塞。

（6）将菌种转移至培养基中。开启菌种管或安瓿瓶后，立即在酒精灯旁拔出锥形瓶瓶塞，将菌种倒入锥形瓶中（如果是液体，使用移液枪），并马上盖好瓶塞，摇动锥形瓶，使菌种与培养基混匀，将锥形瓶用封口膜封住。

（7）进行操作后的清理。操作完成后，及时清理台面，取出培养物品和废物桶。打开无菌室内的紫外灯照射 30 min。

2. 生物安全柜的使用步骤

（1）打开电源。

（2）穿好洁净的实验工作服，清洁双手，用 75% 的酒精全面擦拭安全柜内的工作平台。

（3）将实验物品按要求摆放到安全柜内。

（4）关闭玻璃门，打开电源开关，必要时应开启紫外灯对实验物品表面进行消毒。

（5）消毒完毕后，设置安全柜到工作状态，打开玻璃门，使机器正常运转，设备完成自净过程并运行稳定后即可使用。

（6）完成工作，取出废弃物后，用 75% 的酒精擦拭柜内工作平台，维持气流循环一段时间，以便将工作区污染物排出。

（7）关闭玻璃门，关闭日光灯，打开紫外灯进行柜内消毒。

（8）消毒完毕后，关闭电源。

【实验操作环境及装置的维护】

为了保障无菌室的操作环境、超净工作台的有效使用以及生物安全柜的安全性，应定期对无菌室进行消毒效果验证，对超净工作台、生物安全柜进行维护和保养。

1. 无菌室消毒效果的验证和确认

为了对无菌室的消毒效果进行验证和确认，定期对室内空气进行沉降菌检测。具体方法为：取牛肉膏蛋白胨琼脂平板培养基（NA）和马铃薯葡萄糖琼脂平板培养基（PDA）各 3 个，敞口放置在无菌室台面上，0.5 h 后盖好。另设 1 个不开盖的平板培养基作为空白对照，一起在 30℃下培养 48 h，进行菌落计数。根据菌落计数结果评判室内空气质量。评价标准为每个平板培养基上检出的细菌、霉菌和酵母菌总数应分别少于 10 CFU，否则须重新消毒灭菌。

2. 超净工作台的维护与保养

（1）每次使用前后须对超净工作台进行清洁和消毒。清洁包括内里的清洁和外部的清洁，特别是顶部的清洁，防止灰尘进入。

（2）定期检查照明、风机以及其他设备是否正常运行。

（3）定期进行部件的更换。超净工作台的滤板和紫外线灭菌灯都有一定的使用寿命，应该进行定期更换。

3. 生物安全柜的维护与保养

（1）每次使用前后应对安全柜工作区进行清洁和消毒。

（2）高效过滤器达到使用寿命后，应由接受过生物安全柜专门培训的专业人员更换。

（3）定期进行安全检测。安全检测包括以下几个方面：进气流流向和风速检测；下沉气流风速和均匀度检测；工作区洁净度检测；噪声检测；光照度检测；箱体漏泄检测等。

【注意事项】

（1）无菌室的注意事项：①进入无菌室之前，须紫外线灭菌 30 min 左右；②工作人员需要进行消毒操作，进入缓冲间需要穿戴无菌的衣服、帽子、鞋套等，双手用 75% 的酒精擦拭，如需要带仪器进入无菌室，也需要进行严格的包装消毒；③操作完毕及时清理无菌室，工作人员出来后无菌室还需要紫外线灭菌 30 min 左右再关闭；④无菌室须经常进行定期消毒，一般可采用熏蒸（福尔马林）、紫外线照射、臭氧消毒或石炭酸消毒等方法。

（2）超净工作台的注意事项：①使用前用 75% 酒精擦拭台面并用紫外灯照射一段时间（一般 30 min）来保持洁净度；②台上尽量少放物品，且物品不要过于靠近边缘，保持气流畅通；③定期检测风速，使风速保持在 0.32 ~ 0.48 m/s 之间；④定期拆洗或更换预滤器中的滤料；定期检测工作台的洁净度，保持尘埃粒子数每升小于 3.5 颗；⑤定期用平板培养基检测台内空气沉降菌的微生物数量，每皿敞口暴露 1 h 检出的平均菌落数不得超过 0.5 CFU/h。

（3）生物安全柜的注意事项：①整个工作过程中所需要的物品应在工作开始前一字排开放置在安全柜中，但前排和后排的回风格栅上不能放置物品，

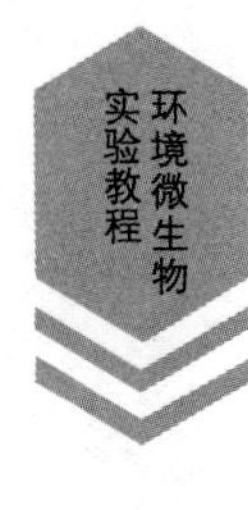

以防止堵塞回风格栅，影响气流循环；②在开始工作前及完成工作后，须维持气流循环一段时间，完成安全柜的自净过程，每次实验结束应对柜内进行清洁和消毒；③操作过程中，尽量减少双臂进出次数，如要进出，动作应缓慢；④柜内物品移动应按低污染向高污染移动原则，柜内实验操作应按从清洁区到污染区的方向进行；⑤安全柜内不需要紫外灯，不能使用明火（不能使用酒精灯，可用红外接种器替代），防止燃烧过程中产生的高温细小颗粒杂质带入滤膜而损伤滤膜。

（4）消毒灭菌器的注意事项：酒精灯使用及酒精的储存必须注意安全。比如易燃物要远离火源，酒精灯不能倾倒，不能相互倾斜点火，添加酒精的量不能超过最大量的 2/3，熄灭酒精灯要用灯帽，不能用嘴吹酒精灯，酒精要密封储存在阴暗干冷之处等。

红外接种环灭菌器周身很烫，使用时附近区域留出一定空间，并张贴高温警示标识。接种针、接种环不可膛内久置，否则塑料柄易引发烫伤，使用完要及时关闭电源，并拔下插头。

（5）无菌操作的注意事项：①进出操作间均需要进行 30 min 紫外灯灭菌处理，操作前还需要进行通风；②操作前所有在操作间使用的物品均需要进行消毒，双手也需要消毒；③无菌容器不允许上下翻转，以防污染；④无菌物品一旦取出，即使未使用，也不能重新放回；⑤倾倒溶液时，双手不能触碰瓶口。

【实验报告】

简述为保证操作人员的安全和无菌操作，超净实验室应配备哪些装置与仪器。

【问题与思考】

（1）理解超净工作台与生物安全柜的区别。

（2）实验室超净工作台的使用比生物安全柜应用普遍的原因是什么？

（3）无菌室的消毒方法有哪些？需要注意什么？

实验 2-2 微生物接种技术

【目的要求】

（1）了解接种过程中无菌操作的重要性。

（2）学习和掌握微生物接种技术要领。

【基本原理】

微生物的接种技术是微生物学研究常用的、最重要的基本技术，技术的核心是要严格执行无菌操作规范。

一、微生物的接种

微生物接种（microbial inoculation）是指在无菌条件下，使用无菌接种工具，将已获得的纯种微生物或含有微生物的样品移植到新鲜无菌培养基上的操作过程。

微生物接种需要满足三个基本条件：①确保接种操作过程的无菌，包括接种环境、接种工具、接种过程都必须遵守无菌操作规范；②确保接种剂的微生物活性，固体接种剂和液体接种剂均可，固体接种剂是指固体培养基上培养的菌种或者制成粉末的菌种，液体接种剂是指在液体培养基里培养的菌液或者由甘油管、安瓿瓶保存的菌液等；③适宜的接种载体，即适合于接种剂生长的空白新鲜无菌固体培养基或液体培养基。

二、微生物的接种工具

常用的接种工具包括接种环、接种针、接种铲、涂布棒、移液枪等。

1. 接种环

接种环是实验室常用的一种微生物接种工具，一般用于菌种的分离纯化和菌种的挑取培养。按材质进行分类，接种环有一次性塑料接种环和金属接种环（钢、镍铬合金等材质）。实验室最常用的是镍铬合金接种环，具有耐热、弹性好、反复灼烧冷却时间相对较短等优点。

接种环的使用方法是手持接种环手柄，用酒精灯或红外消毒器灼烧灭菌，待冷却后挑取一小块菌种，在固体培养基上画直线接种或直接将菌种浸在液体培养基中，接种操作完成后将接种环再次灼烧灭菌（图 2–2–1）。

2. 接种针

接种针是实验室用于穿刺接种的一种微生物接种工具，针的前端是细长的直针状金属丝。使用方法是手持接种针手柄，用酒精灯或红外消毒器灼烧灭菌，待冷却后挑取一小块菌种，在半固体培养基的中心直线穿刺进去接种，接种完成后将接种针再次灼烧灭菌（图 2–2–1）。

3. 接种铲

接种铲常用于挑取菌丝状的放线菌或霉菌等，前端是细长的不锈钢铲。使用方法是手持接种铲，用酒精灯或红外消毒器灼烧灭菌，待冷却后铲取一小块菌种，在固体培养基上培养接种或直接转移接种到液体培养基中，接种完成后将接种铲再次灼烧灭菌（图 2–2–1）。

4. 涂布棒

涂布棒是实验室最常用的稀释涂布菌液的接种工具，一般为玻璃材质，前端呈三角形状。使用方法是手持涂布棒，先用酒精灯灼烧灭菌，待冷却后在固体培养基上均匀涂布菌液，涂布完成后用酒精灯将涂布棒再次灼烧灭菌（图 2-2-1）。

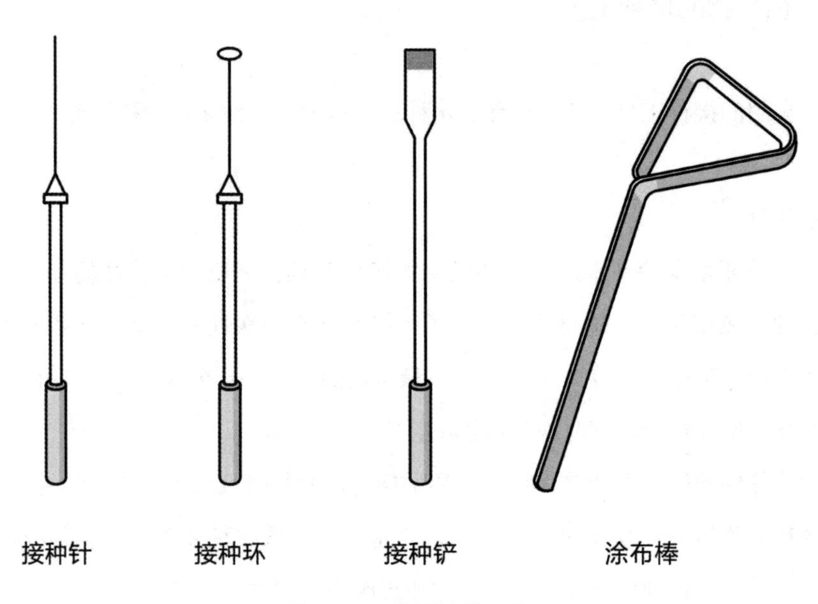

图 2-2-1 常用接种工具

5. 移液枪

移液枪是实验室一种用于移取菌液到固体培养基来涂布培养菌种或者直接移取到新鲜液体培养基中培养的接种工具，搭配移液枪吸头使用，移液枪包含 10 μL、20 μL、50 μL、100 μL、200 μL、1000 μL、5000 μL 等型号。

1. 实验材料

（1）培养基：营养肉汤、营养琼脂、营养琼脂斜面。

（2）菌种：大肠杆菌。

2. 实验工具

接种环、接种针、涂布棒、移液枪、培养皿、移液枪吸头等。

【实验步骤】

一、平板划线接种法

平板划线接种法是最常用的细菌接种技术，目的是使样品或标本里面多种混杂的微生物在培养基上分散开来，各自生长，形成各自的菌落。划线末端的单个菌落可初步判定为纯培养物，如果经后续鉴定发现不是纯菌落，可再次进行划线分离。平板划线接种法分为分区划线方式和连续划线方式。样品里面含菌量较多的时候采用分区划线方式，含菌量少的时候选择连续划线方式。

1. 分区划线法

分区划线法分为三区划线法或四区划线法，这里以四区划线为例（图2-2-2）进行介绍，四区的面积大小应为 D>C>B>A，具体操作步骤如下：

（1）点燃酒精灯。

（2）将接种环灼烧，冷却待用。

（3）用冷却后的接种环挑取实验所需菌落。

（4）在酒精灯附近用左手拿培养皿，中指、无名指、小指托住皿底，拇指、食指夹住皿盖，然后用食指将皿盖打开，与皿底成 30° 左右，右手拿接种环，在 A 区划折线，大概 3、4 个来回。

（5）将接种环取出，皿盖盖上，接种环立即灼烧，将残留的菌种烧掉，

冷却待用。

（6）按照步骤 4 的方式打开皿盖，用接种环从 A 区折线的尾部开始交叉划线，然后在 B 区开始处划线 4、5 个来回，与 A 区不再有交叉。

（7）再次灼烧接种环，以同样的方式划线 C 区、D 区。

（8）最后将接种环残余菌种灼烧，皿盖盖好，培养皿倒置培养。

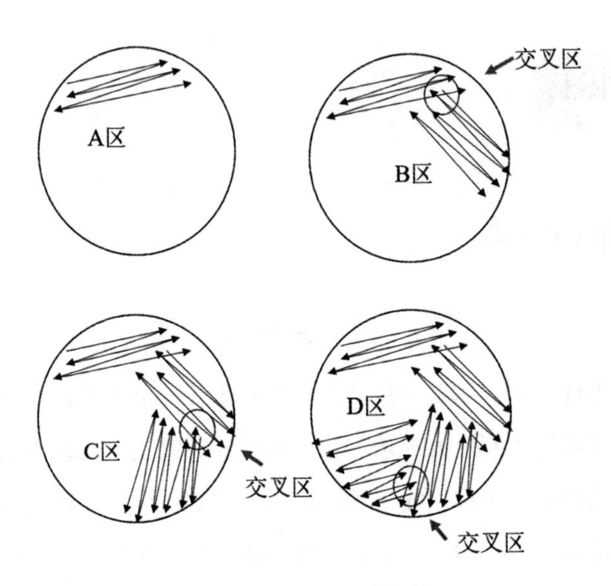

图 2-2-2　四区划线法

2. 连续划线法

连续划线法（图 2-2-3）的具体操作步骤如下：

（1）点燃酒精灯。

（2）将接种环灼烧，冷却待用。

（3）用冷却后的接种环挑取实验所需菌落。

（4）在酒精灯附近用左手拿培养皿，中指、无名指、小指托住皿底，拇指、食指夹住皿盖，然后用食指将皿盖打开，与皿底成 30℃左右，右手拿接种环，从平皿的一端开始，连续做波浪式划线至平皿的另一端为止，过程中不需要灼烧接种环上的菌。

（5）最后将接种环残余菌种灼烧，皿盖盖好，培养皿倒置培养。

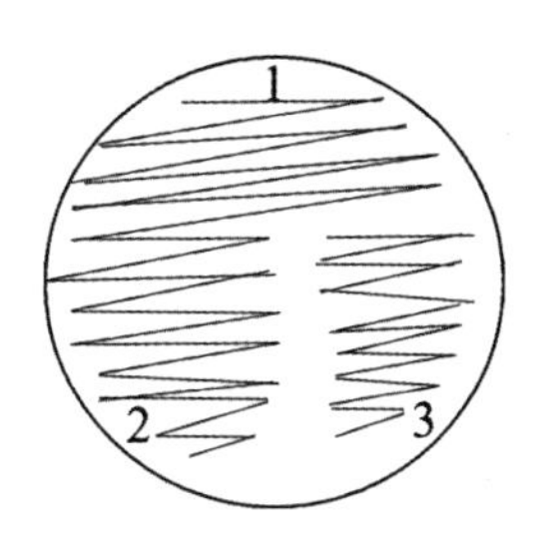

图 2-2-3　连续划线法

二、斜面划线接种法

斜面划线接种法是指从长好的斜面菌种上挑取少量菌种移植至另一支新鲜斜面培养基上的一种接种方法（图 2-2-4）。具体步骤如下：

1. 做好标记

接种前在试管口下方做好标记，贴好标签，注明菌名、接种日期、接种人等信息。注意标签信息等不要遮挡接种视野。

2. 点燃酒精灯

3. 接种

（1）手持试管：将菌种和待接斜面的两支试管用大拇指和其他四指并拢握在左手掌中，使中指位于两试管之间的位置，斜面面向操作者，并使它们位于水平位置。

（2）旋松管塞：先用右手松动试管塞，以便接种时拔出。

（3）准备接种环：右手拿接种环，在火焰上将环端灼烧灭菌，然后将有可能伸入试管的其余部分均匀灼烧灭菌，重复此操作，再灼烧一次。

（4）拔出管塞：用右手的无名指、小指和手掌边先后取下菌种管和待接试管的管塞，然后让试管口缓缓过火灭菌，注意不要灼烧太久。

（5）冷却接种环：将灼烧过的接种环伸入菌种管，先使环接触没有长菌的培养基部分，使其冷却。

（6）取菌：待接种环冷却后，轻轻蘸取少量菌体或孢子，然后将接种环移出菌种管，注意不要使接种环部分碰到管壁，取出后不可使带菌的接种环通过火焰。

（7）接种：在火焰旁迅速将沾有菌种的接种环伸入另一支待接斜面试管。从斜面培养基底部向上部作“Z”形来回密集划线，切勿划破培养基。

（8）插回管塞：取出接种环，灼烧试管口，并在火焰旁插回试管塞。

（9）收尾工作：将接种环放在酒精灯上灼烧灭菌，放下接种环，用双手旋紧试管塞。

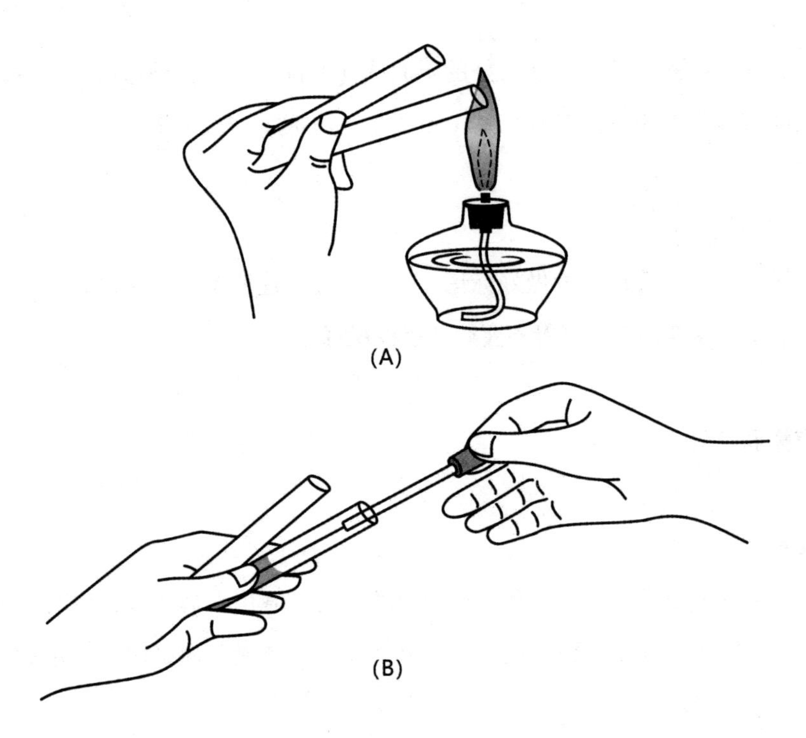

图 2–2–4　斜面划线接种法

三、三点接种法

三点接种法是指在平板上接种，点成等边三角形的三点，让它们独自生长形成菌落，以此来观察菌落的生长形态，一般用于霉菌菌落的形态观察（图 2–2–5）。主要操作步骤如下：

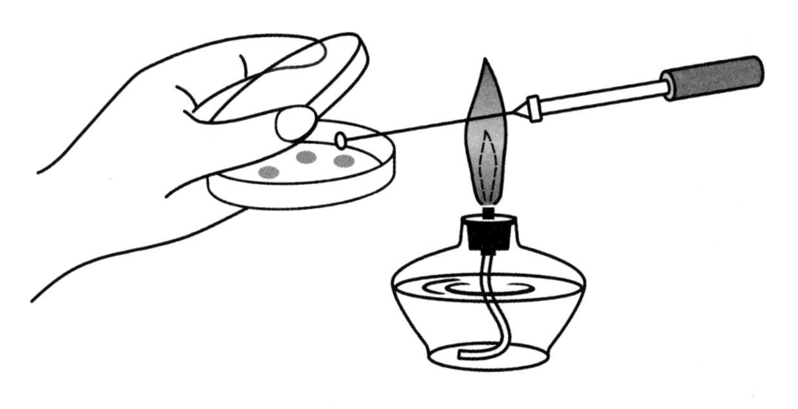

图 2-2-5　三点接种法

1. 做标记

接种前在培养皿底部做好标记，贴好标签，注明菌名、接种日期、接种人等信息，注意标签信息等不要遮挡接种视野。另外，在培养皿底部做好三点的标记。

2. 点燃酒精灯

3. 接种

（1）将接种针用酒精灯灼烧灭菌，待冷却。

（2）将有霉菌菌种的培养皿在酒精灯火焰旁打开，用接种针挑取少量的霉菌菌种。整个过程接种针不要接触培养皿，挑取完毕将培养皿的皿盖盖住。

（3）取一个空白培养皿在酒精灯火焰旁打开，将接种针从培养基上部垂直点接到培养皿底部标记处的中心，然后再将接种针取出，皿盖快速平稳地盖住培养皿。

（4）再次将接种针用酒精灯灼烧灭菌，重复操作在其余两点也接种霉菌。

4. 微生物的培养

将接种好的培养皿倒置放在培养箱中，温度设定为 28℃，培养过程中观察霉菌的生长情况。

四、穿刺接种法

穿刺接种法是一种用接种针从菌种斜面上挑取少量菌体并把它穿刺到固体或半固体深层培养基中的接种方法（图 2-2-6）。穿刺接种常用于菌种保藏，也常用于细菌运动能力的检查。具体操作如下：

（1）手持试管。

（2）旋松试管塞。

（3）右手拿接种针在火焰上将针端灼烧灭菌，接着把在穿刺中可能伸入试管的其他部位也灼烧灭菌。

（4）用右手的小指和手掌边拔出试管塞，接种针先在培养基部分冷却，再用接种针针尖蘸取少量菌种。

（5）接种有两种手持操作法。一种是水平穿刺，类似于斜面接种法；另一种是垂直穿刺。尽管手持方法不同，但穿刺时所用接种针都必须挺直，将接种针自培养基中心垂直地刺入培养基中，穿刺要领是动作轻巧快速，稳定地将接种针穿刺到接近试管底部，然后沿着接种线拔出，最后，插回试管塞，再将接种针上的残留菌在火焰上烧掉。

（6）将接种过的试管直立于试管架上，放在 36℃培养箱中培养。24 h 后观察，若细菌有运动能力，则能沿着接种线向外运动而扩散，反之则细而密。

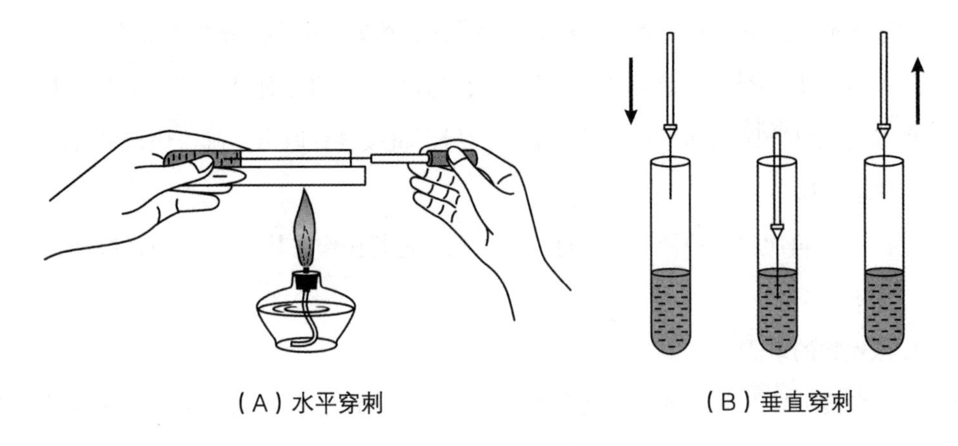

图 2-2-6　穿刺接种法

五、涂布接种法

涂布接种主要用于菌液的稀释涂布（图 2-2-7)，操作步骤如下：

1. 样品稀释液的准备

将从污水处理厂取回来的渗滤液用无菌水稀释。具体操作是取一只无菌管，用移液管移取 1 mL 的渗滤液，再加入 9 mL 的无菌水，摇匀即为 10^{-1} 的稀释液，再用移液管移取 1 mL 的 10^{-1} 的稀释液，加入 9 mL 的无菌水，摇匀即为 10^{-2} 的稀释液，如此反复，制成 10^{-3}、10^{-4}、10^{-5}、10^{-6}、10^{-7} 等稀释液。

2. 做标记

涂布前在培养皿底部做好标记，贴好标签，注明稀释液倍数、日期、接种人等信息，注意标签信息等不要遮挡接种视野。

3. 点燃酒精灯

4. 涂布

（1）将涂布棒用酒精灯灼烧灭菌，待冷却后使用。

（2）用消毒过的移液枪移取 10^{-1} 的稀释液 1 mL 于空白培养基上。

（3）左手拿培养皿，在酒精灯旁用拇指和食指将皿盖打开，用冷却后的涂布棒均匀地将稀释液涂满培养基。

（4）再次将涂布棒用酒精灯灼伤灭菌，冷却。

（5）重复操作 10^{-2}、10^{-3}、10^{-4}、10^{-5}、10^{-6}、10^{-7} 的稀释液。

5. 培养

将涂布过后的稀释液平板正置于 28℃培养箱中培养，待稀释液在培养基上稍凝结、倒置不滴水时，将培养皿倒置培养。

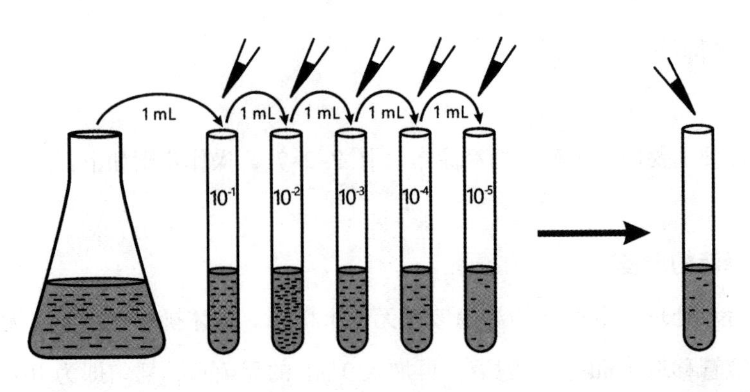

将待分离的材料进行10倍系列稀释

取一定稀释度的样品

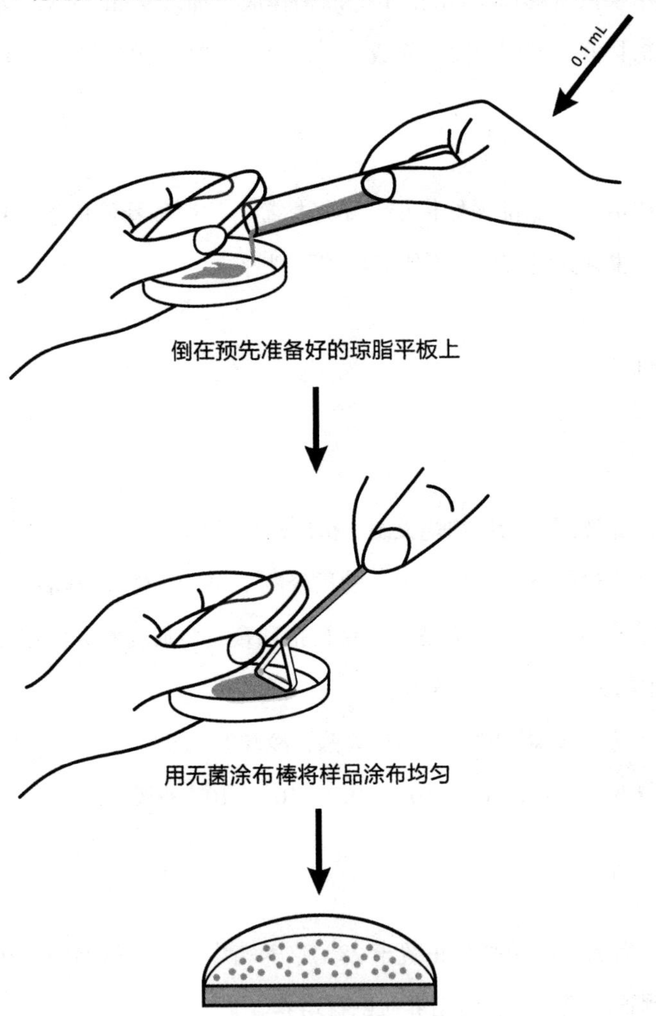

图 2-2-7　涂布接种法

六、液体接种法

1. 把斜面保存的菌种接种到液体培养基

（1）菌种用量较少时，用接种环取少量菌体移入培养基（试管或锥形瓶等）中，将接种环在液体浅层振荡或在器壁上轻轻摩擦，把菌体散开，取出接种环，插回试管塞，灼烧接种环，再摇动液体，菌体可均匀分布在液体中。

（2）菌种用量较多时，先在斜面菌种管中注入一定量的无菌水，用接种环把菌苔散开，灼烧试管口，把菌悬液倒入液体培养基中，后将锥形瓶封口，灼烧试管口，插回试管塞。

2. 将液体培养基保存菌种接种到液体培养基

可根据具体情况采用以下不同方法：用无菌移液管移取菌液；直接把液体培养物移入液体培养基；利用高压无菌空气通过特制的移液装置把液体培养物推入液体培养基中；利用压力差将液体培养物接入液体培养基中(如发酵罐接入接种液、发酵罐之间移种等)。

【实验报告】

简述涂布接种法的操作步骤与注意事项。

【问题与思考】

（1）不同接种方法的适用情况及注意事项。

（2）斜面接种取菌前为什么要将灼烧过的接种针在无菌培养基上先沾一下？

（3）穿刺接种时能否将接种针直接穿透培养基？为什么？

实验 2-3 微生物培养方法

【目的要求】

（1）了解常见微生物的培养方法。

（2）掌握好氧和厌氧微生物的基本培养方法及注意事项。

【基本原理】

微生物培养是指将目标微生物接种在合适的培养基中，在适宜的温度和转速等条件下使微生物快速生长繁殖的方法。根据微生物对氧气需求的不同，一般分为好氧培养、厌氧培养和兼性厌氧培养。

一、微生物培养条件

微生物培养要人为地为微生物生长和繁殖提供各种所需的条件，包括营养盐、温度、水分、氧气等。微生物生命活动需要不断地从外部环境中吸收所需要的营养物质，因此需要根据不同微生物的营养要求和使用目的选择最佳的培养基。每种微生物都有其生长的最低温度、最适温度和最高温度，称为“温度三基点”，最适温度下微生物生长繁殖速度最快，中温环境下适合大多数微生物的培养。

二、微生物培养方法

1. 好氧培养

好氧培养是指微生物在好氧条件下培养的方法，可以进行好氧培养的微生物称为好氧微生物。好氧微生物的生命活动主要靠有氧呼吸，一旦没有氧气的参与，微生物就不会进行生长繁殖，大多数的细菌、真菌、放线菌均是好氧微生物。一般而言，固体培养基中微生物与氧气的接触时间比液体培养基少，所以生长的速度也比在液体培养基中慢。

2. 厌氧培养

厌氧培养是指微生物在厌氧的条件下培养的方法，可以进行厌氧培养的微生物称为厌氧微生物。厌氧微生物的生命活动主要靠无氧呼吸，一旦有氧气的参与，微生物就不会生长繁殖，厌氧微生物绝大多数都是细菌，真菌和放线菌较少。厌氧培养一般是在厌氧罐、厌氧袋和厌氧盒中进行。

3. 兼性厌氧培养

兼性厌氧培养是指微生物既可以在好氧的条件下培养又可以在厌氧的条件下培养的方法，可以进行兼性厌氧培养的微生物称为兼性厌氧微生物。兼性厌氧微生物的生命活动可以靠有氧呼吸，也可以靠无氧呼吸，大多数的酵母菌和部分细菌、真菌、放线菌等均为兼性厌氧微生物。

三、微生物培养方式

1. 静置培养

静置培养一般是针对兼性厌氧微生物的培养，好氧微生物也可以静置培

养，但是生长的速度比摇床培养要慢。静置培养只需要将接种后的培养基封口静置放在培养箱中即可。

2. 培养箱培养

微生物培养用的培养箱一般有生化培养箱、恒温培养箱等。生化培养箱主要用于细菌、真菌、霉菌等的固体培养基的培养，主要设定条件包括时间、温度等，时间可以设置为 24 ~ 96 h，温度可以设置在 20 ~ 40℃之间。

3. 摇床培养

摇床培养主要用于细菌、真菌等液体培养基的培养，将接种后的锥形瓶固定在摇床支架上，设定条件后即可培养。主要设定条件包括时间、温度、转速等，时间可以根据实验需求确定，温度可以设置在 20 ~ 40℃之间，转速可以设置在 120 ~ 200 r/min 之间。

4. 发酵罐培养

发酵罐一般用于工业上微生物的培养，分为好氧发酵罐和厌氧发酵罐。好氧发酵罐一般用于大批量液体菌液的培养（图 2-3-1），适合用于工业上

图 2-3-1　微生物发酵设备

处理污水、污泥等，在发酵罐中加入所需的氮源、碳源、无机盐、水等以及培养好的菌液，进行机械搅拌和发酵。厌氧发酵罐主要用于厌氧微生物的发酵。

【实验器材】

好氧、厌氧、兼性厌氧的三大类微生物，所需的各种培养条件和设备有所不同。

1. 好氧微生物培养所需的材料与设备

（1）材料：固体培养的平板、斜面，液体培养的试管、锥形瓶、血清瓶等。

（2）设备：生化培养箱、摇床以及放大培养用的各级发酵罐设备。

2. 厌氧微生物培养所需的材料与设备

（1）材料：固体培养的平板、斜面，液体培养的试管、锥形瓶、血清瓶等。

（2）设备：厌氧罐、厌氧袋、厌氧盒、厌氧手套操作箱、三气培养箱、二氧化碳培养箱等。

【微生物培养步骤】

一、好氧微生物的培养

1. 固体培养

好氧菌接种到固体培养基表面（斜面划线、平板划线、平板涂布等）或

固体培养基内（倾注平板法等）后，放入生化培养箱内。细菌采用倒置培养，真菌因孢子会在颠倒平板时坠落，通常采用正置培养方式。平板之间一般间隔一定距离，平板数量多时可以少量叠放，但不宜过高，以免产热而不利于微生物生长。

2. 液体培养

根据实验目的不同，好氧菌液体可进行静置培养、摇床培养和发酵罐培养。静置培养液体静止不动，一般用于观察微生物有无增殖、液体培养特征以及是否有气体产生等。摇床培养主要用于少量的微生物增殖以及微生物代谢过程与产物的研究。发酵罐培养能够大量生产微生物细胞或代谢产物，一般常用于工业生产。

二、厌氧微生物培养

厌氧微生物的培养比好氧微生物培养要求更严格，这是因为现在的自然界氧气无处不在，如何除氧就成了厌氧培养方式的关键。常用厌氧培养方式有厌氧袋 + 厌氧指示剂 + 厌氧盒组成的培养方式、厌氧手套操作箱的培养方式和厌氧罐的培养方式。

1. 厌氧袋 + 厌氧指示剂 + 厌氧盒组成的培养方式

这种培养方式是一种经济、实用的培养方式，检测行业经常使用这个方式。

2. 厌氧手套操作箱的培养方式

厌氧手套操作箱结构严密，内部使用氮气、二氧化碳、氢气充满。操作箱一直被这些气体充满，就制造出了无氧环境，也就是厌氧环境。为了防止漏氧，还使用钯（催化剂，有不同的型号）作为除氧剂。箱体上设有 2 个配有塑料手套的开口，这样可以伸手进入箱体内操作。操作方法如下：

（1）标记：接种前在平板下方做好标记，贴好标签，注明菌名、接种日

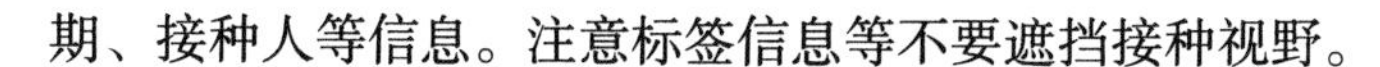
期、接种人等信息。注意标签信息等不要遮挡接种视野。

（2）打开氮气钢瓶阀和混合气钢瓶阀，接通电源，将钯放入操作箱，关闭取样室的内外门，对操作箱进行 3 次气体交换（前 2 次为氮气交换，第 3 次为混合气交换）。

（3）设置好所需的温度。

（4）放置：将过道门关闭，打开取样室的外门，将菌种放置在取样室，关上外门，对操作箱再次进行 3 次气体交换，交换完成打开过道门，将菌种放进操作箱。

（5）培养：通过箱体上的手套进入操作箱进行操作，厌氧操作箱内有培养箱，操作结束后可以将培养皿直接放在培养箱中培养。

3. 厌氧罐的培养方式

厌氧罐的操作方法如下：

（1）标记：接种前在平板下方做好标记，贴好标签，注明菌名、接种日期、接种人等信息。注意标签信息等不要遮挡接种视野。

（2）接种：在无菌环境下用无菌操作技术在平板上划线接种相对应的菌。

（3）放置：将接种好的平板倒置放在厌氧罐中，厌氧罐是一种圆柱形的罐子，能盛装约 10 个培养皿。为了防止微量氧气进入，厌氧罐内部有空间可以放钯催化剂。将活化后的催化剂倒入厌氧罐下方的催化剂盒内，旋紧。剪开气体发生袋的一角，加入 10 mL 水，同时将指示剂的袋子也剪开，使厌氧指示剂美兰（还原态为无色，氧化态为蓝色）暴露，立即放入罐中，注意指示剂暴露面朝外，便于观察；然后迅速盖好厌氧罐罐盖，旋紧螺栓。

（4）培养：将厌氧罐置于 37℃恒温培养箱中培养，定期观察指示条颜色变化，从蓝色变为无色，表示罐内为厌氧条件，同时观察菌种的生长情况并记录。

4. 其他培养方式

其他培养方式还有厌氧盒、亨盖特滚管、干燥器等。厌氧罐和厌氧盒自身都不能控温，所以需要放入恒温培养箱内进行培养。

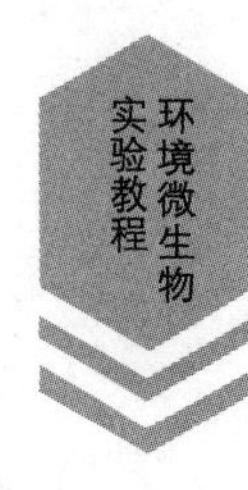

【注意事项】

（1）好氧、厌氧以及兼性厌氧培养方式只是根据氧气的利用来分类的，实际使用中可以根据不同的需求选择不同培养的装置。

（2）厌氧培养为了验证厌氧条件，可以选择已知特性的菌种进行验证，比如严格厌氧的艰难梭菌或不是严格厌氧的产气荚膜梭菌。

【实验报告】

比较各种培养方法并记录好氧和厌氧条件下菌种培养的结果。

【问题与思考】

（1）好氧培养和厌氧培养的适应条件是什么？

（2）微生物培养皿在培养箱中放置时为什么要倒置？

第三章

微生物的分离纯化与鉴定技术

微生物的分离和纯化是环境微生物学领域最重要的基本操作之一。为了实现去除环境中不同污染物的目的，研究者往往需要从自然界混杂的微生物群体中分离出具有特殊功能的纯菌株，或通过诱变与遗传改造等技术筛选出高性能的重组菌株。上述得到纯培养物的过程就叫作微生物的分离纯化，目的是从混合的微生物群体中获得某种微生物单菌落。尽管分离纯化的目标菌种不同，但微生物分离和纯化的方法基本相似，大致可分为富集培养、纯种分离和性能测定等步骤。

传统的纯种分离方法以稀释涂布分离法和平板划线分离法为主。稀释涂布分离是指将富集后的培养液经过逐级稀释，得到 10^{-1}、10^{-2}、10^{-3}、10^{-4}、10^{-5}、10^{-6}、10^{-7}、10^{-8} 等不同稀释度的稀释液，再用涂布棒将菌液依次涂布接种到空白平板培养基上的方法。平板划线分离是通过不断划线而获得单菌落的分离方法，微生物数量会随着划线次数的增加而逐渐减少，直到得到单一菌种。

然而，人类生产和生活中已开发利用的微生物还不到自然界微生物总数的 1%。传统的分离纯化方法尽管在现阶段仍发挥着重要作用，但也不可避免地存在耗时长、劳动强度大、试剂用量多和筛选效率较低等缺点。近年来，基于自动化和仪器分析技术的高通量筛选平台突破了传统人工筛选在筛选时长和工作量等方面的限制，正逐步发展成为新一代菌株筛选分离的重要方法，微流控技术正是其典型代表之一。微流控 (microfluidics) 是一种利用微米量级的通道来处理纳升甚至皮升量级流体的科学技术。微流控芯片可生成靶向微流控液滴，进一步基于主动式或被动式分选技术进行液滴分离，即可实现在微体积、大小均一的液滴中对单细胞进行培养和筛选。目前，该技术已成为发掘新功能微生物菌种资源的重要手段，但在技术成熟度和分选方法上仍有待于进一步的突破。

实验 3-1 环境中异养微生物的分离与纯化

【目的要求】

（1）了解从土壤或活性污泥中分离与纯化异养微生物的流程与方法。

（2）熟练掌握平板划线分离技术。

【基本原理】

1. 异养微生物的代谢特点

自然界中的微生物按照营养方式的不同可分为异养微生物（heterotrophic microorganism）和自养微生物（autotrophic microorganism）。异养微生物是指以有机物为碳源进行生长的微生物，根据所需能源的不同又可分为光能异养微生物和化能异养微生物。光能异养微生物需要以有机物作为电子供体，利用光能将二氧化碳还原为细胞物质，红螺菌属（*Rhodospirillum*）是最典型的光能异养微生物。化能异养微生物以有机碳化合物作为碳源和能源，自然界的大多数微生物均属于这一类型。

2. 土壤和活性污泥中的微生物群落组成

（1）土壤中的微生物群落组成：土壤中有机质含量丰富，具有适宜微生物生长、代谢、繁殖等生命活动所需要的营养条件，因此土壤中微生物种类

丰富，数量繁多，被认为是陆地生态系统中最大的生物多样性库之一。土壤微生物是土壤中存活的原核微生物和真核微生物的统称，主要包括细菌、真菌、放线菌、古菌，还有少量的显微藻类和原生动物。

细菌是土壤微生物的主体，约占其微生物总量的70% ~ 90%。土壤中细菌的优势类群包括变形菌门 (Proteobacteria)、拟杆菌门 (Bacteroidetes) 、酸杆菌门 (Acidobacteria)、绿弯菌门 (Chloroflexi) 和放线菌门 (Actinobacteria) 等。真菌作为土壤中微生物的另一重要组成部分，参与土壤的腐殖化和矿质化过程，主要由子囊菌门 (Ascomycota) 和担子菌门 (Basidiomycota) 组成。土壤中的古菌主要包括广古菌门（Euryarchaeota）和奇古菌门（Thaumarchaeota），参与碳、氮和氢的生物地球化学循环。土壤中微生物的数量因土壤类型、季节、地理位置以及土壤的深度不同而异，即使同一地点的同一类型土壤微生物，分布的数量也是不均匀的。研究表明，土壤所在地形类别、pH 等因素均对土壤微生物群落结构具有重要影响。

（2）活性污泥中的微生物群落组成：活性污泥是微生物群体及它们所依附的有机物质和无机物质的总称。活性污泥中的微生物包括细菌、原生动物、真菌、古菌、藻类和病毒等。细菌是活性污泥中的主要类群，其数量可占活性污泥中微生物总量的90% ~ 95%。变形菌门（Proteobacteria）、拟杆菌门（Bacteroidetes）、厚壁菌门（Firmicutes）、绿弯菌门（Chloroflexi）、放线菌门（Actinobacteria）和酸杆菌门（Acidobacteria）是活性污泥中的优势门；陶厄氏菌属（*Thauera*）、硝化螺旋菌属（*Nitrospira*）、丛毛单胞菌属（*Comamonas*）、脱氯单胞菌属（*Dechloromonas*）、红育菌属（*Rhodoferax*）和噬酸菌属（*Acidovorax*）是活性污泥的优势菌属。

3. 微生物氮循环

微生物是自然界生物地球化学循环的基础，生态系统中微生物驱动的氮循环过程主要包括固氮作用、硝化作用、反硝化作用、厌氧氨氧化作用、硝酸盐异化还原为铵以及亚硝酸型甲烷厌氧氧化等过程（图 3-1-1）。

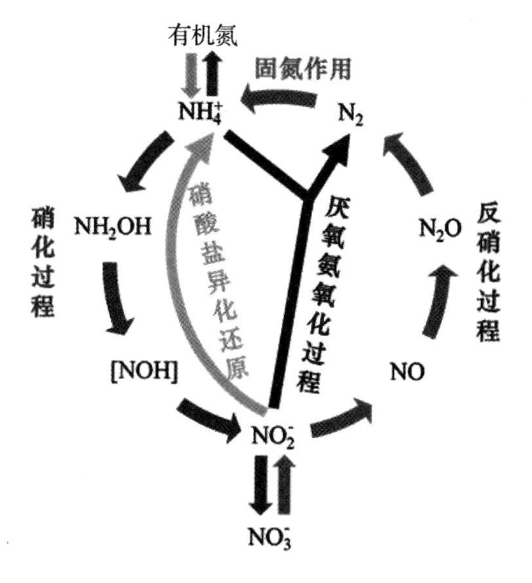

图 3-1-1 微生物氮循环

硝化作用（nitrification）是指微生物在氧气的作用下将氨氮氧化为亚硝酸盐继而将亚硝酸盐氧化为硝酸盐的过程。第一步将氨氮（NH_4^+）氧化为亚硝酸盐（NO_2^-）的过程由专性好氧的化能自养菌完成，参与该过程的微生物包括氨氧化细菌（ammonia-oxidizing bacteria, AOB）和氨氧化古菌（ammonia-oxidizing archaea, AOA）。第二步将亚硝酸盐（NO_2^-）氧化为硝酸盐（NO_3^-）的过程是由自养亚硝化细菌（nitrite-oxidizing bacteria，NOB）完成的。

传统反硝化过程（denitrification）是指在缺氧或厌氧条件下，硝酸盐被反硝化细菌还原成氧化亚氮或氮气的过程。大部分反硝化细菌是异养菌，它们能利用 NO_2^- 和 NO_3^- 为呼吸作用的最终电子受体，利用有机物为氮源和能源，进行无氧呼吸。其反应过程如下：$NO_3^- \rightarrow NO_2^- \rightarrow NO \rightarrow N_2O \rightarrow N_2$，参与反硝化作用的酶包括硝酸盐还原酶 NAR（对应编码基因为 *narG*，*napA*）、亚硝酸盐还原酶 NIR（对应编码基因为 *nirS*，*nirK*）、一氧化氮还原酶 NOR（对应编码基因为 *norB*）和氧化亚氮还原酶 NOS（对应编码基因为 *nosZ*）。

然而，近年来的研究表明反硝化作用也可在好氧条件下完成。最早给出好氧反硝化反应科学确证的是 Krul 和 Meiberg，最早筛选得到好氧反硝化细菌的是 Robertson 和 Kuenen，他们发现泛氧硫球菌 *Thiosphaera pantotropha*（现

更名为脱氮副球菌 *Paracoccus denitrificans*）甚至可以在氧浓度达到 7 mg/L 的环境下进行反硝化作用。20 世纪 80 年代以来，人们已经不断在各种不同的环境下，诸如土壤、沟渠、活性污泥和沉积物中分离出好氧反硝化细菌，它们多分布在副球菌属（*Paracoccus*）、产碱菌属（*Alcaligenes*）、假单胞菌属（*Pseudomonas*）和睾酮丛毛单胞菌属（*Comamonas*）等。

厌氧氨氧化（anaerobic ammonium oxidation, ANAMMOX）是指 ANAMMOX 菌在缺氧条件下，以 NO_2^- 为电子受体，将 NH_4^+ 氧化为 N_2。一般认为，经典的厌氧氨氧化反应主要包括三个步骤：①在 cd1 型亚硝酸盐还原酶 NIR 作用下，NO_2^- 被还原为 NO；②在联氨合成酶 HZS 的作用下，NO 与 NH_4^+ 缩合成 N_2H_4；③在联氨水解酶 HDH 作用下，N_2H_4 被分解为 N_2。一般采用 *hzsB* 作为标记 ANAMMOX 过程的功能基因。目前，已发现的厌氧氨氧化菌都属于浮霉菌门（Planctomycetes）浮霉状菌目（Planctomycetales）的厌氧氨氧化菌科（Anammoxaceae）。

硝酸盐异化还原为铵（dissimilatory nitrate reduction to ammonium，DNRA）是指硝酸盐氮被异化还原为铵的过程，主要包括两个步骤：①硝酸盐还原酶 NAR 将 NO_3^- 还原成 NO_2^-，编码该酶的基因为 *narG*，*napA*；②亚硝酸还原酶 NIR 将 NO_2^- 还原成 NH_4^+。DNRA 的 NIR 酶编码基因为 *nrfA*，其活性比反硝化的 NIR 更强。迄今发现的 DNRA 细菌多为专性厌氧异养菌和兼性厌氧异养菌，例如 *Escherichia*、*Klebsiella*、*Citrobacte*、*Proteu*、*Desulfovibri*、*Wolinella*、*Haemophilus*、*Achromobacter*、*Clostridium*、*Streptococcus*、*Neisseriasubflava* 等，也有部分微嗜氧菌和严格好氧菌，例如 *Bacillus*、*Pscudomonas*、*Campylobacter sputorum* 等。

亚硝酸型甲烷厌氧氧化（nitrite-dependent anaerobic methane oxidation, N-DAMO）是在 2006 年由荷兰科学家发现的。他们在实验室条件下获得了一类能够利用亚硝酸盐为电子受体的甲烷氧化微生物富集培养物，证实了甲烷氧化可耦合亚硝酸盐的还原，此过程被称为亚硝酸型甲烷厌氧氧化。反硝化厌氧甲烷氧化反应的发现彻底颠覆了甲烷循环的传统模型，将地球碳循环和氮循环紧密联系起来，通过这一途径消耗的甲烷可能是被长期忽视的一种汇。催化 N-DAMO 反应的微生物是一类新的微生物——*Candidatus*

Methylomirabilis oxyfera，隶属于新发现的细菌门（NC10），该门的细菌迄今都是不可培养的。

本实验将以从土壤和活性污泥系统中筛选传统反硝化细菌与好氧反硝化细菌为代表来展示异养细菌的分离与纯化过程。首先使用富集培养基进行厌氧或好氧反硝化细菌的富集，通过平板划线分离得到纯菌株；然后对得到的纯菌株进行反硝化能力测定，筛选得到具有高效反硝化能力的菌株。

【实验器材】

1. 实验材料

土壤样品或活性污泥。

2. 培养基

（1）好氧反硝化培养基配制

富集培养基 (g/L)：$NaNO_3$ 0.85；蛋白胨 0.6；牛肉膏 0.4；尿素 0.1；NaCl 0.03；KH_2PO_4 0.1；KCl 0.014；$MgSO_4 \cdot 7H_2O$ 0.02；$CaCl_2 \cdot 2H_2O$ 0.0185；pH 7.2。121℃高压灭菌 20 min，冷却待用。

分离培养基 (g/L)：L– 天冬碱 1.0；KNO_3 1.0；KH_2PO_4 1.0；$FeSO_4 \cdot 7H_2O$ 0.06；$CaCl_2 \cdot 2H_2O$ 0.2；$MgSO_4 \cdot 7H_2O$ 1.0；琥珀酸钠 8.5；琼脂 16 ~ 18；溴百里酚蓝（又称 BTB 试剂，1% 溶解于酒精）1 mL；pH 7.0 ~ 7.3。121℃高压灭菌 20 min，冷却待用。分离培养基中含有溴百里酚蓝作指示剂，当 pH 大于 7.6 时该培养基会变蓝色，可据此判断培养基酸碱度的变化。

反硝化测试 (DM) 培养基 (g/L)：KNO_3 1.0；琥珀酸钠 8.5；KH_2PO_4 1.0；$FeSO_4 \cdot 7H_2O$ 0.06；$CaCl_2 \cdot 2H_2O$ 0.2；$MgSO_4 \cdot 7H_2O$ 1.0；pH 7.0 ~ 7.3。121℃高压灭菌 20 min，冷却待用。

（2）厌氧反硝化培养基配制

富集培养基 (g/L)：CH_3COONa 2.73; $NaNO_3$ 1.0; K_2HPO_4 0.15；KH_2PO_4 0.1；$MgSO_4·7H_2O$ 0.1；$FeSO_4·7H_2O$ 0.001；pH 7.5。121℃高压灭菌 20 min，冷却待用。

分离培养基：厌氧反硝化的富集培养基加 20 g/L 的琼脂。

反硝化测试培养基：同厌氧反硝化的富集培养基。

3. 实验仪器

超净工作台、高压灭菌器、恒温培养箱、厌氧手套操作箱、天平、离心机、摇床、分光光度计等。

4. 实验工具

锥形瓶、血清瓶、玻璃珠、培养皿、移液枪、移液枪吸头（或移液管替代）、接种环、酒精灯、记号笔、标签纸、硅胶塞等。

【实验步骤】

1. 样品的采集（可选择一种环境介质）

（1）土壤样品的采集：选定采样点后，用小铲铲去表层土约 2 ~ 10 cm，然后向下（10 ~ 20 cm）取土样约 10 g。将土样装入预先准备好的无菌锥形瓶中，封口，记录采样信息，包括采样地点、采样日期、采样人、采样环境、天气等。取回土样后，应及时开展分离实验；如不能及时分离，需要将土样置于 4℃冰箱中保存。

（2）活性污泥的采集：采集污水处理厂生活污水处理工艺中的活性污泥，装入预先准备好的无菌锥形瓶中，封口，记录采样地点、采样日期、采样人、采样环境等采样信息。取回样品后应及时开展分离实验；如不能及时分离，需要将活性污泥置于 4℃冰箱中保存。

2. 样品富集培养

（1）好氧反硝化菌的富集：称取 20 g 土样（量取 20 mL 活性污泥），接种到装有 200 mL 富集培养液的 500 mL 锥形瓶中（含有约 15 ～ 20 颗的玻璃珠），用 9 层纱布包好瓶口，于 30℃、120 r/min 摇床振荡培养 3 d。富集完成后的土壤样品颗粒杂质较多，静置 5 min。以此锥形瓶中的菌液为菌种源，取出 10 mL 接种至新鲜的装有 200 mL 富集培养液的锥形瓶中，培养条件相同，每隔 3 d 转接一次，转接 3 ～ 4 次。

（2）厌氧反硝化菌的富集：称取 20 g 土样（量取 20 mL 活性污泥），注入装有 200 mL 富集培养液的 500 mL 血清瓶中，盖紧瓶盖使其密闭，在厌氧培养箱中 30℃恒温培养 3 d。以此血清瓶中的菌液为菌种源，取出 10 mL 接种至新鲜的装有 200 mL 富集培养液的血清瓶中，培养条件相同，每隔 3 d 转接一次，转接 3 ～ 4 次。整个转接过程均须在厌氧手套操作箱中完成。

3. 分离与筛选

（1）好氧反硝化菌的分离与筛选：用无菌移液枪移取约 0.1 mL 富集培养液，用涂布棒均匀涂布在 5 ～ 10 个分离培养基平板上，涂布均匀，倒置于 30℃恒温培养箱中培养 3 ～ 5 d，挑选周围变蓝的菌落反复划线纯化，直至获得单菌落作为初筛菌种。

（2）厌氧反硝化菌的分离与筛选：在厌氧手套操作箱中，用无菌移液枪移取约 0.1 mL 富集培养液，用涂布棒均匀涂布在 5 ～ 10 个分离培养基平板上，在厌氧培养箱 30 ～ 36℃倒置培养 3 ～ 5 d，挑选单菌落反复划线纯化，直至获得单菌落作为初筛菌种。

4. 反硝化能力测定

（1）好氧反硝化菌的反硝化性能测定：以接种环挑取反复划线后得到的纯菌落，将其接种到含有 100 mL 反硝化测试培养基的 250 mL 锥形瓶中，在 30℃、180 r/min 的摇床中振荡培养。培养 48 h 后移取 10 mL 培养液进行高速离心，上清液用于测定培养基中 NO_3^--N 的含量。以不接种菌株的锥形瓶作为空白对照组，每次实验设置 3 个重复。

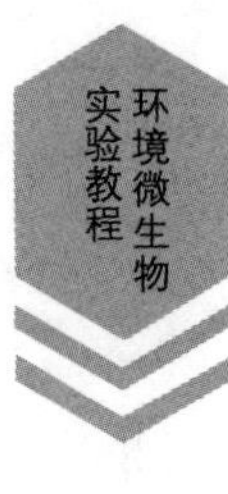

（2）厌氧反硝化菌的反硝化性能测定：以接种环挑取反复划线后得到的纯菌落，将其接种到含有 100 mL 反硝化测试培养基的 250 mL 血清瓶中，盖紧瓶盖使其密闭，于 30℃厌氧培养箱中培养 48 ～ 72 h。培养结束后移取 10 mL 培养液进行高速离心，上清液用于测定培养基中 NO_3^--N 的含量。以不接种菌株的血清瓶作为空白对照组，每次实验设置 3 个重复。

【注意事项】

（1）用于划线的接种环环口应圆滑、平整，划线时环口与平板的夹角应小，动作应轻盈，避免划破平板。

（2）用于平板划线的培养基琼脂含量可适当高一些，倾倒平板时也可倒得厚一些，避免划线过程中接种环穿透培养基。

（3）涂布过程中涂布棒经酒精灯灼烧后必须进行充分冷却，以避免将菌株烫死；推液时避免接触培养皿边缘，以免菌液聚集在边缘堆积生长。

（4）划线过程中每划完一组平行线都必须将接种环在酒精灯上进行充分灼烧，待完全冷却后才可开始下一组平行线划线。

【实验报告】

将实验结果填入表 3-1-1 和表 3-1-2。

表 3-1-1　好氧反硝化菌筛选实验

样品来源	菌株编号	培养温度	培养时间	菌落形态	菌株生长情况		反硝化性能	
					初始时刻吸光度（A_{600}）	结束时刻吸光度（A_{600}）	初始 NO_3^--N 浓度（mg/L）	NO_3^--N 去除率（%）

表 3-1-2　厌氧反硝化菌筛选实验

样品来源	菌株编号	培养温度	培养时间	菌落形态	菌株生长情况		反硝化性能	
					初始时刻吸光度（A_{600}）	结束时刻吸光度（A_{600}）	初始 NO_3^--N 浓度（mg/L）	NO_3^--N 去除率（%）

【问题与思考】

（1）为什么好氧反硝化菌分离培养基中添加了 BTB 试剂，用途是什么？

（2）如何确定平板上的单菌落为纯培养物？

实验 3-2 环境中自养微生物的分离与纯化

【目的要求】

（1）了解如何对化能自养型微生物进行分离与纯化。

（2）学习硅胶平板的配制方法以及使用硅胶平板分离硝化细菌的方法。

【基本原理】

1. 自养微生物的特点

自养微生物（autotrophic microorganism）是指以无机碳作为唯一碳源进行生长和繁殖的生物。按照能量利用方式的不同，可分为化能自养微生物和光能自养微生物。然而，越来越多的研究发现，许多微生物同时具有化能自养、化能异养和混合营养型的生活方式，这类微生物也被称为兼性化能自养型微生物。自养与异养微生物的平衡是调节大气中二氧化碳和氧气浓度的一个关键因子，同时也影响着地球的氧化还原平衡。

凡是能够利用电子供体氧化时释放的化学能作为能源来合成其自身有机物质的微生物统称为化能自养微生物，如亚硝化细菌（nitrite bacteria）、硝化细菌（nitrobacteria）、硫细菌（thiobacteria）以及铁细菌（iron bacterium）等。光能自养微生物是指通过光合作用获得能量的一类微生物。这类微生物细胞内均含有一种或几种光合色素，如蓝细菌、紫硫细菌、红硫细菌和绿硫细菌等。化能自养微生物和光能自养微生物的区别主要在于能量来源不同，在自然界中能够进行化能自养的微生物种类很多，本实验以化能自养微生物中的硝化细菌为例来介绍自养微生物的分离纯化方法。

2. 硝化细菌

硝化过程是指微生物在氧气的作用下将氨氮氧化为亚硝酸盐继而将亚硝酸盐氧化为硝酸盐的过程，传统理论认为硝化过程需要分两步进行。第一步是氨氧化菌将 NH_4^+-N 氧化为 NO_2^--N 的过程，第二步是亚硝酸盐氧化菌将 NO_2^--N 氧化为 NO_3^--N 的过程。氨氧化过程是硝化过程的限速步骤，传统理论一直认为生态系统中的氨氧化作用是由氨氧化细菌（AOB）进行的专性好氧的化能自养过程；直到 2004 年，研究者在海水微生物宏基因组测序分析中发现泉古菌中具有类似细菌编码氨单加氧酶的结构基因 *amoA*、*amoB* 和 *amoC*，首次提出了海洋泉古菌可能具有氨氧化能力；2005 年，第一株氨氧化古菌（AOA）的成功分离改变了人们对传统氮循环的认识，AOA 和 AOB 在生态系统中的重要性和相对贡献也引起了全世界氮循环研究者的广泛关注。已知的 AOB 包括亚硝化单胞菌（*Nitrosomonas*）、亚硝化球菌（*Nitrosococcus*）、亚硝化螺菌（*Nitrosospira*）、亚硝化叶菌（*Nitrosolobus*）和亚硝化弧菌（*Nitrosovibrio*）等。AOA 常见于奇古菌门，主要分布在 *Nitrosophaera*、*Nitrosopumilus*、*Nitrosotalea*、*Nitrosocaldus* 等几个属内。

最新的研究表明，一些之前被认为仅有亚硝酸盐氧化能力的亚硝化螺菌同时也具有氨氧化能力，它们被称为全程硝化细菌（complete ammonia oxidizer, comammox），仅需一步即可将 NH_4^+-N 氧化为 NO_3^--N。全程硝化细菌“comammox *Nitrospira*”的发现彻底颠覆了硝化作用由两类微生物分步完成的固有观念，其在多种淡水和土壤环境中的相对丰度和群落多样性均超过了传统的 AOA 和 AOB，证明了其在全球氮循环中的重要地位。

3. 硝化细菌分离方法

氨氧化细菌和亚硝酸盐氧化细菌均是典型的自养菌，这类细菌的生长比较缓慢，需要较长的培养时间，而伴生的异养菌生长却较为迅速。因此，富

集和分离这类细菌通常较为困难，且需要在专门的培养液中进行。目前，常用的分离方法有硅胶平板分离法、稀释分离法和梯度离心法等。硅胶平板法先通过无机培养基富集硝化细菌，然后将富集液稀释涂布于硅胶平板进行后续分离操作，这种方法流程较为简单，难点在于硅胶平板的制作。稀释分离法是将富集培养液进行稀释后再进行接种培养的方法，简便易行，但不能直接获得纯种。本实验中重点介绍硅胶平板分离法。

【实验器材】

1. 实验材料

城镇污水处理厂曝气池中的活性污泥。

2. 培养基 / 实验试剂

（1）硝化细菌分离培养基：组成见表 3–2–1 所示。

表 3–2–1　硝化细菌分离培养基配方

种类	含量	种类	含量
$(NH_4)_2SO_4$	0.5 g/L	$FeSO_4 \cdot 7H_2O$	0.4 g/L
NaCl	1.0 g/L	$MgSO_4 \cdot 7H_2O$	0.5 g/L
KH_2PO_4	0.5 g/L	$NaHCO_3$	2.0 g/L
K_2HPO_4	1.0 g/L	蒸馏水	1000 mL

（2）LB 平板培养基（每升）：酵母提取物 5 g；胰化蛋白胨 10 g；NaCl 10 g；琼脂 15 ~ 20 g；用 NaOH 调节 pH 至 7.0。121℃高压灭菌 20 min，冷却待用。

（3）其他试剂：格里斯试剂（Griess 试剂）、二苯胺 – 硫酸试剂。

3. 实验工具

锥形瓶、培养皿、接种环、涂布棒、酒精灯、称量匙等。

【实验步骤】

1. 采样

采集城镇污水处理厂曝气池或二沉池中的活性污泥。

2. 富集

取活性污泥 10 mL，接种于 100 mL 灭菌后的硝化细菌培养基中，在温度为 30℃、转速 180 r/min 的条件下振荡培养，富集 15 d。每隔 1 d 取出 1 mL 的培养液，加入 Griess 试剂检验培养液中的 NO_2^- 的变化，颜色从红色、粉红色变成无色说明 NO_2^- 减少；加入二苯胺－硫酸试剂检验培养液中的 NO_3^- 的变化，颜色从无色到深蓝色说明 NO_3^- 增加。

3. 硅胶平板的配制

（1）混合稀酸的配制：将 5.5 mL 浓硫酸缓慢加入 155 mL 蒸馏水中，另将 22 mL 的浓盐酸加入 185 mL 蒸馏水中，两者混合即为稀酸液。

（2）硅酸钠的配制：称取 82.59 g 硅酸钠（$Na_2SiO_3 \cdot 7H_2O$）加入 500 mL 蒸馏水中搅拌溶解，配制好的溶液即为水玻璃。

（3）分别吸取 8 mL 的稀酸液和 12 mL 的水玻璃（稀酸：水玻璃 =2:3）于小烧杯中，快速搅拌均匀，倒入培养皿中，静置凝固。

（4）将凝固后的硅胶板用蒸馏水浸泡 5 ～ 8 次，每次 30 min。其间用 1% 的 $AgNO_3$ 检验 Cl^- 去除效果，如有乳白色沉淀出现则继续冲洗，直至 Cl^- 全部去除，然后再用蒸馏水清洗 1 次，倒置过夜晾干。

（5）在硅胶板的表层加入预先配制并灭菌的硝化细菌分离培养液 2 mL，

放入烘箱 35 ~ 45℃左右维持 1.0 ~ 1.5 h 至表层无液体流动，然后与培养皿盖子一同在紫外灯下照射 30 min，即可得到用于分离硝化细菌的硅胶平板。

4. 硅胶平板分离

（1）取 0.1 ~ 0.2 mL 的富集培养液滴在配制好的 5 ~ 10 个硅胶平板上，涂布分离。

（2）将涂布后的平板放置在盛有少量水的干燥器里，防止硅胶干裂，28℃下培养 3 ~ 4 周。

（3）硅胶平板上长出菌落之后，用接种环挑取 10 ~ 20 个单菌落，分别接种于硝化细菌分离培养液中，28℃下培养 3 ~ 4 周，依照前述方法检验培养液中的 NO_2^- 和 NO_3^-，选取颜色变深的菌种作为硝化细菌分离的菌株。

5. 硝化细菌的纯度检查

将筛选出的具有硝化反应的菌株培养液在 LB 平板培养基上进行划线培养，以验证其是否混有异养杂菌。平板培养基上若有菌生长，表明培养液中的培养物不纯，需进一步分离、纯化；若无菌生长，则基本为纯培养物。

【注意事项】

（1）配制硅胶平板时，稀酸液和水玻璃混合时，必须将稀酸缓缓加入水玻璃中，同时不断搅拌，防止结块。

（2）硝化细菌培养过程中，常会有异养细菌伴生生长，必须用多种有机营养培养基检查培养物的纯度，看是否有异养菌污染等。

（3）Griess 试剂最早由彼得·格里斯于 1879 年开发，在亚硝酸盐存在的情况下，加入 Griess 试剂会使溶液颜色变为深粉色，进而可以定性表征溶液中是否存在亚硝酸盐。同样，二苯胺－硫酸试剂是用于检验是否存在硝酸盐的指示试剂，如滴入后溶液变蓝则表明含有硝酸盐。

【实验报告】

将实验结果填入表 3-2-2。

表 3-2-2　自养微生物的分离与纯化

菌株编号	第一周		第二周		第三周		第四周	
	Griess 颜色	二苯胺－硫酸颜色	Griess 颜色	二苯胺－硫酸颜色	Griess 颜色	二苯胺－硫酸颜色	Griess 颜色	二苯胺－硫酸颜色

【问题与思考】

（1）Griess 试剂和二苯胺－硫酸试剂检验培养液中的 NO_2^- 和 NO_3^- 的原理是什么？

（2）分离化能自养微生物的平板凝固剂为什么选用硅胶而不是琼脂？

实验 3–3 环境中功能菌的筛选、分离与纯化

【目的要求】

（1）掌握如何从含苯并 [a] 芘污染土壤中筛选、分离和纯化苯并 [a] 芘降解菌。

（2）了解环境中难降解有机污染降解菌的富集和筛选方法。

【基本原理】

多环芳烃（polycyclic aromatic hydrocarbons, PAHs）是一种非常典型的持久性有机污染物，是由 2 个或 2 个以上的苯环以线状、角状或簇状的方式构成的烃类化合物及其衍生物，多以吸附态或乳化态在环境中留存，并且能够在大气、水体、土壤和生物体等不同介质中不断发生迁移转化。PAHs 具有长期残留性、生物蓄积性和致癌、致畸、致突变“三致效应”，会对生态环境和人体健康造成严重威胁。常见的 PAHs 污染治理技术包括物理、化学和生物技术等，其中生物处理技术因具有二次污染风险小、成本相对低廉和操作简单等特点而受到广泛关注，是环境中 PAHs 物质去除的最主要途径，高效 PAHs 降解菌的获取更是生物处理技术的基础。因此，本实验以 PAHs 中高相对分子质量化合物苯并 [a] 芘为例来介绍特殊污染物降解菌的筛选、分离与纯化过程。

苯并 [a] 芘（benzo(a)pyrene，Bap）是一种具有 5 个苯环结构的多环芳烃（结构式如图 3-3-1），分子式为 $C_{20}H_{12}$，化学性质稳定，不溶于水，是一种高活性致癌物，也是目前国内外环境污染物监测的重要指标之一。例如，《环境空气质量标准》（GB 3095—2012）规定环境空气中苯并 [a] 芘年平均浓度限值为 0.001 $\mu g/m^3$；《生活饮用水卫生标准》（GB 5749—2006）规定苯并 [a] 芘在饮用水中的含量应小于 0.01 μg/L。

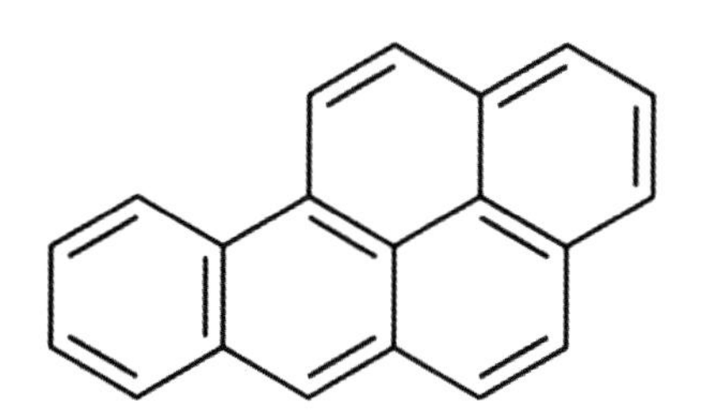

图 3-3-1　苯并 [a] 芘的结构式

环境中苯并 [a] 芘的来源包括自然源和人为源，其中人为来源是造成苯并 [a] 芘污染的主要原因。煤、石油、天然气等化石燃料的燃烧，垃圾焚烧和炼焦过程均会产生大量的高环 PAHs；食品在熏烤和高温油炸等过程中由于脂肪、胆固醇、蛋白质和碳水化合物等在高温条件下的热裂解反应也会有苯并 [a] 芘的产生。

自然界中许多细菌、真菌和植物都有降解苯并 [a] 芘的能力，已报道的细菌有红球菌属（*Rhodococcus* sp.）、微小杆菌属（*Exiguobacterium* sp.）、节杆菌属（*Arthrobacter* sp.）、芽孢杆菌属（*Bacillus* sp.）和假单胞菌属（*Pseudomonas* sp.）等，真菌有白腐真菌（white-rot fungi）等。

【实验器材】

1. 实验材料

受露天烧烤影响区域的土壤。

2. 培养基 / 实验试剂

（1）富集培养基：$(NH_4)_2SO_4$ 0.5 g；葡萄糖 5.0 g；KH_2PO_4 0.5 g；K_2HPO_4 1.0 g；$FeSO_4 \cdot 7H_2O$ 0.01 g；$MgSO_4 \cdot 7H_2O$ 0.5 g；苯并 [a] 芘 5.0 mg（溶解于丙酮后加入）。加蒸馏水定容至 1 L，pH 7.2 ～ 7.4。

（2）无机盐培养基：$(NH_4)_2SO_4$ 1.0 g；K_2HPO_4 2.0 g；$MgSO_4 \cdot 7H_2O$ 0.5 g；$FeCl_3$ 0.5 g；$CaCl_2$ 0.5 g。加蒸馏水定容至 1 L，pH 7.2 ～ 7.4。固体培养基在以上成分的基础上再添加 20 g 琼脂。

（3）牛肉膏蛋白胨培养基：牛肉膏 5.0 g；蛋白胨 10.0 g；NaCl 5.0 g；琼脂 20 g。加蒸馏水定容至 1 L，pH 7.4 ～ 7.6。

（4）其他试剂：苯并 [a] 芘（纯度 >99.9%）、乙腈（色谱纯）、甲醇（色谱纯）、二氯甲烷。

3. 实验工具

锥形瓶、培养皿、接种环、酒精灯、称量匙、称量纸、pH 计、记号笔等。

【实验步骤】

1. 样品采集

选取受露天烧烤影响的区域，采集区域内不同点位的土壤样品，带回实验室备用，记录采样日期、名称、采样人等信息。

2. 苯并 [a] 芘降解菌的富集培养

将各个点位的土壤样品进行等比例混合，取 10 个土壤样品接种于含有 100 mL 富集培养基的锥形瓶中，在温度为 37℃、转速 180 r/min 的条件下振荡培养 7 d，每隔 1 d 补加苯并 [a] 芘 0.5 mg，以淘汰不能利用或者降解苯并 [a] 芘的微生物。

3. 苯并 [a] 芘降解菌的分离与纯化

用移液枪吸取培养 7 d 后的富集培养液 0.1 mL，缓慢加入 5 ～ 10 个预先配制好的牛肉膏蛋白胨平板培养基表面，用无菌涂布棒将滴入的培养液均匀涂布在整个培养基上，涂布后的培养皿放入 37 ℃培养箱中培养 3 ～ 5 d。

用接种环挑取牛肉膏蛋白胨平板上特征不同、生长旺盛且稳定的菌落，采用四区划线的方法来对挑取的细菌进行分离纯化，将划线后的平板放置在37℃培养箱中倒置培养 3 ～ 5 d，挑取平板上长出的单菌落重复进行划线，直至分离得到单一菌株。

将上述分离纯化得到的纯菌株接种于苯并 [a] 芘浓度为 200 mg/L 的无机盐固体培养基上，放置在 37℃培养箱中倒置培养 3 ～ 5 d，挑取生长旺盛且稳定的菌株进行后续的性能测定。

4. 苯并 [a] 芘降解菌的性能测定

将初筛纯化得到的菌株接种至含有苯并 [a] 芘浓度为 40 mg/L 的无机盐液体培养基中，在温度为 37 ℃、转速 180 r/min 的条件下振荡培养，在 0、4、8、12、16 d 取样，测定培养液中苯并 [a] 芘的残留浓度。每份样品设置 3 个平行，以不加菌株的培养基作为空白对照。

5. 苯并 [a] 芘含量的测定

往待测样品中加入等体积的乙腈溶液，摇床振荡 20 min，以充分溶解培养液中的苯并 [a] 芘，4000 r/min 离心 15 min，取上清液，选用高效液相色谱（HPLC）法测定溶液中苯并 [a] 芘含量。

$$\text{降解率（\%）} = \frac{\text{对照样品中苯并 [a] 芘含量} - \text{接种样品中苯并 [a] 芘含量}}{\text{对照样品中苯并 [a] 芘含量}} \times 100\%$$

【注意事项】

（1）苯并 [a] 芘在水中的溶解度较低，需要用有机溶剂萃取后再进行浓度的测定。

（2）环境中难降解有机物降解菌的筛选难度较大、耗时较长，在初筛菌株降解效率不高的情况下，可进一步改变富集策略，进行长时间的驯化和富集培养，以便能够得到高效降解菌株。

【实验报告】

将实验结果填入表 3–3–1。

表 3–3–1　环境中苯并 [a] 芘降解菌的分离与纯化

菌株编号	苯并 [a] 芘浓度（mg/L）					苯并 [a] 芘降解率（%）				
	0 d	4 d	8 d	12 d	16 d	0 d	4 d	8 d	12 d	16 d

【问题与思考】

（1）从自然界筛选分离一株特殊污染物降解能力高的菌株还可以采用哪些特殊的富集方法？是否可以设计一套完整的筛选方案？

（2）筛选特殊污染物降解菌株的流程与前面两节中硝化细菌、反硝化细菌的筛选过程有何不同？

第四章

微生物形态观察、大小与数量测定

实验 4–1 微生物形态的观察

【目的要求】

（1）学习和掌握显微镜的基本构造、工作原理和使用方法。

（2）学习和掌握细菌革兰氏染色方法的实验原理和方法。

（3）学习如何使用普通光学显微镜镜检观察革兰氏染色后的细菌。

【基本原理】

一、显微镜的成像原理

1. 普通光学显微镜的原理

普通光学显微镜也叫光学显微镜（optical microscope），以可见光作为光源。因细菌个体一般大于 0.25 μm，使用放大倍数为 100 倍的油镜镜头（100×，oil）即可观察菌体形态，但菌体的荚膜、鞭毛等特殊结构只能通过特殊染色方法处理后经显微镜观察。普通光学显微镜的成像原理主要是通过物镜和目镜两组透镜系统来实现放大，如图 4–1–1 所示。细菌菌体被物镜放大为一个倒立的实像，然后再经过目镜放大成一个正立的虚像呈现在视网膜上，被人眼观察到。

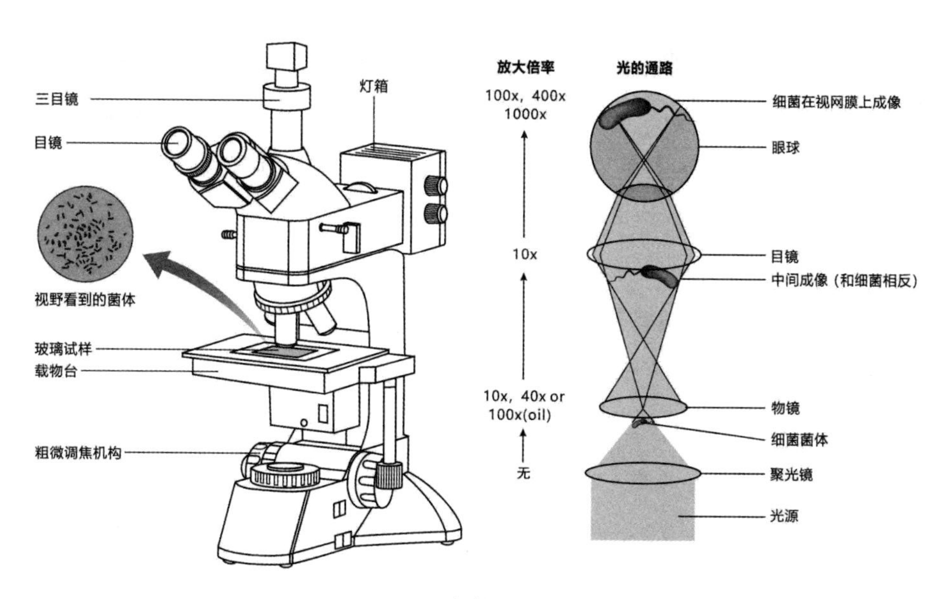

图 4-1-1　光学显微镜的构造

2. 荧光显微镜的原理

荧光显微镜（fluorescence microscope）是以紫外线为光源照射被检物体，使之发出荧光，然后在显微镜下观察物体的形状及其所在位置的显微镜（图 4-1-2）。荧光显微镜一般使用高强度的汞灯作激发光源，进一步使用滤色镜将不需要的光滤去，只留下能够激发荧光基团的高强度纯光。过滤后的高强

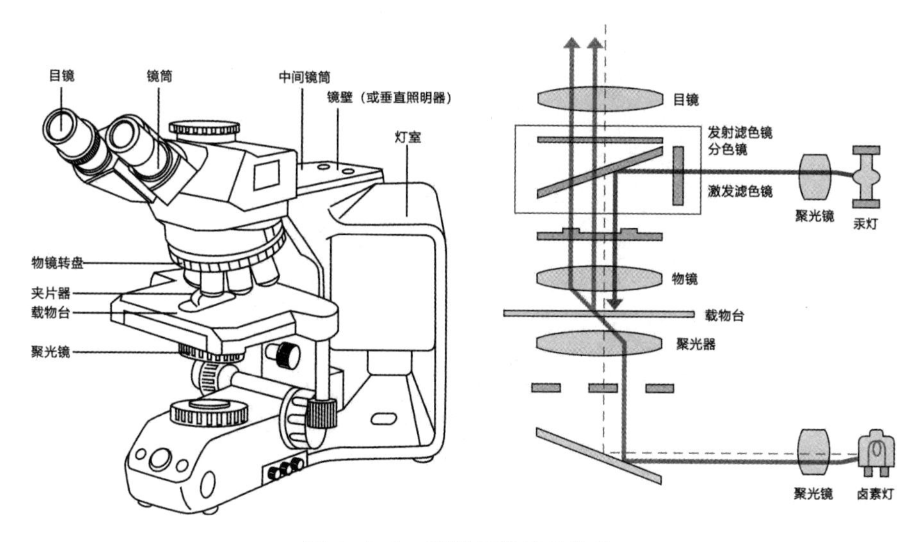

图 4-1-2　荧光显微镜的构造

度单色纯光通过物镜照射到样本上之后，样本会被激发出发射光（荧光），发射光和激发光都会沿着物镜光路返回，然后可通过二相色镜把激发光过滤掉，仅让我们需要的荧光透过。因标本被激发的荧光处在可见光长波区，能够沿着显微镜的光路最后到达目镜，进而可被我们的眼睛观察到。

3. 透射电子显微镜的原理

透射电子显微镜（transmission electron microscope，TEM），简称透射电镜（图 4-1-3），是电子显微镜的一种。电子显微镜是在普通光学显微镜的基础上发展起来的，普通的光学显微镜只能够观察 0.2 μm 以上的细微结构，而电子显微镜可以看清 0.2 μm 以下的超微结构，其中透射电子显微镜的分辨率可高达 0.1 ～ 0.2 nm，达到普通光学显微镜的 1000 倍以上。透射电子显微镜的成像原理与普通光学显微镜的原理相同，只是光源由可见光变为电子枪，照明控制由玻璃聚光镜变为电子聚光镜，放大成像系统也由玻璃透镜变为电子透镜等。

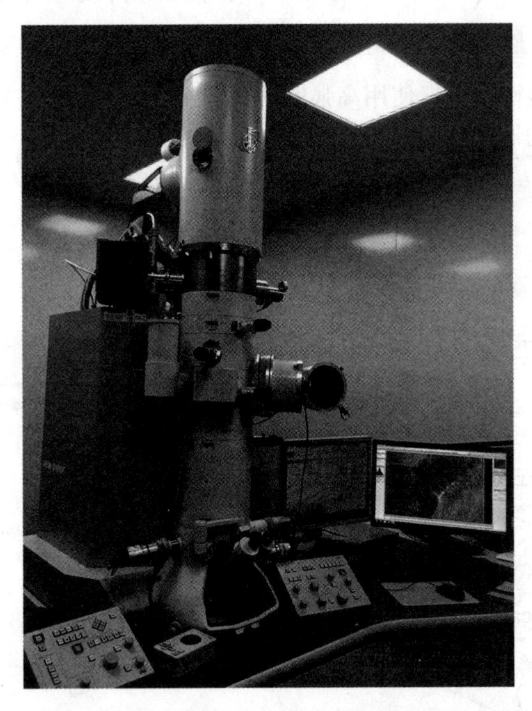

图 4-1-3　透射电子显微镜（图片来源：北京大学实验室与设备共享查询系统）（http://lab-equip-query.pku.edu.cn/SharedEquip/AllDetail?yqbh=201404610）[2021-11-17]

二、显微镜的构造（以普通光学显微镜为例）

光学显微镜是由各种零部件组合成的仪器（如图 4-1-1），组合之后分为两个系统：机械系统和光学系统。机械系统包括：镜座、镜筒、镜臂、物镜转换器、载物台、聚焦旋钮。光学系统包括：物镜、目镜、光源、聚光镜。

1. 机械系统

（1）镜座：显微镜的基座，用于平衡和支撑起整个显微镜，是显微镜的最底部。

（2）镜筒：光通路单元，上连目镜，下连物镜和物镜转换器。

（3）镜臂：显微镜的承重单元，一般取放显微镜可以抓握这个部位。

（4）物镜转换器：位于显微镜下部、载物台上部，是用以安放多个不同倍率物镜镜头的单元。一般设计和安装镜头时会以顺时针或逆时针顺序把不同倍率的物镜安装在上面，旋转物镜转换器就可以方便地切换物镜镜头。

（5）载物台：放置载玻片用。载物台中间有能通过光的孔，其上装有夹片器用于夹住和抵住玻片，一般右侧有两个移动器，一个移动器控制前后移动，另一个移动器控制左右移动，以方便我们观察玻片不同区域时进行调节。

（6）聚焦旋钮：也称为调节旋钮，分粗调节旋钮和细调节旋钮。旋动调节旋钮可以控制载物台的上升或下降。粗调节旋钮移动幅度较大，一般用来在视野中寻找观察对象的位置；细调节旋钮移动幅度较小，用来把视野调节清晰。

2. 光学系统

（1）物镜：装在物镜转换器上，一般包含低倍镜（4× 或 10×）、高倍镜（40×）和油镜（100×）3 种，作用是将微生物标本放大，镜头通常标有数值孔径（numerical aperture，简写为 NA）、放大倍数（mm）、镜筒长度（mm）、工作距离（物镜下端至盖玻片之间的距离，mm）等主要参数，如图 4-1-4 所示。物镜的数值孔径反映物镜分辨率，数值越大，物镜性能越好。

油镜是实验室常用的显微镜之一，上面刻有“OI”（oil immersion）或“HI”

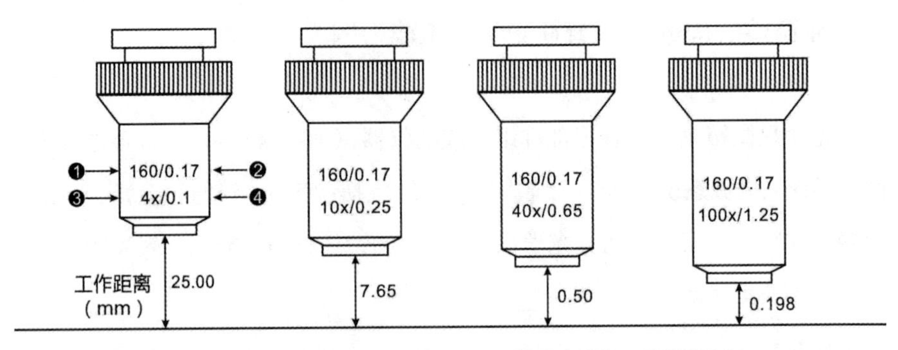

图 4–1–4　显微镜物镜的主要参数

(homogeneous immersion) 字样，可用以观察细菌等较细微的结构。由于油镜的放大倍数较高，当光线通过透镜到达尺寸较小的透镜时，部分光线会发生折射现象使得仅有部分光线能够顺利进入透镜，导致不能观察到微生物的全貌 (图 4–1–5)。因此，使用油镜时需要在玻片上滴加香柏油，作用是使得经过透镜的光线增多，视野清晰。

（2）目镜：安装在镜筒上侧，可直接肉眼观察，目镜镜头放大倍数为 10 倍、16 倍、20 倍（镜头上刻有 10×、16× 或 20× 等符号）。选择目镜时要注意目镜倍数并非越高越好，原因是目镜和物镜放大倍数的乘积应为物镜数

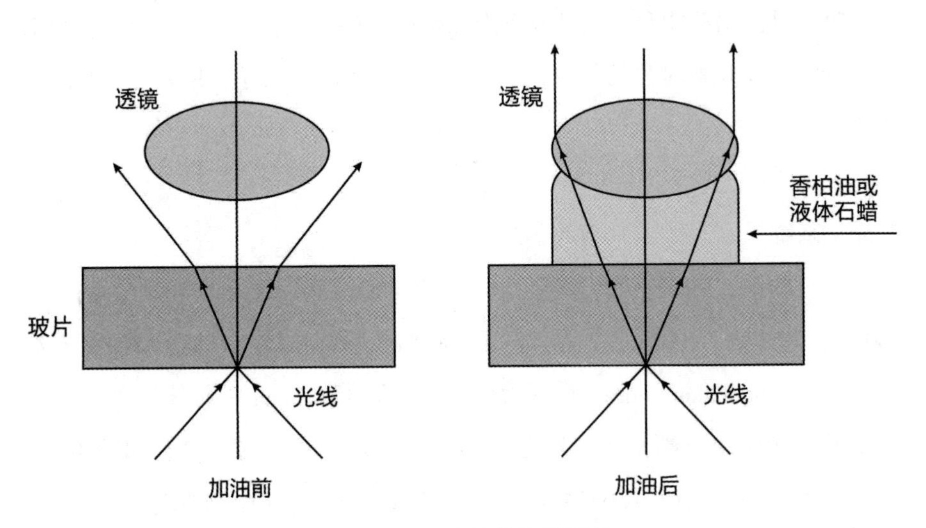

图 4–1–5　油镜的使用原理

值孔径的 500 ~ 700 倍，最大不能超过 1000 倍。因此当目镜放大倍数过大时，反而影响观察效果。

（3）光源：显微镜底部安装有强光源，发射可见光。使用时应注意用完及时关闭，以延长光源使用寿命。

（4）聚光镜：位于载物台下方，作用是将光源发射的光线汇聚后照射到标本上，从而获得明亮清晰的图像。

三、细菌菌落特征

细菌的菌落特征与细胞结构、生长状况、排列方式和运动特性等直接相关，大多呈圆形或不规则形（图 4–1–6），表面光滑湿润，边缘较为整齐，质地颜色均匀、多样。

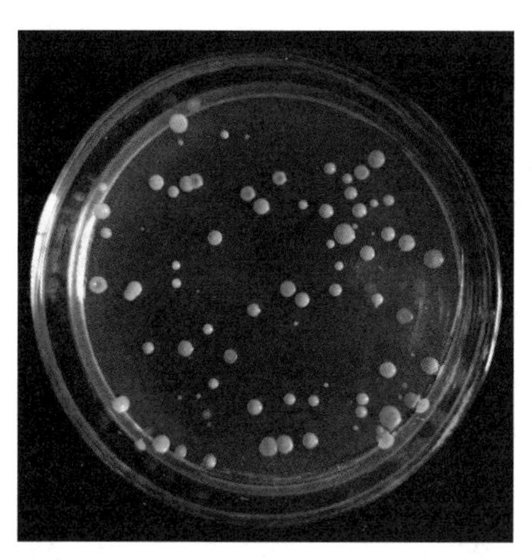

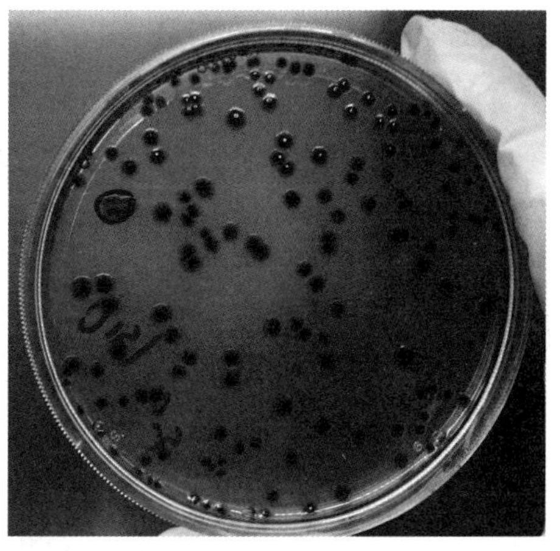

图 4–1–6 细菌形态，左图为普通牛肉膏蛋白胨培养基上生长出来的细菌，右图为大肠埃希氏菌在科玛嘉显色培养基上培养出的典型菌落形态（为紫红色）

四、革兰氏染色基本原理

根据细胞壁的结构和组成的差异可以将细菌分为两类：一类细菌细胞壁

厚，类脂成分少；另一类细菌细胞壁薄，类脂成分多。因两类细菌的细胞壁含有不同的化学物质，可用革兰氏染色的方法将细菌鉴别为革兰氏阴性菌和革兰氏阳性菌。

细菌表面带负电，首先使用碱性染料（带正电）结晶紫染色液进行初染，使细菌着蓝紫色。为了使染色液和菌体结合更牢固，可使用碘液进行媒染，随后使用酒精脱色。由于革兰氏阳性菌细胞壁厚，类脂少，所以在脱色时间控制得当的情况下，酒精只能洗脱细菌菌体以外的染色液，细胞壁内侧仍留有结晶紫和碘的复合成分；革兰氏阴性菌细胞壁类脂成分含量高，易被酒精溶解，细胞壁的孔径变大，同时又因为细胞壁较薄，结晶紫和碘的结合物不容易留在细胞壁内侧，易被酒精洗脱。

细胞壁厚的、被染成蓝紫色的菌体再经过浅红色的番红复染，番红的浅红色并不能覆盖原有的蓝紫色，因此菌体最后镜检观察时呈现蓝紫色，通常把这类细菌定义为革兰氏阳性菌（G^{+}），如图 4-1-7（a）所示。细胞壁薄的、被染成蓝紫色的菌体经过酒精脱色后蓝紫色被洗掉了，菌体呈现无色透明状，这时候复染番红，就把菌体染成了红色，因此菌体最后镜检观察时呈现红色，通常把这类细菌定义为革兰氏阴性菌（G^{-}），如图 4-1-7（b）所示。

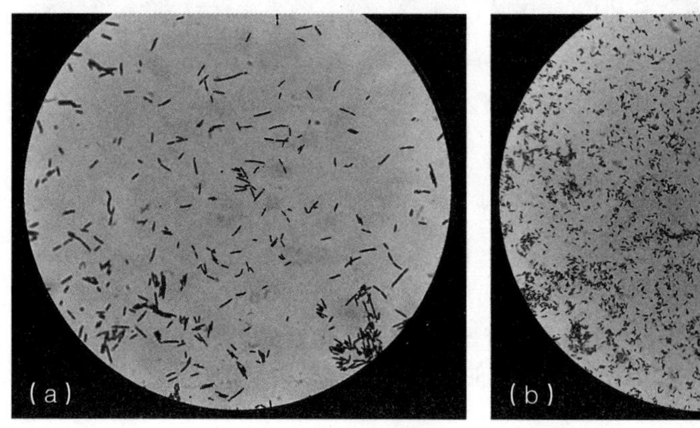

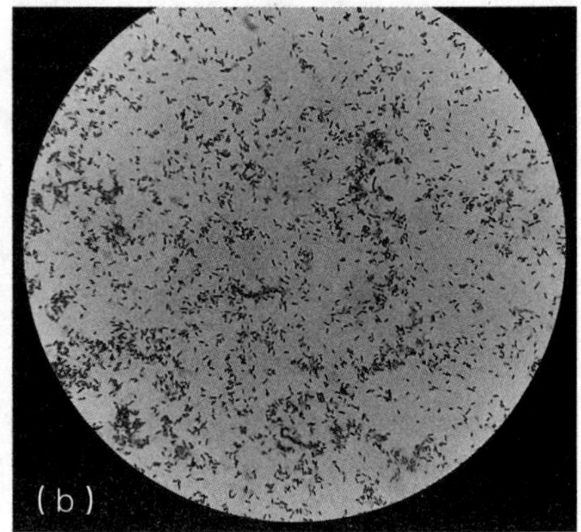

图 4-1-7 革兰氏染色图，（a）阳性，（b）阴性

【实验器材】

1. 革兰氏染色液

革兰氏染色液由 4 种染色液组合而成，也可直接购买市售成品。

（1）结晶紫染色液：将 1.0 g 结晶紫完全溶解于 20.0 mL 的 95% 乙醇中，然后与 80.0 mL 的 1% 草酸铵水溶液混合。

（2）革兰氏碘液：将 1.0 g 碘与 2.0 g 碘化钾先混合，加入少许蒸馏水充分振摇，待完全溶解后，再加蒸馏水至 300 mL。

（3）95% 乙醇。

（4）番红复染液：亦名沙黄，将 0.25 g 番红溶解于 10.0 mL 的 95% 乙醇中，然后用 90.0 mL 蒸馏水稀释。

2. 实验材料

大肠杆菌或自行筛选获得的菌种。

3. 实验仪器

光学显微镜。

4. 实验工具

载玻片、盖玻片、胶头滴管、擦镜纸、镊子、香柏油、洗瓶等。

【实验步骤】

1. 涂片与固定

（1）涂片前对载玻片去脂：将未使用的载玻片放置在 95% 乙醇里浸泡，

使用前用金属镊子夹取一片载玻片，用火焰点燃（注意用火安全），熄灭后稍微冷却，置于不锈钢桌面或专用架子上，冷却至室温后备用。

（2）涂片：以无菌操作方法用接种环从试管中蘸取一环菌液，在洁净无油脂的载玻片上涂抹出一层薄而均匀、直径约 1 cm 的薄层（菌膜）。

（3）干燥：使玻片自然干燥或在火焰上部略加温加速干燥。

（4）火焰固定：用手轻轻捏住载玻片涂有标本的远端，水平拿在手中，有细菌的一面向上，匀速通过火焰 3 次。

2. 结晶紫初染

滴加结晶紫染色液，染 1 min，水洗。

3. 碘液媒染

滴加革兰氏碘液，作用 1 min，水洗。

4. 酒精脱色

滴加 95% 乙醇脱色约 15 ~ 30 s，直至染色液被洗掉（不要过分脱色），水洗。酒精脱色是关键步骤。玻片稍向一侧倾斜，使酒精慢慢流过染色区域，顺着玻片边缘滴下，当液滴由蓝紫色变为无色时，立刻停止脱色，水洗去掉酒精。

5. 番红复染

滴加番红复染液，复染 1 min，水洗、晾干。

具体步骤见图 4-1-8 所示。

6. 显微镜观察

（1）打开光源开关，调节光源至合适亮度。

（2）把制备好的玻片放在载物台上，使用夹片器固定好玻片。

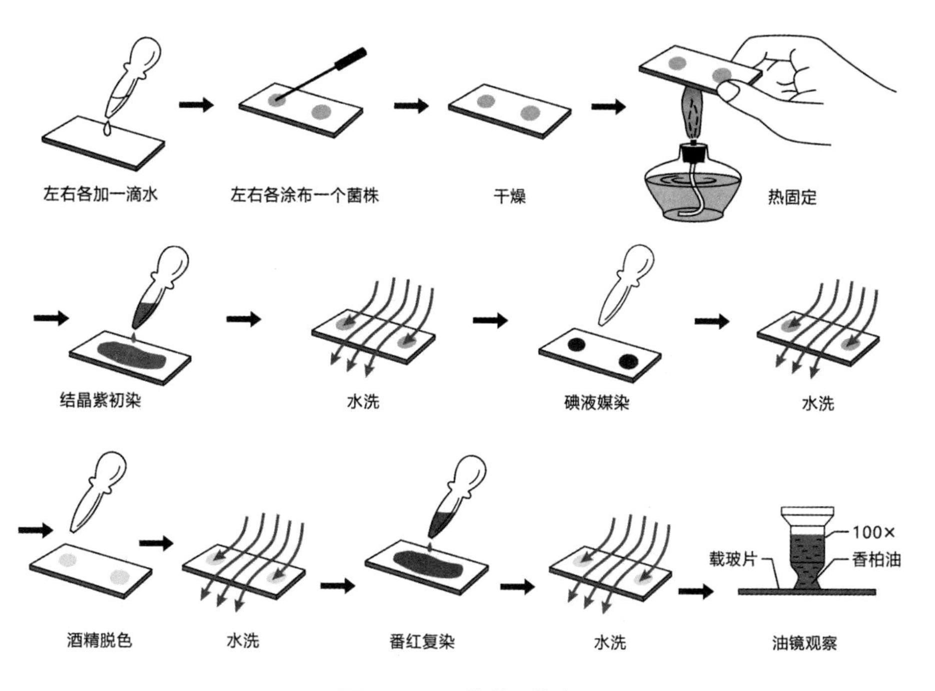

图 4-1-8 革兰氏染色

7. 调焦

（1）旋转物镜转换器，将低倍镜向下对准光源通路。

（2）调节粗调节旋钮，观察视野，找到观察对象。

（3）调节细调节旋钮，观察视野，调节视野使对象清晰。

8. 转换高倍镜或油镜

（1）换用中倍和（或）高倍镜。

（2）移开中倍和（或）高倍镜，在玻片上面滴加一滴香柏油，旋转油镜至玻片。

9. 菌体的观察

调节细调节旋钮，选择合适视野，找到清晰图像，按照低倍镜、高倍镜、油镜的顺序观察大肠杆菌或自行筛选获得的菌种的形态特征。

10. 实验后处理

（1）观察完毕，取走玻片，将光源亮度调低，关闭光源开关。

（2）擦拭镜头：先用镜头纸蘸取二甲苯（或乙醚乙醇溶液）擦拭镜头，擦拭方法是从一个方向擦向另一个方向（如果往复擦拭易将镜头刮花），后用干燥的镜头纸擦拭镜头。

（3）关闭主电源，拔掉插头。盖上显微镜防尘罩，收存好显微镜。

（4）玻片的处理：玻片从载物台上取下后，用擦镜纸和绸布将显微镜擦拭干净，玻片在沸水中煮沸 20 min 消毒后清洗干净。

【注意事项】

1. 革兰氏染色的注意事项

（1）涂片要尽可能涂薄、涂均匀：若玻片涂得太厚，可能导致染液无法穿透或酒精脱色不完全，造成假阳性和假阴性结果。

（2）酒精脱色时间不宜过长：若脱色时间过长，可能导致革兰氏阳性菌细胞壁内的染液被洗脱，使判断出现错误。

（3）水洗水流要缓慢，若流速过快，易把菌冲走。

（4）菌龄一般选择培养 18 ~ 24 h 的菌，衰老的细菌细胞壁的通透性改变。

（5）市售的革兰氏染色液注意在保质期内使用。

2. 显微镜使用注意事项

（1）光学显微镜属于高精密仪器，尽量在干燥少尘的环境中使用。

（2）显微镜使用应遵守从低倍到高倍的操作规程。

（3）油镜镜头使用完要及时擦拭，否则香柏油干燥后难以清洁且容易造成镜头损坏。

【实验报告】

叙述革兰氏染色的步骤及原理，记录显微镜下观察到的染色结果，拍摄镜检结果。

【问题与思考】

（1）革兰氏染色涂片为什么不能过于浓厚?

（2）革兰氏染色成败的关键在哪一步？为什么？应如何掌握?

（3）使用物镜时，为何应先用低倍镜观察后用高倍镜观察?

（4）油镜使用结束后应如何清洗镜头？

实验 4–2　微生物大小测定

【目的要求】

（1）了解微生物大小测定方法。

（2）掌握显微测微尺测定微生物大小的原理。

【基本原理】

一、微生物大小

1. 细菌大小

表示细菌大小的单位一般为 μm，细菌主要分为杆菌、球菌、螺旋菌等。自然界中杆菌最多，球菌次之，螺旋菌最少。杆菌的大小一般用长度 × 宽度表示，长度一般为 0.8 ~ 2.0 μm，宽度一般为 0.4 ~ 1.0 μm；球菌的大小一般用菌体的直径表示，范围在 0.5 ~ 1.0 μm；螺旋菌的大小一般也用长度 × 宽度表示，长度一般为 2.0 ~ 6.0 μm，宽度一般为 0.3 ~ 1.0 μm，有一个或多个弯曲。

2. 真菌大小

真菌是真核微生物的一种，主要包括霉菌和酵母菌等。霉菌是多细胞的微生物，菌丝明显，呈长管状，直径大小为 3 ~ 10 μm，霉菌菌落在培养基上形态较大，直径可达 1.0 ~ 2.0 cm，甚至可长满整个培养基。酵母菌是单细胞的微生物，其细胞长度一般为 5 ~ 20 μm，宽度为 1 ~ 5 μm，个体形态主要包括球状、柱状、椭圆状等。

3. 放线菌大小

放线菌是介于普通细菌和真菌之间的一类呈菌丝状生长的原核微生物。放线菌的菌体为单细胞，其结构与细菌十分接近，但是在形态上，放线菌可以分化为菌丝和孢子，与真菌又很相似。放线菌的菌丝细又长，宽度范围为 0.5 ~ 1.5 μm，菌丝可以分为基内菌丝、气生菌丝和孢子丝，基内菌丝的直径一般为 0.2 ~ 1.0 μm，气生菌丝的直径一般为 1.0 ~ 1.4 μm。

二、微生物大小的测定方法

微生物个体均很微小，测定其大小一般需要借助光学显微镜和显微测微尺。显微测微尺主要由两部分组成，分别为镜台测微尺和目镜测微尺。

1. 镜台测微尺

镜台测微尺是在载玻片的中央，刻有等分刻度的圆形测微尺，一般长 1 mm，分成 100 格，每格 0.01 mm，即 10 μm。镜台测微尺是用来校正目镜测微尺的，两尺配合使用。测量微生物的大小之前，需要用镜台测微尺来校正目镜测微尺在放大倍数下的实际每小格长度，镜台测微尺和目镜测微尺有左边重合线和右边重合线，如图 4-2-1。

2. 目镜测微尺

目镜测微尺是一块可以放在显微镜目镜内的刻有等分刻度的圆形玻璃片，一般长 10 mm，分成 100 格，实际每格 0.1 mm，即 100 μm。目镜测微尺使用前应该先用镜台测微尺校正。目镜测微尺每格长度是随着目镜、物镜的放大

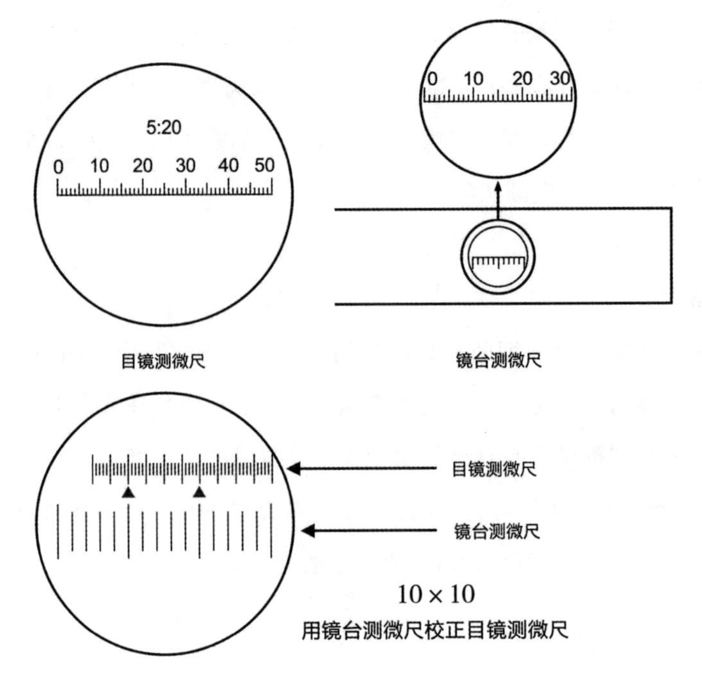

图 4-2-1 显微测微尺构造

倍数变化而变化的。

$$目镜测微尺每格长度（\mu m）= \frac{两重合线间镜台测微尺格数}{两重合线间目镜测微尺格数} \times 10$$

例如，目镜测微尺和镜台测微尺左右重合线间，目镜测微尺的 40 格相当于镜台测微尺的 10 格，则目镜测微尺每格长度（μm）= $\frac{10}{40} \times 10\ \mu m = 2.5\ \mu m$。

【实验器材】

1. 实验材料（菌种）

大肠杆菌菌悬液、酵母菌菌悬液。

2. 实验仪器

显微镜、目镜测微尺、镜台测微尺。

3. 实验工具

载玻片、盖玻片、擦镜纸、无菌滴管。

【实验步骤】

一、目镜测微尺的校正

（1）放置镜台测微尺：将镜台测微尺放置于显微镜的载物台上。

（2）放置目镜测微尺：将显微镜的目镜取出，取下其中的一片目镜，在目镜与聚光镜之间的光阑上放置目镜测微尺，然后再将目镜装回。

（3）校正目镜测微尺：目镜装回后先用低倍镜观察，聚焦找到镜台测微尺的刻度，然后调整镜台测微尺和目镜测微尺，使两尺的刻度平行并且使“0”刻度线完全重合，然后沿着刻度找到另外一条两尺的重合线。

（4）计算目镜测微尺每格长度大小：记录两尺左右重合线之间的镜台测微尺格数和目镜测微尺格数，根据公式计算出目镜测微尺的每格长度；当切换到高倍镜时，用同样的方法校正计算。

二、微生物大小的测定

1. 细菌（大肠杆菌）大小的测定

（1）取一片干净的载玻片，用滴管滴一滴大肠杆菌菌悬液于载玻片上，取一片干净的盖玻片轻轻放置于菌悬液上。

（2）取下镜台测微尺，将有大肠杆菌菌悬液的载玻片放置在载物台上。

（3）先用低倍镜找到菌体，然后在高倍镜下调焦使细菌更清晰。

（4）转动目镜测微尺并移动载玻片，测量大肠杆菌菌体的长、宽各占目镜测微尺几格，将测得的格数乘以目镜测微尺校正后的每格长度，即为该大肠杆菌菌体的长和宽。一般测量菌体的大小需要在同一标本上测量 10 ~ 20 个菌体，然后取平均值，即为大肠杆菌的大小。

2. 真菌（酵母菌）大小的测定

（1）取一片干净的载玻片，用滴管滴一滴酵母菌菌悬液于载玻片上，再取一片干净的盖玻片轻轻放置于菌悬液上。

（2）取下镜台测微尺，将有酵母菌菌悬液的载玻片放置在载物台上。

（3）先用低倍镜找到菌体，然后在高倍镜下调焦使菌体更清晰。

（4）转动目镜测微尺并移动载玻片，测量酵母菌菌体的长、宽各占几格，将测得的格数乘以目镜测微尺校正后的每格长度，即为该酵母菌菌体的长和宽。一般测量菌体的大小需要在同一标本上测量 10 ~ 20 个菌体，然后取平均值，即为酵母菌的大小。

三、实验后的处理

（1）将显微镜电源关闭，下降载物台，将有菌液的载玻片从载物台上取下，用擦镜纸将载物台擦干净。

（2）将目镜测微尺取出，重新装回目镜，用擦镜纸将目镜测微尺和镜台测微尺擦拭干净。

（3）用擦镜纸将显微镜的目镜和物镜都擦拭干净，用柔软的绸布将显微镜的灰尘擦干净，然后用显微镜罩将显微镜罩住并放置好。

（4）将有菌液的载玻片用沸水煮 15 ~ 20 min 消毒，清洗后晾干归置。

【注意事项】

（1）在低倍镜和高倍镜间切换时需要重新校正目镜测微尺。

（2）测定菌体大小需要取 20 个左右的标本分别测定大小后取平均值。

【实验报告】

1. 目镜测微尺的校正

将目镜测微尺校正结果填入表 4-2-1。

表 4-2-1　目镜测微尺校正结果

校正参数	4×	10×	40×
两重合线间镜台测微尺格数			
两重合线间目镜测微尺格数			
目镜测微尺每格长度（μm）			

2. 大肠杆菌和酵母菌的大小测定

将大肠杆菌和酵母菌的大小测定结果填入表 4-2-2。

表 4-2-2　大肠杆菌和酵母菌的大小测定结果

编号	大肠杆菌		酵母菌	
	长度	宽度	长度	宽度
1				
2				
3				

（续表）

编号	大肠杆菌		酵母菌	
	长度	宽度	长度	宽度
…				
20				
平均值				

【问题与思考】

（1）目镜和物镜转换时，为什么需要用镜台测微尺重新来校准目镜测微尺？

（2）细菌和真菌个体大小的区别。

实验 4-3 微生物数量测定

【目的要求】

（1）了解血细胞计数器的构造。

（2）掌握血细胞计数器法测定微生物数量的原理与方法。

【基本原理】

1. 微生物数量

微生物主要包括细菌、真菌、病毒以及一些原生动物和藻类等。地球上的微生物种类繁多，繁殖速度快，数量巨大。通过对环境中微生物进行分离纯化鉴定，并且对微生物进行形态以及生理生化的分析，现已发现并确认的微生物种类就达 10 万多种。水样中细菌的数量可达 10^5 ～ 10^8 CFU/mL，真菌的数量为 10^2 ～ 10^5 CFU/mL；土壤中细菌的数量为 10^7 ～ 10^8 CFU/g，真菌的数量为 10^4 ～ 10^5 CFU/g，放线菌的数量为 10^4 ～ 10^6 CFU/g。此外，水体和土壤中微生物的数量也是随时间和空间变化的。

2. 微生物数量测定方法

微生物个体微小，数量测定方法一般分为直接法和间接法。直接测定法一般指的是显微镜直接计数法，间接测定法一般指的是菌落计数法。本部分

实验重点介绍显微镜直接计数法，菌落计数法在后续的章节中将会有详细介绍。

显微镜直接计数法是指将微生物的菌悬液置于特定面积的计数器上，在显微镜下直接计数的一种简单、直观的方法。显微镜直接计数法的计数器一般包括血细胞计数器、Peteroff–Hauser 计菌器等，均可用于细菌、霉菌、酵母菌等微生物的计数，实验室常用的是血细胞计数器。

血细胞计数器是一块特制的厚型载玻片，主要由 3 个玻璃台（a、b、c）和 4 个槽组成（如图 4–3–1），中间的玻璃台 b 分成两半，每一半均有一个计数室，玻璃台 b 比玻璃台 a、c 低 0.1 mm，即滴加菌液，盖上盖玻片后，盖玻片与计数室之间的距离（菌液高度）为 0.1 mm。计数室是由 9 个大方格的精密方格网组成的，每个大方格的边长为 1 mm，面积为 1 mm^2，因此每个方格的体积是固定的，均为 0.1 mm^3。

计数室的刻度一般有两种规格，一种是一个大方格分成 16 个中方格，每个中方格又分成 25 个小方格；另一种是一个大方格分成 25 个中方格，每个中方格又分成 16 个小方格。无论哪种规格的血细胞计数器，每个大方格中的小方格数均为 25 × 16=400 个小方格。微生物计数时，通常先计数大方格中

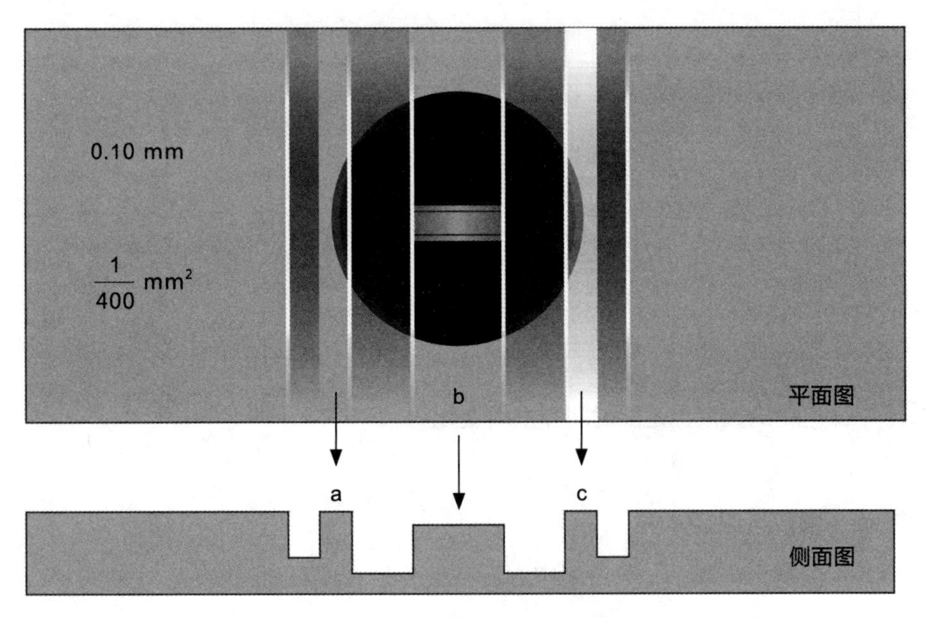

图 4–3–1　血细胞计数器结构图

5 个中方格的总数，即图 4-3-2 中深色区域，然后计算出每个中方格中菌数的平均值，设为 $\overline{N}$。

则大方格中的菌数 $=\overline{N}\times 25=25\overline{N}$。

因大方格的体积为 0.1 mm^3，则 1 mL 体积含有的大方格数 = 1000 mm^3/0.1mm^3=10 000。

那么 1 mL 菌悬液的总菌数 $=10\ 000\times 25\overline{N}=2.5\times 10^5\overline{N}$。

则 1 mL 原液的总菌数 $=2.5\times 10^5\overline{N}\times d$（$d$ 为菌悬液稀释倍数）。

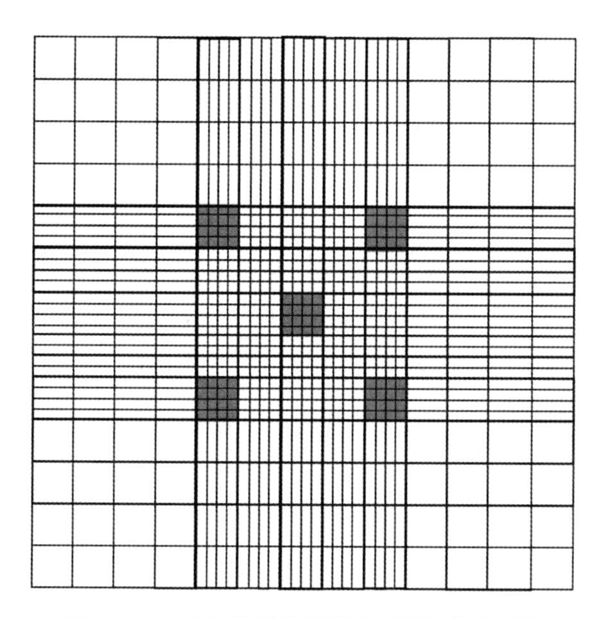

图 4-3-2　血细胞计数器放大后的计数室网格

【实验器材】

1. 实验材料（菌种）

大肠杆菌菌悬液。

2. 实验仪器

显微镜、血细胞计数器。

3. 实验工具

盖玻片、擦镜纸、吸水纸、无菌滴管、酒精棉球。

【实验步骤】

1. 准备血细胞计数器

准备一个干净的血细胞计数器，水平放置于桌面上。

2. 吸取菌液

用无菌吸管吸取稀释到合适浓度且混合均匀的大肠杆菌菌悬液于血细胞计数器的 b 玻璃台上，然后小心地将盖玻片盖在 a、c 玻璃台上，用镊子轻轻压盖玻片，使多余的菌液流入 a、b 或 b、c 之间的槽内，然后静置几分钟。整个过程中 a、c 玻璃台上不要沾有菌液，计数室不能有气泡。

3. 计数

（1）打开显微镜，将血细胞计数器放置于载物台上，在低倍镜下找到计数室。

（2）找到大方格后将大方格移到视野中央。

（3）调至高倍镜，观察大方格的 5 个中方格视野，5 个中方格一般为大方格中间和 4 个角的中方格。

（4）分别记录 5 个中方格的菌数，位于方格四边压线的，只记其中两边的菌数，每个中方格记录 3 个平行值。

（5）计算出每个中方格的平均菌数。

4. 操作后的清理

（1）计数完毕，将显微镜电源关闭，血细胞计数器取下来，用擦镜纸和柔软的绸布将显微镜擦拭干净。

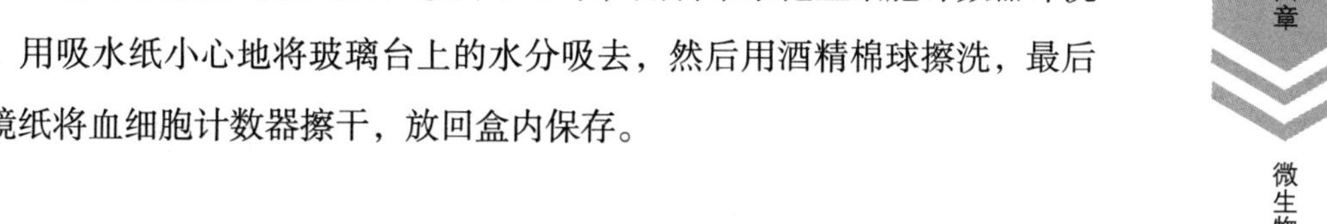

（2）将血细胞计数器上的盖玻片取下来，用自来水把血细胞计数器冲洗干净，用吸水纸小心地将玻璃台上的水分吸去，然后用酒精棉球擦洗，最后用擦镜纸将血细胞计数器擦干，放回盒内保存。

【注意事项】

（1）取样前应充分混匀细胞悬液，血细胞计数器计数室内不能混入气泡，否则将影响菌液随机分布，使计数产生误差。

（2）显微镜下计数时，遇到2个以上细胞组成的细胞团时，应按单个细胞计算。如果细胞团占比大于10%，说明细胞分散不充分。

【实验报告】

将实验测定结果填入表4-3-1。

表4-3-1　大肠杆菌菌悬液数量测定结果

编号	中方格菌数					中方格菌数平均值	大方格总菌数	1 mL 原液总菌数
	1	2	3	4	5			
1								
2								
3								

【问题与思考】

（1）向血细胞计数器滴菌液时，为什么计数室不能有气泡？

（2）血细胞计数器的 3 个玻璃台为什么有一定的高度差？

第五章

微生物生长因子的测定

实验 5-1 微生物生长曲线的测定

【目的要求】

（1）了解微生物生长曲线的特点及其测定原理。

（2）掌握用比浊法测定并绘制微生物生长曲线的操作方法。

【基本原理】

将一定量的微生物菌种接种到合适的新鲜液体培养基中，在适宜的条件下培养，定时测量培养液中的菌量，以培养时间为横坐标，以微生物菌量的对数为纵坐标，绘制出的曲线称为生长曲线，如图 5-1-1。生长曲线反映了

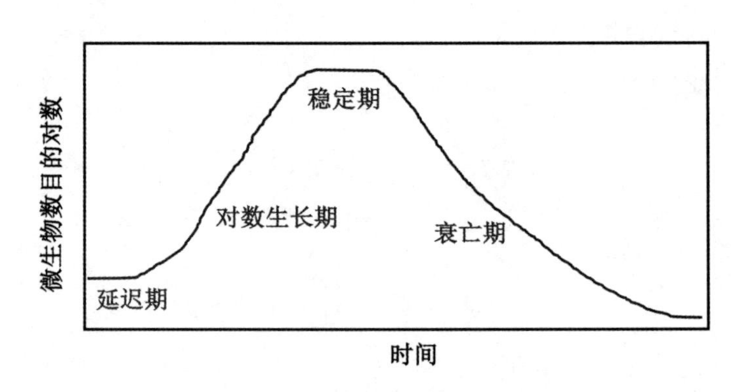

图 5-1-1 微生物的生长曲线

微生物在一定环境条件下的生长规律，通过测定微生物的生长曲线，了解其生长过程与生长规律，对科研和工业生产都具有重要的意义。

微生物的生长一般可分为 4 个阶段：延迟期、对数生长期、稳定期和衰亡期。延迟期又称为调整期，微生物接种到新的培养基后都会有一个适应期，在这个适应期内菌量不多，细菌繁殖迟缓。延迟期的时间长短不仅与菌种本身有关，还与接种时的接种量、培养条件以及接种量与培养基的比例有关。当菌种适应新的培养环境后就会进入对数生长期，在此期间，微生物快速繁殖，生长迅速，呈现对数型生长，代谢旺盛，活细菌数与总细菌数接近。当微生物繁殖到一定程度后，总菌数达到最高，微生物的生长进入稳定期。此后，因培养基中的营养物质消耗殆尽，微生物死亡的速率高于新生的速率，微生物的生长进入衰亡期。

测定微生物的生长曲线有多种方法，在环境微生物中多采用比浊法进行测定。其基本原理是菌悬液的浓度与混浊度成正比，因此可用分光光度计测定菌悬液的光密度，从而推知菌悬液的浓度，以测得的结果与相应的培养时间绘制生长曲线。通常情况下，选择在 600 nm 下测定其吸光度 A_{600}，以时间为横坐标，A_{600} 为纵坐标，绘制生长曲线。

【实验器材】

1. 实验材料（菌种）

大肠杆菌或其他菌种。

2. 培养基

牛肉膏蛋白胨培养基，配方见实验 1–2。

3. 实验仪器

移液枪、紫外无菌操作台、摇床、紫外分光光度计。

4. 实验工具

锥形瓶、玻璃棒、记号笔、无菌培养容器封口膜、无菌移液枪枪头、接种环、酒精灯、离心管等。

【实验步骤】

1. 种子液的制备

取大肠杆菌斜面菌种 1 支，在无菌操作台下用接种环挑取菌苔，接种于牛肉膏蛋白胨液体培养基的锥形瓶中，接种完成后将锥形瓶置于 37 ℃、180 r/min 的摇床中培养 24 h，此菌悬液用作测定时的种子液。

2. 接种培养

取 4 个已经灭菌、装有 50 mL 牛肉膏蛋白胨液体培养基的 250 mL 锥形瓶，其中 1 个为空白对照，3 个为平行样，用记号笔分别标记。用移液枪通过无菌操作移取 1 mL 种子液，分别接种于 3 个平行样中，混匀。

3. 测定吸光度

用移液枪取 2 ~ 3 mL 未接种菌液的培养基，即空白对照，于分光光度计的比色皿中，在 600 nm 波长下调节分光光度计的零点。然后取 2 ~ 3 mL 刚接入菌液的液体培养基于比色皿中，在校正过零点的分光光度计上测定 600 nm 处的吸光度，即为大肠杆菌生长曲线“0”时的吸光度。

将取完样后的锥形瓶及时放回 37 ℃、180 r/min 的摇床中。

4. 生长量的测定

在培养过程中，每隔 30 min，从摇床中取出锥形瓶，用移液枪取 2 ~ 3 mL 菌液于比色皿中，在 600 nm 波长下测定吸光度，将测定的数据记录在表 5–1–1

中，每次取完样都要及时将锥形瓶放回摇床继续培养。在测定过程中可以根据吸光度随时调整取样时间，如 A_{600} 达到 0.1 以上，可以将取样时间调整为 1 h；当 A_{600} 达到 0.5 以上时，可以将取样时间调整为 2 h 左右。

【注意事项】

（1）在微生物生长曲线的测定过程中，一定要选择未接种的培养基来校正分光光度计的零点。

（2）在测定过程中，随时根据测定的吸光度来调整取样及测定的时间。

（3）需要特别注意的是，当 A_{600} 的值在 0.10 ~ 0.65 之间时，分光光度计的测量结果较为准确，当菌液浓度过高，超过这个限值时，需要对其进行稀释。

【实验报告】

将测定结果填入表 5-1-1 中，并绘制生长曲线。

表 5-1-1　大肠杆菌培养过程中的吸光度（A_{600}）

编号	培养时间（h）									
	0	1.5	3	4	6	8	10	12	14	16
1										
2										
3										
均值										

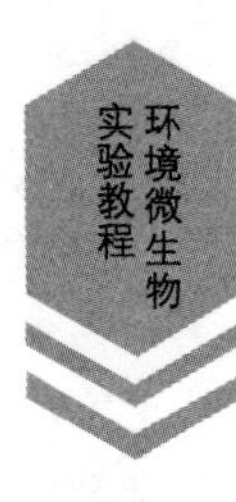

【问题与思考】

（1）在绘制的生长曲线图中，找出微生物生长的 4 个阶段，并考虑影响微生物这 4 个阶段停留时间的因素。

（2）绘制出的生长曲线与实际的微生物生长曲线有无差别，差别具体是什么?

实验 5-2 环境因子对微生物生长的影响

【目的要求】

（1）了解环境因子对微生物生长的影响。

（2）掌握测定微生物在不同环境条件下生长状况的方法。

【基本原理】

1. pH 对微生物生长的影响

根据微生物对 pH 的适应性可将微生物分为嗜酸性微生物、耐酸性微生物、嗜中性微生物、耐碱性微生物和嗜碱性微生物。嗜酸性微生物（acidophilic microorganism）是指最适 pH 在 3 ～ 4 及以下，中性条件不能生长的微生物，如酸矿水中的化能自养硫氧化细菌。耐酸性微生物（aciduric microorganism）是指能在高酸条件下生长但最适 pH 接近中性的微生物，如乳酸杆菌（*Lactobacillus*）。嗜中性微生物（neutrophilic microorganism）是指仅在中性条件下才能良好生长的微生物，如大肠杆菌（*Escherichia coli*）。耐碱性微生物（alkalitolerant microorganism）是指可以在碱性条件下生长但最适 pH 不在碱性范围内的微生物。嗜碱性微生物（alkaliphilic microorganism）是指最适 pH 为 9 ～ 10 的微生物，部分嗜碱性微生物可以在 pH 为 11 ～ 12 的条件下生长，如嗜碱芽孢杆菌。有些嗜碱性微生物在 pH 7 及 7 以下均不能生长，称为专性嗜碱菌；有些嗜碱性微生物在 pH 7 及 7 以下仍可生长，称为兼性嗜碱菌。

各种微生物都有其生长的最低、最适和最高 pH。当 pH 过低或过高时，均可引起细胞膜表面电荷的变化进而改变细胞膜的透性，从而使微生物生长繁殖受到抑制。

微生物所能承受的最低 pH，称为最低 pH。嗜酸性微生物如嗜酸氧化硫杆菌（*Thiobacillus thiooxidans*）最低 pH 可以达到 0.5；耐酸性微生物如乳酸杆菌的最低 pH 为 3.0 ~ 4.5；中性微生物如大肠杆菌的最低 pH 可以达到 4.3；耐碱性微生物如灰色链霉菌（*Streptomyces griseus*）的最低 pH 为 4.0；嗜碱性微生物如嗜盐碱杆菌属（*Natronobacterium*）的最低 pH 为 8.5，当 pH 低于 8.5 时该菌不生长。

适合微生物生长的最佳 pH，称为最适 pH，最适 pH 也是特定条件下使酶活性达到最高的 pH。不同微生物的最适 pH 也不同，大多数微生物的最适 pH 为 6.0 ~ 8.0，还有一部分微生物嗜酸或者嗜碱，适合在酸性或者碱性环境下生长。通常，酵母菌和霉菌最适 pH 为 4.0 ~ 6.0，放线菌最适 pH 为 7.5 ~ 8.0，细菌最适 pH 为 6.5 ~ 7.5。

微生物所能承受的最高 pH，称为最高 pH（maximum pH）。嗜酸性微生物如嗜酸氧化硫硫杆菌最高 pH 可以达到 6.0；耐酸性微生物如乳酸杆菌的最高 pH 可以达到 6.8；中性微生物如大肠杆菌的最高 pH 可达 9.5；耐碱性微生物如灰色链霉菌的最高 pH 为 9.0；嗜碱性微生物如嗜盐碱杆菌属的最高 pH 在 11.0 以上。

2. 温度对微生物生长的影响

根据微生物对温度的适应性可将微生物分为嗜冷微生物、中温微生物和嗜热微生物。嗜冷微生物（psychrophile）是指可以在低温环境下生长的微生物，一般最适温度为 15℃左右或低于 15 ℃，在 0 ℃也可生长，嗜冷微生物常见于南极、北极、冰山、雪山等地区，常见的嗜冷微生物有假单胞菌、李斯特菌等。微生物可以在低温下生长的原因是这类嗜冷微生物有一种特殊的脂类细胞膜，这种细胞膜不仅可以使其体内蛋白质耐低温，还可以使机体保持半流动状态，以此促进物质的传递。中温微生物（mesophilic microorganism）是指最适生长温度为15～45℃的微生物，大多数微生物均是中温微生物。嗜热微生物（thermophiles）是指在45℃以上环境中能够正常生长的微生物。嗜热微生物常见于海底火山口、温泉、堆肥或发酵工业等高温环境中，最高生长温度可达100℃以上，常见的嗜热微生物有产甲烷菌和硫化菌等。

各种微生物都有其生长的最低、最适、最高温度，温度过高会使蛋白质发生变性，温度过低会使酶活性受到抑制。微生物所能承受的最低温度，称为最低温度。大多数微生物的最低温度为10～20℃；部分嗜冷微生物，其生长的最低温度为-5～0℃；部分嗜热微生物，生长的最低温度为25～45℃。适合微生物生长的最佳温度，称为最适温度。大多数微生物生长的最适温度为20～40℃；部分嗜冷微生物生长的最适温度在15℃以下；部分嗜热微生物生长的最适温度在45℃以上。微生物所能承受的最高生长温度，称为最高温度（maximum temperature）。大多数微生物生长的最高温度为40～45℃；部分嗜冷微生物生长的最高温度在25～30℃以下；部分嗜热微生物生长的最高温度为70～85℃。

【实验器材】

1. 实验材料（菌种）

大肠杆菌。

2. 实验仪器

天平、pH计、移液枪、高压灭菌器、紫外无菌操作台、摇床、紫外分光光度计。

3. 玻璃器皿

烧杯、锥形瓶、玻璃棒、量筒等。

4. 实验工具

称量勺、称量纸、记号笔、无菌培养容器封口膜、无菌移液枪枪头、接种环、酒精灯、离心管等。

5. 基础培养基

基础培养基配方见表 5–2–1。

表 5–2–1　基础培养基配方

种类	含量	种类	含量
NH_4NO_3	1.0 g/L	$FeSO_4 \cdot 7H_2O$	0.4 g/L
葡萄糖	5.0 g/L	$MgSO_4 \cdot 7H_2O$	0.2 g/L
KH_2PO_4	0.5 g/L	NaCl	0.1 g/L
Na_2HPO_4	1.5 g/L	蒸馏水	1000 mL

【实验步骤】

在实验中，可选择一种环境因子进行实验。

1. 菌悬液的制备

用接种环挑取斜面菌苔接种于装有 100 mL 无菌基础培养基的 250 mL 锥形瓶中，将接种后的培养液置于 30℃、180 r/min 摇床中培养 24 h 待用。

2. 接种和培养

考察 pH 对微生物生长的影响时，将基础培养基的 pH 分别调整为 5.0、6.0、

7.0、8.0和9.0。每种pH条件下以不接菌作为空白对照，接菌的设置3个平行样，共需准备4个含有100 mL基础培养基的锥形瓶，进行编号和标记。然后，以1%的接种量将制备好的菌悬液接种至标记好的锥形瓶中，将20个锥形瓶置于30℃、180 r/min摇床中培养24 ~ 48 h。

考察温度对微生物生长的影响时，选择20℃、30℃和40℃共3种温度条件。每种温度条件以不接菌作为空白对照，接菌的设置3个平行样，共需准备4个含有100 mL基础培养基的锥形瓶，进行编号和标记。然后，以1%的接种量将制备好的菌悬液接种至标记好的锥形瓶中，分别置于20℃、30℃和40℃摇床中，180 r/min培养24 ~ 48 h。

3. 测定

在紫外无菌操作台中取上述培养后的菌液各5 mL，置于离心管中，记号笔标记。打开紫外分光光度计，预热30 min后，调节波长为600 nm，将菌液倒入比色皿中测其A_{600}。每组pH（温度）对应的菌液测定结果减去空白值，记录测定结果，取其平均值。

【实验报告】

将实验记录填入表5-2-2和表5-2-3中。

表5-2-2　不同pH实验结果

pH	5.0			6.0			7.0			8.0			9.0		
	1	2	3	1	2	3	1	2	3	1	2	3	1	2	3
A_{600}															
A_{600} 均值															

表 5-2-3　不同温度实验结果

温度	20℃			25℃			30℃			35℃			40℃		
	1	2	3	1	2	3	1	2	3	1	2	3	1	2	3
A_{600}															
A_{600} 均值															

【问题与思考】

（1）pH 或者温度影响微生物生长的机制是什么？对消毒和灭菌有何意义？

（2） 如何通过调节 pH 促进微生物的生长？

（3） 在实际情况中如何确定培养微生物的最适温度？

实验 5-3 营养盐对微生物生长的影响

【目的要求】

（1）了解不同氮源和碳源对微生物的影响。

（2）掌握测定微生物在不同氮源和碳源条件下生长状况的方法。

【基本原理】

1. 氮源对微生物生长影响的基本原理

氮源可以为微生物提供营养物质，用于蛋白质、氨基酸、核酸和含氮代谢物等的合成。氮源除了能够满足机体的生长需求外，还包括调节发酵过程中的 pH，提供无机盐和生长因子等功能。

自然界中的氮源主要包含 3 种形态，分别为无机氮源、有机氮源和分子态氮。无机氮源的分子结构简单，主要包括氨态氮和硝酸盐氮等。对于无机氮源，有些微生物可以利用氨态氮，有些微生物可以利用硝酸盐氮，还有些微生物可以同时利用氨态氮和硝酸盐氮。有机氮源的分子结构复杂，指存在于含氮有机物中的氮源，常用的有机氮源有花生饼粉、黄豆饼粉、玉米浆、酵母粉、鱼粉、蛋白胨等。有机氮源的营养物质丰富，不仅含有蛋白质和氨基酸，还含有糖类和脂肪等。能以分子态氮作为氮源的微生物种类较少，固氮菌和部分放线菌以及藻类是常见的能够直接利用氮气的微生物。

2. 碳源对微生物生长影响的基本原理

微生物的生命活动除需要氮源外，还需要碳源。含有碳元素且能被微生物生长繁殖所利用的一类营养物质统称为碳源。碳源在微生物生命活动中的作用主要包括提供细胞的碳架，提供合成产物的碳架，为微生物提供生命活动所需的能源。在微生物的生长过程中，碳源扮演了重要角色，为微生物的生长提供物质基础。在微生物生长的中后期，补充碳源还可提高微生物的生长速率、平衡 pH、加速微生物的代谢。

碳源通常可分为无机碳源和有机碳源。二氧化碳和碳酸氢钠等含碳的无机物被称为无机碳源，可以利用无机碳源的微生物属于自养型微生物，例如二氧化碳是自然界植物和绿藻进行光合作用的主要碳源。糖类、脂肪酸和石油等含碳的有机物称为有机碳源，利用有机碳源的属于异养型微生物。有机碳源的种类繁多，有分子结构简单的，比如糖类、醇类等；也有分子结构复杂的，比如纤维素、淀粉等。有机碳源在微生物的代谢过程中会被转化为很多中间产物，进入微生物的各种代谢途径中。实验室研究中一般会选择成分明确的碳源，一般不选择复杂的有机碳源。

【实验器材】

1. 实验材料（菌种）

大肠杆菌。

2. 实验仪器

天平、pH 计、移液枪、高压灭菌器、紫外无菌操作台、摇床、紫外分光光度计。

3. 玻璃器皿

烧杯、锥形瓶、玻璃棒、量筒等。

4. 实验工具

称量勺、称量纸、记号笔、无菌培养容器封口膜、无菌移液枪枪头、接种环、酒精灯、离心管等。

5. 基础培养基

氮源实验基础培养基的配方见表 5-3-1，碳源实验基础培养基的配方见表 5-3-2。

表 5-3-1 氮源实验基础培养基配方

种类	含量	种类	含量
葡萄糖	5.0 g/L	$FeSO_4 \cdot 7H_2O$	0.4 g/L
KH_2PO_4	0.5 g/L	$MgSO_4 \cdot 7H_2O$	0.2 g/L
Na_2HPO_4	1.5 g/L	蒸馏水	1000 mL
NaCl	0.1 g/L		

表 5-3-2 碳源实验基础培养基配方

种类	含量	种类	含量
$(NH_4)_2SO_4$	1.0 g/L	$FeSO_4 \cdot 7H_2O$	0.4 g/L
KH_2PO_4	0.5 g/L	$MgSO_4 \cdot 7H_2O$	0.2 g/L
Na_2HPO_4	1.5 g/L	蒸馏水	1000 mL
NaCl	0.1 g/L		

【实验步骤】

可选择一种营养盐进行实验操作。

1. 菌悬液的制备

用接种环挑取斜面菌苔接种于装有 100 mL 无菌基础培养基的 250 mL 锥形瓶中，将接种后的培养液置于 30℃、180 r/min 摇床中培养 24 h 待用。

2. 培养基的配制

在基础培养基（表 5-3-1）中分别加入 0.85 g/L、0.69 g/L、0.51 g/L、1.30 g/L 和 0.89 g/L 的 $(NH_4)_2SO_4$、NH_4Cl、NH_4NO_3、KNO_3、$NaNO_2$ 为氮源，以葡萄糖为碳源，C/N 质量比为 10∶1。

在基础培养基（表 5-3-2）中分别加入 5.84 g/L、5.04 g/L、5.04 g/L、8.66 g/L 和 7.16 g/L 的葡萄糖、蔗糖、红糖、柠檬酸钠、琥珀酸钠为碳源，以 $(NH_4)_2SO_4$ 为氮源，C/N 质量比同为 10∶1。

3. 接种和培养

在紫外无菌操作台中进行操作，将菌悬液接种于灭菌后的含有不同氮源（或碳源）的培养基中，接种量为 1%。每组氮源（碳源）均设置不接种菌的培养基为对照，接种菌的培养基设置 3 个平行，记号笔标记。接种完成后将锥形瓶置于 30 ℃、180 r/min 的摇床中培养 24 ～ 48 h。

4. 测定 A_{600}

在紫外无菌操作台中取上述培养后的菌液各 5 mL，置于离心管中，记号笔标记。打开紫外分光光度计，预热 30 min 后，调节波长为 600 nm，将菌液倒入比色皿中测其 A_{600}。每组氮源（碳源）对应的菌液测定结果减去空白值，记录测定结果，取其平均值，根据结果确定最佳氮源（碳源）。

【实验报告】

将实验记录填入表 5-3-3 和表 5-3-4 中。

表 5-3-3 不同氮源实验结果

氮源	$(NH_4)_2SO_4$			NH_4Cl			NH_4NO_3			KNO_3			$NaNO_2$		
	1	2	3	1	2	3	1	2	3	1	2	3	1	2	3
A_{600}															
A_{600} 均值															

表 5-3-4 不同碳源实验结果

碳源	葡萄糖			蔗糖			红糖			柠檬酸钠			琥珀酸钠		
	1	2	3	1	2	3	1	2	3	1	2	3	1	2	3
A_{600}															
A_{600} 均值															

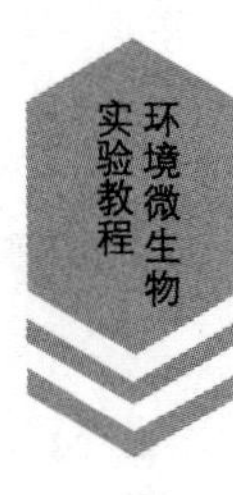

【问题与思考】

（1）碳源和氮源在微生物生长过程中分别起到什么作用？

（2）氨态氮、硝酸盐氮和亚硝酸盐氮作为氮源对微生物的影响有何不同？

（3）分别以无机碳和有机碳为碳源的微生物生长特性有何不同？

第六章

微生物菌种保藏及分子鉴定技术

实验 6-1 微生物菌种保藏技术

【目的要求】

（1）了解菌种保藏的意义及保藏原理。

（2）学习和掌握常用的菌种保藏技术与方法。

【基本原理】

一、微生物菌种保藏介绍

1. 微生物菌种保藏

菌种是进行微生物学研究和应用的基本材料，通过科学有效的方法将菌种进行保藏是后续开展各项工作的基础。微生物菌种保藏就是指采用适宜的方法妥善保存微生物菌种，避免菌种死亡、污染、变异，保持其原有性状基本稳定的微生物保存和储藏方法。

2. 菌种保藏目的

菌种保藏的目的是使菌种较长时间内不发生死亡、少变异、不污染，性状稳定保持。菌种保藏方式一般为通过低温、干燥、缺氧、缺营养、添加保护剂等手段使菌种休眠从而降低微生物基础代谢，使其生长变得缓慢，降低变异率，较长时间内保持菌种的稳定性。

3. 菌种保藏原则

（1）选用典型的纯培养物，最好采用休眠体（如细菌的芽孢、放线菌和真菌的孢子等）进行保藏。

（2）创造有利于菌种休眠的环境条件（如低温、干燥、缺氧、缺营养、添加保护剂等）。

（3）尽量减少传代次数。

二、微生物菌种保藏技术

1. 4℃低温保藏法

（1）斜面低温保藏法：斜面低温保藏法也称为定期移植保藏法，指将菌种接种于适宜的斜面培养基上，最适条件下培养，完成培养后于4℃冰箱进行保藏，间隔一定时间进行同样操作的方法（保藏期限视不同菌种或实验室环境而定，一般3～6个月）。斜面低温保藏法是一种短期菌种保藏方法，操作方法见图6–1–1。

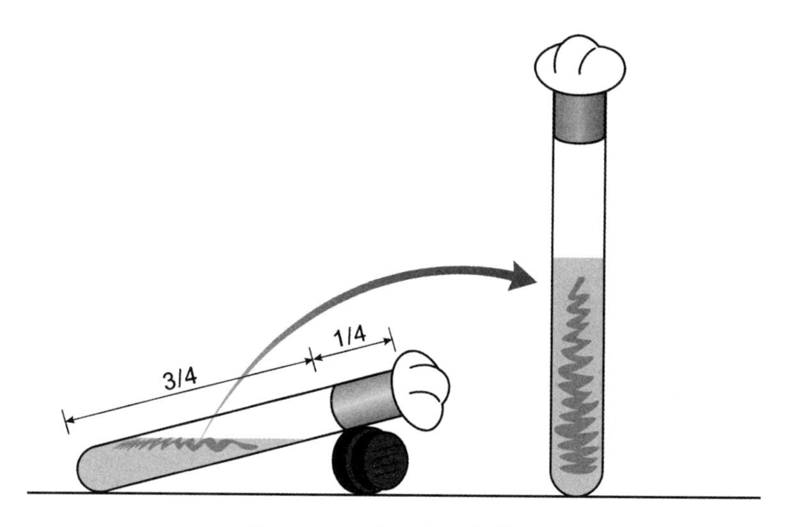

图6–1–1　斜面低温保藏法

（2）半固体穿刺保藏法：半固体穿刺保藏法是指将配好的半固体培养基装入无菌试管中，待凝固后用接种环挑取菌种穿刺于半固体培养基中几次，培养至菌体生长旺盛后密封试管，在 4℃冰箱中保藏的一种方法。该方法适用于细菌和酵母菌的保藏，半固体穿刺保藏法一般可保藏 3 ~ 6 个月，有的菌种可以保藏 1 年，见图 6–1–2。

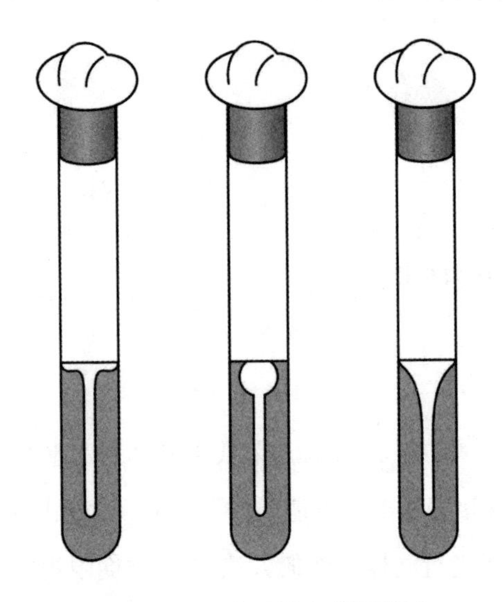

图 6–1–2　半固体穿刺保藏法

（3）液体石蜡保藏法：采用矿物油如液体石蜡保存菌种的方法叫液体石蜡保藏法，基本原理是通过缺氧和低温抑制微生物生长繁殖，从而延长保藏时间。液体石蜡保藏法是在斜面低温保藏法的基础上改进的一种方法，是指将无菌干燥的液体石蜡注于已经长好菌种的斜面培养基上，然后将试管密封在 4℃冰箱中冷藏保存。该方法可以保藏细菌、真菌、放线菌等，菌种保藏时间达 1 年以上，见图 6–1–3。

（4）砂土管保藏法：砂土管保藏法也称为载体保藏法，是指将培养好的微生物细胞或孢子用无菌水制成悬浮液，将菌悬液注入灭菌的砂土管中混合均匀，或直接将成熟孢子刮下接种于灭菌的砂土管中，使微生物细胞或孢子吸附在载体上；然后将管中水分抽干后熔封管口或置于干燥器中于 4 ~ 15℃进行保存的一种菌种保藏方法。砂土管保藏法示意图见图 6–1–4。

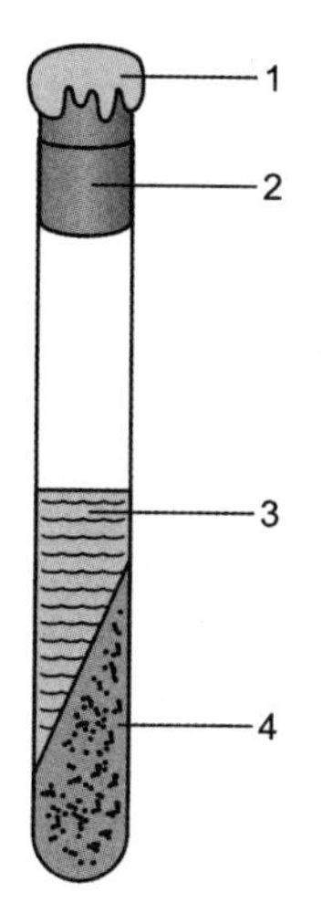

1. 固体石蜡封口　　2. 棉塞　　3. 液体石蜡　　4. 斜面菌体

图 6-1-3　液体石蜡保藏法

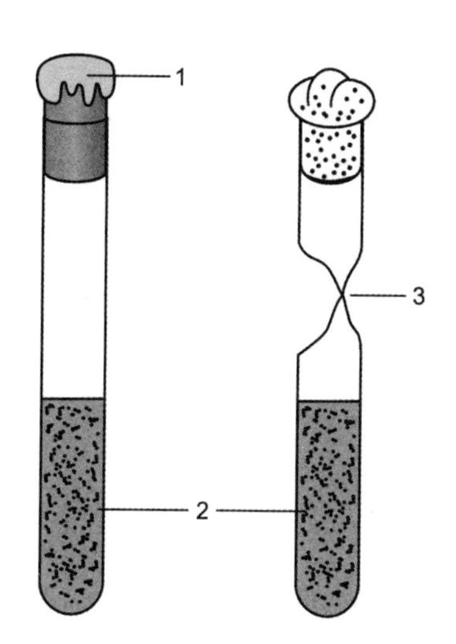

1. 固体石蜡封口　　2. 含菌沙粒　　3. 烧熔玻璃法封口

图 6-1-4　砂土管保藏法

2. -80℃冷冻保藏法

采用甘油管保藏的方法叫作甘油冷冻保藏法，采用安瓿瓶保藏的方法叫作安瓿冷冻保藏法。-80℃冷冻保藏法是指将培养好的液体菌种与20%～30%的甘油或10%的二甲基亚砜混匀后装入甘油管或安瓿瓶中密封，先在 4℃冰箱冷藏保存 24 h，再放入 -80℃冰箱冷冻保藏的一种方法。该方法可保藏菌种达 5 年之久。-80℃冷冻保藏法示意图见图 6-1-5。

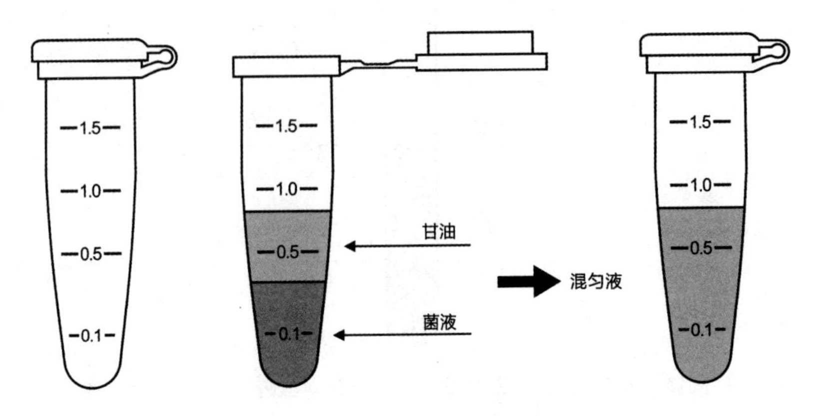

图 6-1-5　-80℃冷冻保藏法

3. **冻干粉保藏法**

冻干粉保藏法是在严格的生产工艺下，先将高活性成分中的水分抽出，再在 -40 ～ -60℃左右的低温下骤然冷冻成粉剂，同时将安瓿瓶熔封的保藏方法。未开封的冻干粉要尽量放置在冰箱的冷藏柜中，冻干粉保藏法示意图见图 6-1-6。

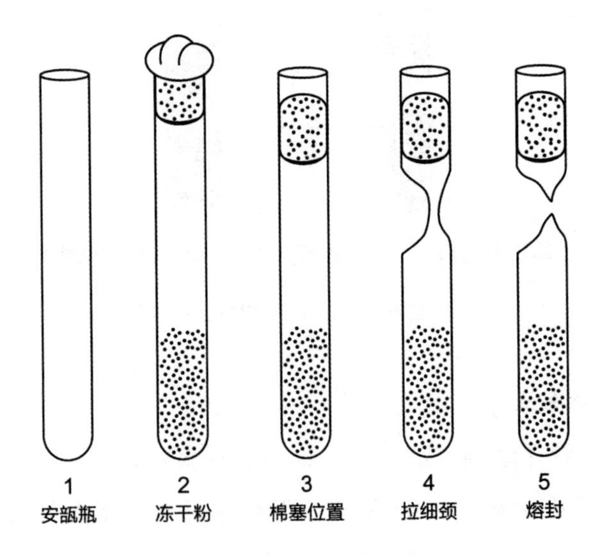

图 6-1-6　冻干粉保藏法

三、国内外微生物菌种保藏机构

1. 国内主要菌种保藏机构

国内主要菌种保藏机构及简介见表 6–1–1。

表 6–1–1　国内主要菌种保藏机构及简介

国内主要菌种保藏机构名称	简介
中国典型培养物保藏中心（CCTCC） http://cctcc.whu.edu.cn	国内保藏范围最广、专利培养物保藏数量最多的保藏机构。保藏的微生物包括细菌、放线菌、酵母菌、真菌、单细胞藻类、人和动物细胞系、转基因细胞、杂交瘤、原生动物、地衣、植物组织培养、植物种子、动植物病毒、噬菌体、质粒和基因文库等各类微生物（生物材料/菌种）
中国农业微生物菌种保藏管理中心（ACCC） http://www.accc.org.cn	中国国家级农业微生物菌种保藏管理机构。农业菌种中心设有液氮菌种保藏库、冷冻干燥菌种保藏库、矿油斜面菌种保藏库。编入《中国农业菌种目录》（2001 年第二版）的库藏菌种有 2490 株，包括：细菌、放线菌、丝状真菌、酵母菌和大型真菌（主要是食用菌），共 166 个属 510 种（亚种或变种）
中国工业微生物菌种保藏管理中心（CICC） http://sales.china–cicc.org	国际菌种保藏联合会（WFCC）和中国微生物菌种保藏管理委员会成员之一，负责全国工业微生物资源的收集、保藏、鉴定、质控等。中心保藏各类工业微生物菌种资源 12 000 余株，300 000 余份备份，主要包括：细菌、酵母菌、霉菌、食用菌等
中国兽医微生物菌种保藏管理中心（CVCC） http://cvcc.ivdc.org.cn	主要采用超低温冻结和真空冷冻干燥保藏法，长期保藏细菌、病毒、虫种、细胞系等各类微生物菌种。截至 2014 年，收集保藏的菌种达 230 余种（群）、3000 余株。20 多年来，中国兽医微生物菌种保藏管理中心为我国科研院所、高等院校及兽医生物制品的生产企业，提供了 60 000 多株各类兽医微生物菌种
中国林业微生物菌种保藏管理中心（CFCC） http://www.caf.ac.cn	中心保藏有各类林业微生物菌株 10 700 余株，包括苏云金杆菌模式菌株等细菌、食用菌等大型真菌、林木病原菌、菌根菌、病虫生防菌、木腐菌、病毒和支原体类，分属于 392 个属 954 个种（亚种或变种）

（续表）

国内主要菌种保藏机构名称	简介
中国科学院武汉病毒研究所（AS-IV） http://www.whiov.cas.cn	专业从事病毒学基础研究及相关技术创新的综合性研究机构。研究所的目标定位是针对国家生物安全的战略需求和人口健康、农业可持续发展，依托中国科学院高等级生物安全实验室团簇平台，重点开展病毒学、新兴生物技术及生物安全等方面的基础和应用基础研究。“中国病毒资源与信息中心”拥有亚洲最大的病毒保藏库，保藏有各类病毒 900 余株
中国普通微生物菌种保藏管理中心（CGMCC） http://www.cgmcc.net	CGMCC 是公益性的国家微生物资源保藏机构，工作主要包括广泛分离、收集、保藏、交换和供应各类微生物菌种，保存用于专利程序的各种可培养生物材料等。CGMCC 目前保存各类微生物资源超过 5000 种，46 000 余株，用于专利程序的生物材料 7100 余株，微生物元基因文库约 75 万个克隆

2. 国外主要菌种保藏机构

国外主要菌种保藏机构及简介见表 6–1–2。

表 6–1–2　国外主要菌种保藏机构及简介

国外主要菌种保藏机构名称	简介
美国典型培养物保藏中心（American Type Culture Collection，ATCC） https://www.atcc.org	全球领先的生物材料资源和标准组织，主要从事标准参考微生物、细胞系和其他材料的获取、认证、生产、保存、开发和分销工作
日本技术评价研究所生物资源中心（NITE Biological Resource Center，NBRC） https://www.nite.go.jp/nbrc	NBRC（IFO）是由日本经济部、商业部、工业部支持的半政府性质菌种保藏中心，主要从事农业、应用微生物、菌种保藏方法、环境保护、工业微生物、普通微生物、分子生物学等的研究
美国农业研究菌种保藏中心（Agricultural Research Service Culture Collection，NRRL） https://nrrl.ncaur.usda.gov	由美国农业部农业研究中心支持的政府性质的菌种保藏中心。主要从事农业、应用微生物、基因工程、工业微生物、菌种保藏方法、环境保护、分子生物学、食品安全、普通微生物、分类学的研究
荷兰微生物菌种保藏中心（Central Bureau voor Schimmelcultures，CBS） https://www.cbs.knaw.nl	荷兰半政府性质的主要保藏真菌、酵母菌菌种的保藏中心。主要从事菌种保藏方法、分类学、分子生物学、医学微生物等的研究

（续表）

国外主要菌种保藏机构名称	简介
韩国微生物保藏中心（Korean Culture Center of Microorganisms，KCCM） http://www.kccm.or.kr	韩国菌类协会于 1989 年 8 月设立了 KCCM，专门负责菌类的保藏工作，在微生物的开发、保存、转让等工作中发挥主导作用
德国微生物菌种保藏中心（Deutsche Sammlung von Mikroorganismen und Zellkulturen，DSMZ） https://www.dsmz.de	成立于 1969 年，德国国家菌种保藏中心。该中心一直致力于细菌、真菌、质粒、抗生素、人体和动物细胞、植物病毒等的分类、鉴定和保藏工作。该中心是目前欧洲规模最大的生物资源中心
英国国家菌种保藏中心（The United Kingdom National Culture Collection，UKNCC） http://www.ukncc.co.uk	英国国家菌种的保藏中心。保藏的菌种包括放线菌、藻类、动物细胞、细菌、丝状真菌、原生动物、支原体和酵母菌
英国食品工业与海洋细菌菌种保藏中心（National Collections of Industrial, Food and Marine Bacterial，NCIMB） https://www.ncimb.com	主要从事分类学、分子生物学的研究并采用冷冻干燥方法保藏菌种

【实验器材】

1. 实验材料（菌种）

细菌代表菌株（大肠埃希氏菌）、放线菌代表（白念珠菌）、酵母菌代表（酿酒酵母）、霉菌代表（黑曲霉）。

2. 培养基

牛肉膏蛋白胨培养基、牛肉膏蛋白胨半固体深层培养基、PDA 培养基、高氏一号斜面培养基。

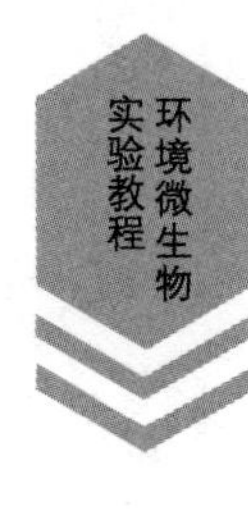

3. 实验工具

接种环、接种针、无菌滴管、无菌甘油、菌株保藏管、菌株保藏用无菌试管等。

【实验步骤】

环境实验中常用的微生物保藏方法有两种，一种为4℃斜面低温保藏法，另一种为 -80℃甘油冷冻保藏法。

1. 4℃斜面低温保藏法

该方法适用于保藏所有的可培养微生物（细菌、放线菌、酵母菌及霉菌）。

步骤如下：

（1）接种：将各菌种划“Z”字线接种在相应的斜面培养基上。

（2）培养：接种好的斜面管在合适温度下培养，使菌种充分生长，以便获取更多菌株。芽孢菌或生孢子的放线菌和霉菌，镜检培养至芽孢或孢子长成后再保藏。

（3）低温保藏：将培养好的菌种置于4℃冰箱中保藏。

（4）转接：斜面管保藏一般有效期3 ~ 6个月，保藏期限内转接一次，以免菌种死亡失去种子。

此方法优点是操作简单；缺点是保藏时间短，反复转接容易引起遗传性状变化、生理活性发生衰退等。

2. -80℃甘油冷冻保藏法

该方法主要适用于细菌长时间的保藏，步骤如下：

（1）接种：将菌种接种至液体培养基中。

（2）培养：液体培养基置于 200 r/min、适宜温度的摇床中培养 24 ～ 48 h。

（3）转至甘油管：将培养好的液体培养基与 20% ～ 30% 的甘油或 10% 的二甲基亚砜混匀后转移至甘油管中，密封。

（4）保藏：将密封好的甘油管先置于 4℃冰箱中保藏 24 h，然后再转移至 −80℃冰箱冷冻保藏。

（5）转接：一般保藏期可达 5 年，保藏期限内转接一次，将菌种解冻重新接种培养，转接到新的甘油管中，再次保藏。

【注意事项】

（1）保藏前，应使菌种充分生长，如果是生芽孢的细菌或生孢子的放线菌和霉菌，必须保证孢子长成。

（2）保藏期限到达前，及时将菌种转接到新配的培养基上，重新保藏。

（3）菌种保藏操作一定要注意无菌操作。微生物菌种是源头，一旦污染，后续工作均受影响，注意不能因为纯化分离工作烦琐而偷工减料，一定要确认获得了纯菌再进行保藏。无菌操作过程、培养过程及保藏过程要严格按规范操作，避免污染。一旦污染，要及时检查、复壮、筛选和分离出目标菌进行重新保藏。

（4）菌种保藏操作要在有条件的生物安全防护实验室内进行，注意人身安全。许多微生物菌种具有致病性，所以进行菌种保藏操作首先要注意人员安全，要熟悉生物安全实验室严格的管理制度和标准化的操作程序及规程，并经过专业的老师或技术人员培训后，在专业人员的监督下从事生物实验。注意使用个体防护装置和措施，了解应急措施和急救处理措施。

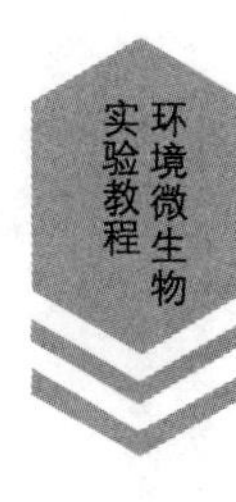

【实验报告】

（1）简述 2 ~ 3 个国内菌种保藏机构的特点与异同。

（2）选取 2 ~ 3 种菌种保藏方法进行操作，拍照记录保藏的菌种，并简述选用此方法保藏该菌种的原因。

实验 6-2 微生物的分子鉴定方法

【目的要求】

（1）了解如何对筛选出的微生物进行分子生物学鉴定。

（2）学习并掌握序列同源性分析的方法。

【基本原理】

16S rRNA 基因是细菌的分类研究中最重要和最常用的一种鉴定方法。16S rRNA 基因鉴定是指通过对细菌的 16S rRNA 基因序列进行测序来对细菌的种属进行鉴定。鉴定过程包括 DNA 提取、PCR 扩增和凝胶电泳，得到细菌的 16S rRNA 基因，然后通过测序得到 16S rRNA 基因序列，再通过 NCBI 做序列比对查找同源性菌株，建立系统发育树，从而得出所要鉴定细菌的种属关系。用来做鉴定的基因片段要求大小适中，一般细菌的片段长度约为 1500 bp（碱基对）。

ITS 序列分析是真菌的分类研究中最重要和最常用的一种鉴定方法。ITS 序列分析是指对真菌的 ITS 序列进行测序，将得到的 ITS 序列在 NCBI 上做序列比对，从而得到所要鉴定真菌的种属信息。一般样品的 DNA 提取物可用 ITS1 和 ITS4 这对引物，扩增片段长度在 500 ～ 750 bp。

细菌和真菌的鉴定过程均包括 DNA 提取、PCR 扩增、凝胶电泳、DNA 测

序和序列比对等过程。DNA 提取是指在裂解细胞的基础上，利用有机溶剂分离提取 DNA 的方法，包括物理法、化学法和生物法。PCR 扩增是一种以提取出来的 DNA 为模板扩增 DNA 片段的技术，类似于模拟 DNA 在细胞内的复制过程，PCR 的最大特点是能将微量的 DNA 大幅扩增，其每个循环包括变性→退火→延伸 3 个基本过程。凝胶电泳技术是指通过电泳技术来鉴定 DNA 相对分子质量的一种方法。DNA 测序是指测定 DNA 片段特定碱基序列的技术，碱基有 4 种，分别为腺嘌呤（A）、胸腺嘧啶（T）、胞嘧啶（C）与鸟嘌呤（G）。序列比对是指将 DNA 测序结果在 NCBI 网站上做 blast 分析，跟 GENE BANK 中的序列进行比对，并用 MEGA X 构建发育树和计算遗传距离，进行同源性和相似性分析的过程。

【实验器材】

1. 实验材料（菌种）

经分离纯化筛选出来的未鉴定的细菌或真菌。

2. 实验试剂

（1）细菌试剂盒、真菌试剂盒。

（2）10× 缓冲液、dNTP、Taq DNA 聚合酶。

（3）引物：

细菌的正向引物为 27F（5′-AGAGTTTGATCMTGGCTCAG-3′），反向引物为 1492R（5′-TACGGYTACCTTGTTACGACTT-3′）。

真菌的引物为 ITS1（5′-TCCGTAGGTGAACCTGCGG-3′）和 ITS4（5′-TCCTCCGCTTATTGATATGC-3′）。

（4）无菌水。

（5）核酸染料。

（6）1 × TAE 缓冲液、DNA 标记物（DNA marker）、6 × 电泳载样缓冲液（电泳载样缓冲液）、琼脂糖。

3. 实验工具

PCR 管、冰盒、冰块、记号笔等。

【实验步骤】

DNA 提取、PCR 扩增和凝胶电泳步骤详见第八章，本节只做简述。

1. DNA 提取

（1）细菌 DNA 的提取：细菌菌液一般可直接作为后续 PCR 扩增的模板。方法如下：将 100 μL 无菌 ddH_2O 加入 PCR 管中，在无菌操作台中用接种环将细菌菌丝挑进 PCR 管中，使之完全融合，作为模板。正常情况下，也可选用商业化的 DNA 提取试剂盒进行 DNA 的提取。

（2）真菌 DNA 的提取：选用合适的试剂盒提取真菌 DNA。

2. PCR 扩增

（1）将 PCR 管置于冰上，以 25 μL 体系为例，加入 ddH_2O 17 μL，10 × 缓冲液 2.5 μL，dNTP 2.0 μL，Taq 酶 0.5 μL，正向引物和反向引物各 0.5 μL，DNA 模板 2.0 μL。

（2）将配制好的体系置于 PCR 仪中进行 DNA 扩增。

3. 凝胶电泳

（1）向电泳仪中加入 1 × TAE 缓冲液，将配好的琼脂糖凝胶轻缓倒入加上梳子的电泳胶板中，静置冷却 30 min 以上。

（2）向梳孔中加入 5 μL 的 DNA 标记物，将 4 μL 的 PCR 扩增产物与 1 μL 的电泳载样缓冲液在封口膜上混合均匀，再将其移入梳孔中。

（3）打开电泳仪电源，在 400 V、120 A 的条件下电泳 30 min。

（4）电泳完毕，关闭电源，取出凝胶，将其放置在凝胶成像仪中观察电泳条带及其位置，并与 DNA 标记物比较。

4. DNA 测序

扩增成功的 PCR 产物送至专门的测序公司进行测序。

5. 序列比对

测序结果在 http://archive-dtd.ncbi.nlm.nih.gov 网站上做 blast 分析，与 GENE BANK 中的序列进行比对，并用 MEGA X 构建发育树和计算遗传距离，进行同源性和相似性分析。系统发育树举例如图 6-2-1 所示。

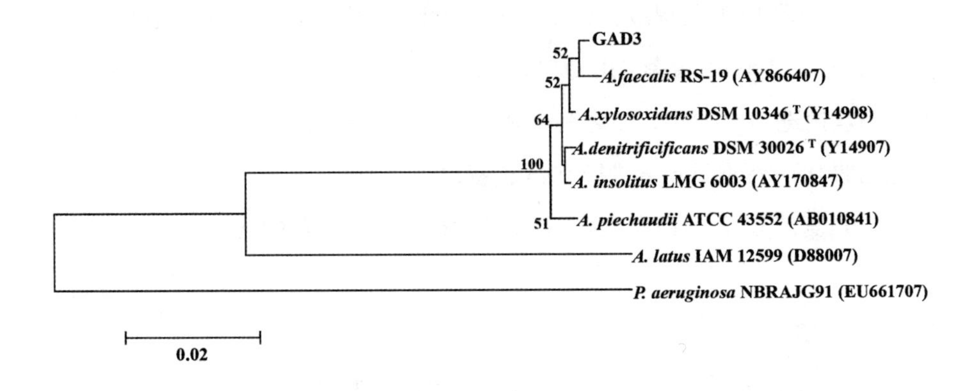

A.,Achromobacter (Alcaligenes)　*P.,Pseudomonas*

图 6-2-1　菌株 GAD3 与相关种的 16S rDNA 序列系统发育树

6. 鉴定

根据菌种的形态学特征以及序列比对结果鉴定该菌种所属的科、属、种。

【实验报告】

（1）拍照记录待鉴定微生物 DNA PCR 产物的电泳条带，并与 DNA 标记物比较确定条带大小。

（2）根据测序序列和数据库中序列的比对结果，构建系统发育树并计算遗传距离，进行同源性和相似性分析。

【问题与思考】

（1）细菌和真菌的引物为什么不同？原理是什么？

（2）细菌和真菌的鉴定过程有什么不同？

第二部分

现代微生物实验方法与技术

第七章

环境微生物遗传物质提取、PCR扩增与电泳分析

实验 7-1 环境微生物宏基因组总 DNA 提取和浓度测定

【目的要求】

（1）了解环境样品中微生物总 DNA 的提取原理。

（2）掌握从不同环境样品中提取微生物总 DNA 的方法。

（3）掌握 DNA 浓度的测定原理与方法。

【基本原理】

微生物是生态系统的分解者，是地球环境生物化学循环的主要驱动力，其群落结构组成与多样性对整个生态系统功能有着重要影响。传统的基于微生物培养和纯种分离的技术在研究微生物生态学、描述微生物群落的结构和多样性时存在诸多局限性，主要表现为：① 对微生物类群进行描述之前必须首先进行培养，然而自然环境中可培养的微生物仅占环境中微生物总量的 1% 左右，大部分微生物是不能被分离和培养的；② 现有微生物分类标准具有主观性，即使某些新发现的微生物种可以被培养，但往往与现行的分类标准体系不相符，而已有的对各种微生物表型的描述也常常不能满足区分各种类群的需要；③ 部分微生物（如硝化细菌）因生长缓慢，分离纯化困难，阻碍了对这类微生物的深入研究，使得生态系统中复杂的微生物群落结构和群落动态变化长期以来都不得而知。

随着现代分子微生物生态学技术尤其是聚合酶链式反应（polymerase chain reaction，PCR）和核酸测序等现代分子生物学技术的发展，使得我们对生态系统中微生物群落结构、微生物生态特征和功能、微生物群落生态演替规律等问题的揭示成为可能。这些研究方法包括变性梯度凝胶电泳技术（denatured gradient gel electrophoresis，DGGE）、荧光原位杂交技术（fluorescence in situ hybridization，FISH）、荧光定量PCR技术（real-time PCR）和宏基因组技术（metagenome）等。

宏基因组是由Handelsman等在1998年提出的概念，其定义为“the genomes of the total microbiota found in nature”，即环境中所有微生物基因组的总和，它包含了可培养的和不可培养的微生物的基因。宏基因组就是一种以环境样品中的微生物群体基因组为研究对象，以功能基因筛选和（或）测序分析为研究手段，以微生物多样性、种群结构、进化关系、功能活性、相互协作关系及与环境之间的关系为研究目的的微生物研究方法。宏基因组测序技术的优势十分明显，例如微生物无须进行分离、培养，解决了环境中大部分微生物不能培养的局限性问题。

环境样品总DNA的提取是进行微生物分子生态学研究中最重要的实验技术之一，高质量DNA的提取是进行后续测序的基础。由于环境样品来源复杂、种类繁多、组成多样和物理化学性质多变，使得传统的对纯培养微生物DNA的提取方法很难直接应用到环境样品的研究中。

对于复杂的环境微生物来说，提取其总DNA仍然是一个较大的挑战，目前仍没有一种方法能适用于所有的环境样品。判断一个提取方法是否成功不仅要检测其提取出来的DNA含量、纯度以及片段大小，更重要的是其提取出来的DNA能否充分反映该环境中微生物的多样性。虽然环境微生物总DNA的提取方法多样，但其核心过程都是在裂解细胞的基础上，利用有机溶剂分离、提取和纯化DNA。

1. 细胞裂解

细胞裂解是通过物理、化学或者生物的方法使微生物的细胞膜（部分微生物还存在细胞壁）破裂，将DNA释放到胞外。物理方法包括超声波处理法、研磨法、匀浆法等；化学方法包括十六烷基三甲基溴化铵（CTAB）处理法、

十二烷基硫酸钠（SDS）处理法等；生物方法包括加入溶菌酶或蜗牛酶等进行细胞裂解。

2. DNA 的分离提取

环境样品中，微生物胞外一般存在腐殖质等杂质，胞内则含有蛋白质、多糖等物质，且 DNA 在生物体内一般与蛋白质形成复合体，因此提取 DNA 时须将这些杂质去除。DNA 的分离提取过程包括添加蛋白酶、RNA 酶等化学物质降解蛋白质和 RNA，添加苯酚等有机溶剂沉淀蛋白质等杂质，添加乙醇、异丙醇等溶剂沉淀 DNA 等。

3. DNA 的纯化

当样品中杂质较多，尤其腐殖质大量存在时，提取的总 DNA 可能会存在较多的杂质，影响 DNA 的纯度。这些杂质会影响后续 DNA 的扩增与测序，如会导致 PCR 扩增失败、酶切困难、连接转化率低等问题。因此，我们需要对提取的 DNA 进一步纯化。纯化的方法非常多，常用的方法包括胶回收法、柱纯化法、电泳或电洗脱法、梯度离心法等。

4. DNA 质量检测

DNA 提取完毕后，需要对其质量进行初步的检测，判断其是否满足后续的实验要求。一般情况下，检测内容主要包括两个方面：完整度检测和 DNA 纯度检测。

DNA 的完整性主要通过凝胶电泳进行检测。DNA 凝胶电泳是根据 DNA 相对分子质量大小来分离、鉴定和纯化 DNA 片段的技术。将混有不同大小的 DNA 样品上样到多孔凝胶上，施加电场后，由于 DNA 上携带有负电荷的磷酸基团，DNA 片段会在凝胶中移动。DNA 片段的大小与其在凝胶中的迁移速度成反比，较小的 DNA 片段在凝胶中的迁移速度较快，较大的 DNA 片段在凝胶中的移动则较慢。通过速度的差异，便可使不同大小的 DNA 片段彼此分离。通过在凝胶中添加溴化乙锭（EB）等荧光染料，在紫外光照射下便可观察 DNA 片段的位置。当提取的 DNA 完整性较好时，凝胶电泳的结果以大片段为主，在 23 kb 处有一条完整或略拖尾的条带（图 7-1-1）；当 DNA 完整性较差时，在 23 kb 处无较亮条带，且有较长的拖尾。

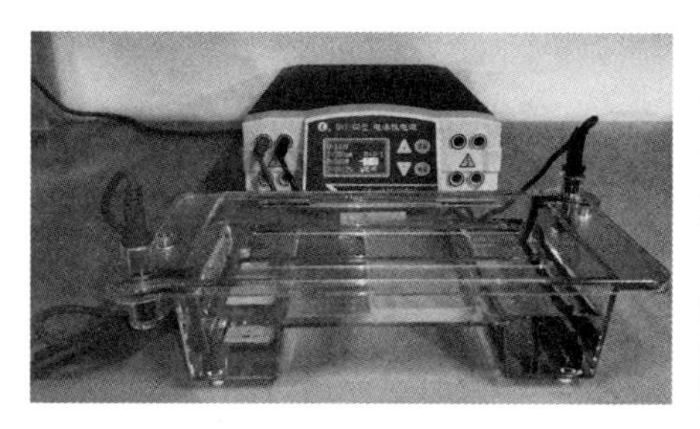
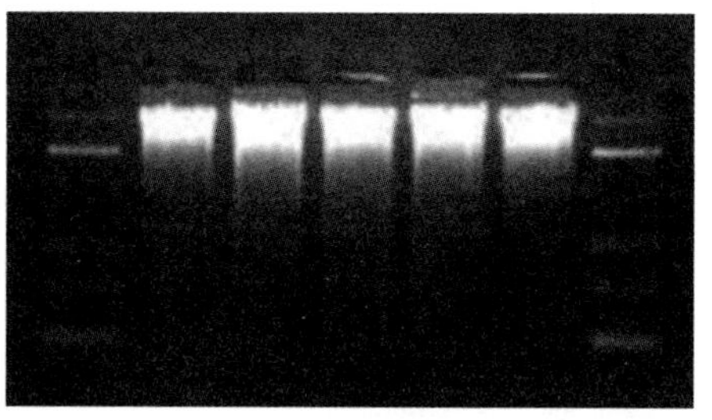

图 7-1-1　凝胶电泳装置（左）和环境样品 DNA 凝胶电泳成像图（右）

DNA 纯度检测通常有两种方法：分光光度计法和 PCR 扩增法。分光光度计可以测定双链 DNA 在 260 nm 处的吸光度（absorbance）及杂质在其他波长的吸光度，通过计算不同波长吸光度的比，可以对 DNA 纯度作出判定。其中，蛋白质在 280 nm 处有最大的吸收峰，盐和小分子则集中在 230 nm 处，因此，多用 A_{260}/A_{280} 与 A_{260}/A_{230} 两个比值来鉴定 DNA 的纯度。因为多数实验的最终目的为对 DNA 片段进行扩增，因此 PCR 扩增法相对于分光光度计法有其独特的优势。如果能成功扩增，则说明 DNA 纯度可以满足后续扩增和测序要求。

【实验器材】

1. 实验材料

活性污泥。

2. 实验试剂

（1）FastDNA® SPIN Kit for Soil 快速提取试剂盒。

（2）无菌水。

3. 实验仪器

高速冷冻离心机、FastPrep 快速核酸提取仪、移液枪、水浴锅、超微量分光光度计。

4. 实验工具

1 mL 无菌离心管、50 mL 无菌离心管、灭菌移液枪枪头等。

【实验步骤】

1. 提取核酸物质

在裂解介质管（Lysing Matrix E）中加入 200 μL 活性污泥，管中应留出不少于 200 μL 的空间；接着加入 122 μL MT 缓冲液（MT buffer）和 978 μL 磷酸钠缓冲液（sodium phosphate buffer）。将混合物置于 FastPrep 快速核酸提取仪振荡 40 s 后，4 ℃、14 000 r/min 离心 10 min，取上清液。

2. 去除蛋白质

将上清液转移到 2 mL 离心管内，加入 250 μL PPS，手动摇匀 10 次后，4 ℃、14 000 r/min 离心 10 min，取上清液。

3. 去除多糖

将上清液转移到 10 mL 离心管内，加入 1 mL 重悬液（binding matrix），手动摇匀 3 min。用枪头混匀（抽打）后，取 800 μL 于吸附柱（spin filter）中。14 000 r/min 离心 5 min，移去收集管（catch tube）中清液。连续重复上述操作 3 次至液体全部离心完。

4. 提取 DNA

在吸附柱中加入 500 μL SEWS-M（与乙醇的混合液），混匀。14 000 r/min

离心 1 min 后倒空收集管，14 000 r/min 离心 2 min 后换新收集管，将吸附柱在室温下风干 5 min。向吸附柱中加入 70 μL DES 溶液，用移液枪抽打混匀。14 000 r/min 离心 2 min 后去除吸附柱，收集管中即为提出的 DNA。

5. DNA 浓度与纯度检测

将样品 DNA 溶液用 TE 缓冲液或超纯水稀释后，使用超微量分光光度计测定 A_{260}、A_{280} 和 A_{230}，计算 DNA 浓度，根据 A_{260}/A_{280} 和 A_{260}/A_{230} 的比值检测其纯度。

【注意事项】

（1）整个提取过程中吹吸动作要轻柔，避免剧烈振荡。

（2）部分核酸染料存在一定的毒性，使用时应戴手套，做好防护措施。

（3）不同来源的样品性质不同，提取方法可以根据实际情况进行调整。

（4）提取的 DNA 需长期保存时，可用 TE 缓冲液替代无菌水储存 DNA。

【实验报告】

记录提取的 DNA 浓度、A_{260}/A_{280} 和 A_{260}/A_{230} 值，评价提取的 DNA 质量状况。

【问题与思考】

（1）DNA 提取过程中为什么要避免剧烈振荡？

（2）常用 A_{260}/A_{280} 和 A_{260}/A_{230} 比值估算 DNA 的纯度，这两个比值分别在什么范围内能说明 DNA 样品的纯度较高？

（3）CTAB、SDS、氯仿、异戊醇、异丙醇、乙醇等物质在提取 DNA 过程中的作用和原理是什么？

实验 7-2 环境微生物宏转录组总 RNA 提取和浓度测定

【目的要求】

（1）了解环境样品中微生物总 RNA 的提取原理。

（2）掌握从不同环境样品中提取微生物总 RNA 的方法。

（3）掌握 RNA 浓度的测定原理与方法。

【基本原理】

宏基因组虽然能够提供微生物（尤其是未培养的微生物）潜在的活动信息，但仍不能揭示在特定的时空环境下，微生物群落基因的动态表达与调控等问题。要解决这一问题，就需要在转录与表达水平上进一步研究。宏转录组是指在某个特定时刻生境中所有微生物基因转录体的集合，这是原位衡量宏基因组表达的一种方法。相比宏基因组学，宏转录组学有以下优势：①宏转录组是整个群落中具有表达活性的微生物信息集合，在一定程度上大大降低了群落的复杂程度；②宏转录组学主要研究在特定的环境条件下微生物功能基因的表达情况，是探究微生物未知功能基因序列的重要方法。从微生物细胞中分离和纯化 RNA 是开展宏转录组学研究的基础，其流程主要包括细胞裂解、RNA 的分离提取、RNA 的纯化及 RNA 质量检测等。

由于 RNA 质量的高低会影响 cDNA 文库构建和测序的质量，因此分离纯

净、完整的 RNA 是分子克隆和基因表达分析的基础，而实验成功与否的关键是有无 RNA 酶（RNase）的污染。RNA 酶是导致 RNA 在提取过程中降解的最主要物质，它非常稳定，即使在一些极端的条件下暂时失活，但限制因素去除后会迅速恢复活性，用常规的高温高压蒸汽灭菌方法和蛋白质抑制剂都不能使 RNA 酶完全失活。因此，在 RNA 提取过程中需要注意如下三个方面：①须在操作过程中创造一个无 RNA 酶的环境；②要采取适宜的措施来抑制内源性 RNA 酶的活性；③可使用 RNA 酶的特异抑制剂。

1. 细胞裂解

有效的细胞裂解是有效提取高质量 RNA 必须且重要的第一步。目前，国内外采用多种细菌细胞壁破碎方法，如玻璃珠法、超声波法、酶解法、液氮研磨匀浆法等，通过破坏细菌细胞结构而使其胞内的 RNA 释放。

2. RNA 的分离提取

在细菌细胞裂解的同时，RNA 酶也会被释放出来，这种内源性的 RNA 酶是导致 RNA 降解的主要因素之一。因此，原则上要尽可能地尽早去除细胞内蛋白质，并加入 RNA 酶的抑制剂，力求在提取的起始阶段对 RNA 酶活力进行有效抑制。

RNA 的分离提取过程通常需要添加蛋白酶、酚和氯仿等化学物质，蛋白酶可将蛋白质和 RNA 有效分离，酚类物质易与 RNA 酶结合，在氯仿等有机溶剂存在的条件下有机相和无机相可迅速分离。当同时加入酚和氯仿后，酚和蛋白质结合的产物即可进入有机相，而与蛋白质脱离的 RNA 便可进入水相溶解。

3. RNA 的纯化

从环境样品中提取出的总 RNA 中约 70% 左右是 rRNA，仅 3% ～ 5% 是 mRNA。对于后续的分子生物学实验而言，需要的是占比较少的 mRNA，占多数的 rRNA 需要被去除。目前，常用的 rRNA 去除方法有两种，第一种是反转录法，即将 rRNA 进行特异性扩增和反转录为 cDNA 后，运用 DNA 酶将其酶解；第二种为磁珠法，即用特异性探针与 rRNA 杂交后，运用磁珠将其去掉，从而仅保留总 RNA 中的 mRNA。此外，除去细胞破碎后释放的 DNA 也很重要，

DNA 的存在会影响反转录和后续的测序效果。因此，在提取过程中可通过使用 DNA 酶和 DNA-free 试剂盒来除去 DNA 和避免 DNA 污染。

4. RNA 质量检测

RNA 提取完毕后，需要对其质量进行初步的检测，判断其是否满足后续的实验要求。一般情况下，检测内容主要包括两个方面：完整度检测和 RNA 纯度检测，所用方法与 DNA 完整度和纯度检测方法相同。完整度检测运用琼脂糖凝胶电泳法，纯度检测运用分光光度计法和 PCR 扩增法。

完整度检测运用琼脂糖凝胶电泳法，其原理在于检测 28S 和 18S 条带的完整性与比值，以及电泳抹带（mRNA smear）的完整性。如果 28S 和 18S 条带明亮、清晰和锐利，且 28S 的亮度是 18S 条带的两倍以上，即认为 RNA 质量满足要求。

纯度检测运用分光光度计法，其原理在于核酸和蛋白质等有机物分别在 280 nm 和 260 nm 处有吸光度，当 A_{260} 与 A_{280} 的比值为 1.7 ~ 2.2 时，代表提取物中几乎无蛋白质污染，可满足后续测序要求。当比值小于 1.8 或大于 2.2 时，代表提取物中蛋白质等有机物污染明显或 RNA 被水解为单核酸，此时所提取的 RNA 均不满足后续测序要求。

【实验器材】

1. 实验材料

活性污泥。

2. 实验试剂

（1）Ambion® RiboPure™ Bacteria Kit 快速提取试剂盒。

（2）特异性探针和磁珠。

（3）核糖体 RNA 去除试剂盒（Ribo-Zero Magnetic Kit）。

（4）无菌水、无水乙醇。

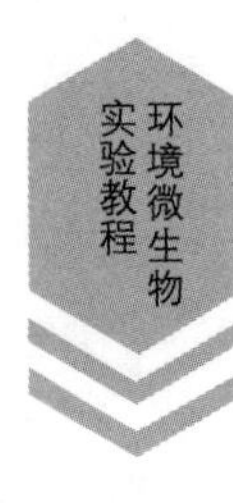

2. 实验仪器

高速冷冻离心机、涡旋振荡器、移液枪、水浴锅、超微量分光光度计。

3. 实验工具

1 mL 无菌离心管、50 mL 无菌离心管、灭菌移液枪枪头、锥形瓶等。

【实验步骤】

1. 细胞破碎与 RNA 释放

在 1.5 mL 无 RNA 酶（RNAase-free）管中加入 500 μL 活性污泥和 350 μL 样品储存液（RNAwiz），涡旋振荡器涡旋 10 ~ 15 s。将上述液体转移至 0.5 mL 旋口试管中，加入 250 μL 氧化锆球，于涡旋振荡器中振荡 10 min后，4℃、14 000 r/min 离心 5 min，将上清液转移至 1.5 mL 无 RNA 酶管中。

2. 去除蛋白质

在上述 1.5 mL 无 RNA 酶管中加入 40 μL 的氯仿，摇晃 30 s，在室温下孵育 10 min，4℃、14 000 r/min 离心 5 min。将上清液转移至 1.5 mL 无 RNA 酶管中，加 50 μL 的无水乙醇，混匀，转移至放有筒式滤芯（filter cartridge）的 2 mL 收集管中，4℃、14 000 r/min 离心 1 min，倒空收集管内液体。然后，加入 700 μL 清洗液于上述筒式滤芯内，4℃、14 000 r/min 离心 1 min，倒空收集管内液体。再加入 500 μL 清洗液于上述筒式滤芯内，4℃、14 000 r/min 离心 1 min，将上述筒式滤芯转移至新的 2 mL 收集管内。

3. 提取 RNA

在筒式滤芯内加入 30 μL 洗脱液（elution solution），4℃、14 000 r/min 离心 1 min。再加入 30 μL 洗脱液，4℃、14 000 r/min 离心 1 min。弃掉筒式滤芯，收集管内的样品即为活性污泥菌群总 RNA 样品。

4. 去除 rRNA

运用特异性探针与 rRNA 杂交，将杂交产物与磁珠结合，去除 rRNA。再用 2.5 倍无水乙醇沉淀，回收去除了 rRNA 的目标 RNA。

【注意事项】

（1）整个提取过程中吹吸动作要轻柔，避免剧烈振荡。

（2）由于 RNA 酶广泛存在于人的皮肤、环境及取液器上，因此创造一个无 RNA 酶的环境是操作过程中的关键。一方面必须戴无 RNA 酶的手套和口罩，另一方面须根据取液器制造商的要求对取液器进行处理，一般情况下采用焦碳酸二乙酯（DEPC）配制的 70% 乙醇擦洗取液器的内部和外部。

（3）样品普遍具有特殊性，提取方法可以根据实际情况进行调整。

（4）提取的 RNA 需要长期保存时，须将其置于 -80℃保存。

【实验报告】

记录提取的 RNA 浓度、A_{260}/A_{280} 和 A_{260}/A_{230} 值，评价提取的 RNA 质量状况。

【问题与思考】

（1）请简述通过反转录法和磁珠法去除总 RNA 中 rRNA 的原理。

（2）请比较样品中 DNA 与 RNA 提取步骤与原理的异同之处。

实验 7-3 琼脂糖凝胶电泳分析技术

【目的要求】

（1）了解琼脂糖凝胶电泳技术检测 DNA 和 RNA 的基本原理。

（2）掌握水平电泳技术和测定 DNA 相对分子质量的方法。

【基本原理】

物质在外加电极提供一定强度的指向性电场后，由于带电性质、所带电荷数等存在差别，便向物质相反电极区域移动，从而使不同物质得以分离。根据迁移物质的不同可分为离子迁移、电渗流和电泳。离子迁移是指荷电离子在电场作用下在介质空隙中的迁移作用；电渗流是指介质溶液中的水分子在电场中定向移动，同时促使非离子态物质随着电渗流移动的过程；电泳是指带电大分子或胶体在电场作用下移动的现象。由于带电粒子的大小、形状、所带的静电荷数量以及介质的 pH、粒子强度、黏度等都会影响粒子的电泳速度，因此运用电泳原理可获得胶粒或大分子的结构、大小和形状等有关信息。

最初用滤纸作为载体的称为纸上电泳，实验时先将滤纸条浸泡在一定的 pH 缓冲液中，取出后两端加上电极，在滤纸中央滴加少量待测溶液，电泳速度不同的各组分即以不同速度沿纸条运动。经一段时间后在纸条上形成距起点不同距离的条带，条带数等于样品中的组分数。用琼脂糖凝胶或聚丙烯酰胶等凝胶作为载体，则称为凝胶电泳。凝胶电泳由于比纸上电泳具有更高的分辨率而被广泛使用。

琼脂糖凝胶电泳是常用的用于分离与鉴定 DNA 和 RNA 的方法，这种电泳方法以琼脂糖凝胶作为支持物，它兼有“分子筛”和“电泳”双重作用。琼脂糖凝胶具有网络结构，且具有亲水性和不带电荷的特点，物质分子通过时会受到阻力，相对分子质量越大，受到的阻力越大。因此在凝胶电泳中，带电颗粒的分离不仅取决于净电荷的性质和数量，而且还取决于分子大小，这就大大提高了琼脂糖凝胶的分辨能力。

琼脂糖凝胶电泳用于 DNA 分子的分离与鉴定的原理在于 DNA 分子在高于其等电点的溶液中带负电。将 DNA 样品加入包含琼脂糖凝胶的样品孔并置于静电场后，由于 DNA 分子的双螺旋骨架两侧带有含负电荷的磷酸根残基，因此将其放在负极时，DNA 样品会在电场中向正极移动。在一定的电场强度下，DNA 分子的迁移速度取决于分子筛效应，即分子本身的大小和构型是主要的影响因素。DNA 分子的迁移速度与其相对分子质量成反比。不同构型的 DNA 分子的迁移速度不同。不同大小 DNA 片段对应的琼脂糖凝胶浓度见表 7-3-1。琼脂糖凝胶电泳对于 DNA 的分辨率，即可分离的 DNA 分子大小，在 0.2 ~ 50 kb 范围内。可通过调整凝胶的浓度、电泳电压的高低，调节跑胶的时间，从而使相对分子质量相近的 DNA 条带产生分离。

表 7-3-1　琼脂糖凝胶浓度与跑胶 DNA 片段大小的关系

琼脂糖凝胶浓度（%）	线状双链 DNA 片段的分离范围（kb）
0.3	5 ~ 60
0.6	1 ~ 20
0.7	0.8 ~ 10
0.9	0.5 ~ 7
1.2	0.4 ~ 6
1.5	0.2 ~ 3
2.0	0.1 ~ 2

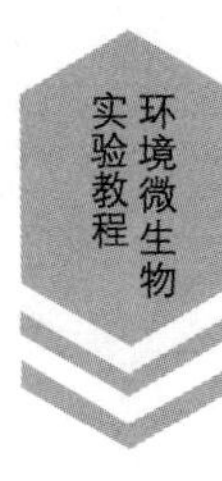

【实验器材】

1. 实验材料

模板 DNA。

2. 实验试剂

（1）核酸染料。

（2）50×TAE 缓冲液，配方见表 7-3-2。

表 7-3-2　50×TAE 缓冲液配方

溶液		1 L
50×TAE	Tris	242 g
	冰醋酸	57.1 mL
	EDTA (pH 8.0)	100 mL（0.5 mol/L）

（3）琼脂糖。

（4）6× 电泳载样缓冲液。

（5）DNA 标记物。

3. 实验仪器

移液枪、微波炉、电泳装置、凝胶成像仪。

4. 实验工具

1 mL 无菌离心管、灭菌移液枪枪头、制胶板、锥形瓶、量筒。

【实验步骤】

（1）用去离子水将制胶模具和梳子冲洗干净，放在制胶板上，封闭模具边缘，架好梳子。

（2）称量 0.6 g 琼脂糖，加入配胶用蓝盖瓶中，再加入 50 mL 1×TAE 缓冲液，置于微波炉中加热至琼脂糖完全溶解。

（3）琼脂糖冷却至 40 ~ 50℃时，向凝胶中加入 1 μL 核酸染料，轻轻摇晃混匀，倒入制胶模具中，待其凝固。

（4）凝胶冷却凝固后，小心拔出模具中的梳子，将凝胶取出，放在电泳槽内，有上样孔的一侧朝向负极。

（5）向电泳槽中倒入 1×TAE 缓冲液，量以没过胶面 2 mm 为宜，如样品孔内有气泡，应设法除去。

（6）取 3 μL DNA 标记物，用移液枪将其缓慢加入被浸没的凝胶上样孔内（图 7-3-1）。

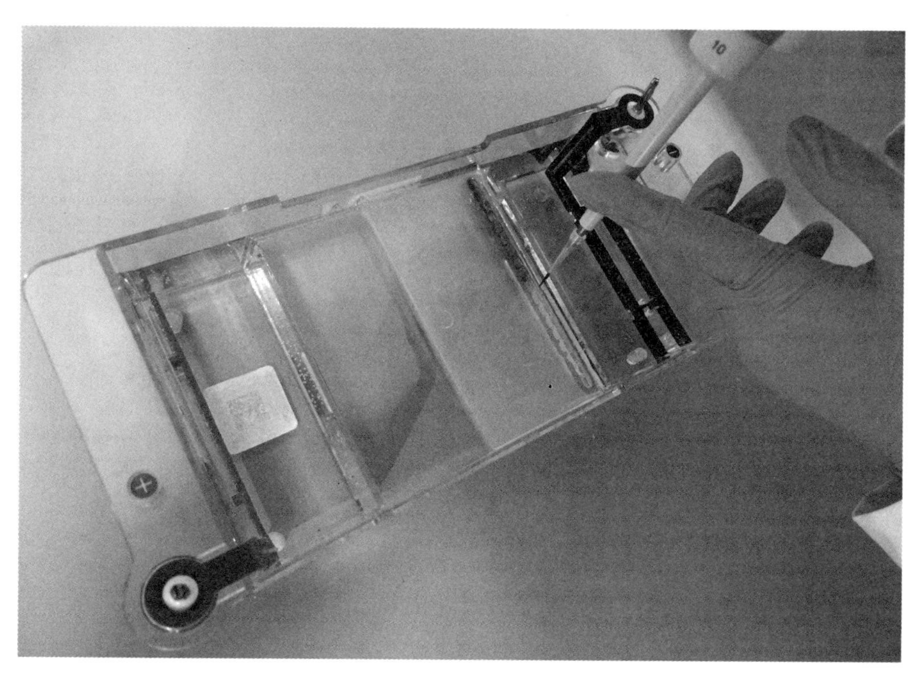

图 7-3-1　凝胶上样

（7）取 5 μL DNA 样品与 1 μL 6× 电泳载样缓冲液混匀，利用移液枪将混合液样品缓慢加入被浸没的凝胶上样孔内。每一个上样孔可加入一个样品。

（8）接通电源，在 120 V 的条件下电泳 30 min，使 DNA 样品由负极向正极泳动。

（9）电泳完毕，关上电源，取出凝胶，放在凝胶成像仪上观察电泳带及其位置，并与 DNA 标记物比较。

【注意事项】

（1）制备凝胶时使用的缓冲液应与电泳时使用的缓冲液相同。

（2）用枪头将 DNA 样品与电泳载样缓冲液混匀时应注意动作轻柔，不要出现气泡。

【问题与思考】

（1）为什么琼脂糖凝胶电泳可以分离不同大小、不同构型的 DNA 片段？

（2）为什么放置凝胶时要将点样孔放置在电泳仪负极一侧？

实验 7-4 环境微生物宏蛋白组总蛋白质的提取和浓度测定

【目的要求】

（1）了解环境样品中微生物总蛋白质的提取原理。

（2）掌握从不同环境样品中提取微生物总蛋白质的方法。

（3）掌握蛋白质浓度的测定原理与方法。

【基本原理】

蛋白质是微生物生理功能的执行者和生命活动的直接体现者，对微生物群落结构和功能的研究归根到底是要对微生物的蛋白质进行研究。蛋白质组学是通过揭示环境中蛋白质的组成与丰度、蛋白质的不同修饰、蛋白质和蛋白质之间的相互关系，从而认识微生物群落的发展、种内相互关系、营养竞争关系等的科学，对于研究微生物群落的功能与代谢途径具有重要意义。想要有效研究生态系统中微生物的功能，蛋白质组学研究手段必不可少，其最关键的一步就是高效、可靠地将微生物总蛋白质进行提取。蛋白质的提取过程主要包括细胞裂解与蛋白质释放、总蛋白质提取、蛋白质质量检测、总蛋白质酶解、肽段脱盐与定量。

1. 细胞裂解与蛋白质释放

总蛋白以及细胞蛋白的提取通常需要经过裂解步骤，裂解方法有珠研磨、超声波裂解、反复冻融法、高压蒸汽灭菌法以及酶裂解法等，其原理都是使细菌细胞壁和细胞膜破碎，从而释放其细胞质中的蛋白质。

2. 总蛋白质提取

环境样品中总蛋白质提取的关键是减少杂质的影响，杂质的类型包括微生物内源代谢和自身氧化的残留物、环境中难降解的有机物和无机物等。由于不同环境样品所含杂质成分不同，因此针对不同环境样品可采用不同的纯化方法。根据提取液的不同可分为三氯乙酸（trichloroacetic acid，TCA）/ 丙酮沉淀法、酚提法、Trizol 沉淀法、Tris-HCl 提取法和尿素 - 硫脲提取法等，或将上述方法结合使用，其原理都是将蛋白质沉淀或者溶解于有机溶液中，从而使蛋白质与环境中的杂质或者细胞破碎物中的其他物质分离。

3. 总蛋白质质量检测

总蛋白质提取完毕后，需要对质量进行初步的检测，判断其是否满足后续的实验要求。检测内容主要包括浓度检测和纯度检测。

蛋白质浓度检测主要采用 BCA（bicinchoninic acid，聚氰基丙烯酸正丁酯）法进行测定。其原理是在碱性条件下，蛋白质中的半胱氨酸、胱氨酸、色氨酸、酪氨酸以及肽键等能够将 Cu^{2+} 还原为 Cu^{+}，BCA 试剂可与 Cu^{+} 高度特异性结合并形成蓝紫色配合物，该配合物在 562 nm 处有最强吸收峰。

蛋白质的纯度和相对分子质量主要通过十二烷基硫酸钠 - 聚丙烯酰胺凝胶（sodium dodecyl sulfate-polyacrylamide gel electrophoresis, SDS-PAGE）进行检测。聚丙烯酰胺凝胶为网状结构，具有分子筛效应，在 SDS-PAGE 中，蛋白质亚基的电泳迁移率主要取决于亚基相对分子质量的大小。此外，由于 SDS-PAGE 可设法将电泳时蛋白质电荷差异这一因素除去或减小到可以忽略不计的程度，因此还可用来鉴定蛋白质分离样品的纯化程度。如果被鉴定的蛋白质样品很纯，只含有一种具三级结构的蛋白质或含有相同相对分子质量亚基的具四级结构的蛋白质，那么进行 SDS-PAGE 后，就只出现一条蛋白质区带。

4. 总蛋白质酶解

提取后的蛋白质溶液浓度较低时，一般需要浓缩，以便后续分析鉴定。浓缩方法有多种，如加热沉淀、丙酮或TCA沉淀、冷冻干燥、超滤等。另一方面，为满足后续测序要求，还应将提取出的总蛋白质进行酶解，其原理是将蛋白质还原并烷基化后，利用特异性蛋白酶使蛋白质水解为长短不一的多肽。

5. 肽段脱盐

经上述处理后，所提取的蛋白质样品中含有较多的溶解性盐分，为避免盐分对后续测试中色谱仪和质谱仪产生影响，可用冷冻干燥的方法将肽段冻干为干粉，再使其复溶而达到后续的上机要求。

【实验器材】

1. 实验材料

活性污泥。

2. 实验试剂

（1）NoviPure kit 快速提取试剂盒。

（2）肽段定量试剂盒。

（3）BCA 试剂盒。

（4）无菌水。

（5）考马斯亮蓝染色液。

（6）分离胶缓冲液。

（7）浓缩胶缓冲液。

（8）电极缓冲液。

（9）上样缓冲液。

（10）脱色液。

3. 实验仪器

高速冷冻离心机、高通量组织研磨仪、涡旋振荡器、真空泵、真空浓缩仪、固相萃取柱、移液枪、水浴锅、微波炉、电泳仪、垂直板电泳槽。

4. 实验工具

1 mL无菌离心管、50 mL无菌离心管、灭菌移液枪枪头、制胶板、锥形瓶、量筒。

【实验步骤】

1. 蛋白质提取

将 1 mL 活性污泥溶解于含有标准蛋白酶抑制剂（1 mmol/L PMSF，50 μmol/L 亮抑蛋白酶肽，10 mmol/L E-64）的蛋白质裂解液（8 mol/L 尿素）中，使用高通量组织研磨仪振荡 3 次，每次 40 s。冰上裂解 30 min，其间每隔 5 min 涡旋混匀 5 ～ 15 s，4 ℃、12 000 r/min 离心 30 min，收集上清液。

2. 总蛋白质质量检测

（1）蛋白质浓度测定。将 BCA 试剂与 Cu^{2+} 试剂按照 50∶1 的体积比混合制成工作液，将上述工作液与待测样品按照 10∶1 的体积比进行混合，置于37℃恒温培养箱中反应 30 min，用紫外分光光度计在 562 nm 波长下进行测定，根据标准曲线和样品体积计算出样品的蛋白质浓度。标准曲线使用牛血清蛋白 BSA 标准溶液，所用浓度（mg/mL）分别为 0、0.125、0.25、0.5、0.75、1、1.5、2，测定方法与上述步骤相同。

（2）蛋白质相对分子质量测定。使用 SDS-PAGE 对蛋白质相对分子质量进行测定，其原理与操作方法详见实验 7-5。

3. 蛋白质酶解

取 150 μg 蛋白质溶液置于离心管中，用裂解液补充体积到 150 μL。加入 100 mmol/L 三乙基碳酸氢铵缓冲液（TEAB）与 10 mmol/L 三（2- 羧乙基）膦（TCEP），在 37 ℃下反应 60 min。加入 40 mmol/L 碘乙酰胺（IAA）室温下避光反应 40 min。取蛋白质样品 100 μg，补充裂解液，按照体积比 6∶1 加入 -20 ℃预冷的丙酮，沉淀 4 h。4 ℃、10 000 r/min 离心 20 min，取沉淀。用 100 μL 100 mmol/L TEAB 充分溶解样品。按照质量比 1∶50（酶：蛋白质）加入胰蛋白酶，37℃酶解 12 ～ 16 h。

4. 肽段脱盐与定量

胰蛋白酶消化后，用真空泵抽干肽段，将酶解抽干后的肽段用 0.1% 三氟乙酸（TFA）复溶。用固相萃取柱进行肽段脱盐，再用真空浓缩仪抽干，使用肽段定量试剂盒对肽段进行定量。

【注意事项】

（1）所使用的提取液和凝胶缓冲液存在一定的毒性，使用时应戴手套。

（2）样品普遍具有特殊性，提取方法可以根据实际情况进行调整。

（3）提取的蛋白质样品需长期保存时，应将其置于 -80 ℃保存。

【实验报告】

计算所提取环境微生物样品中总蛋白质的浓度。

【问题与思考】

（1）如何通过冷冻干燥和复溶的方法使酶解后的肽段脱除盐分？

（2）请比较微生物总 DNA、总 RNA 与总蛋白质提取与浓度测定的异同。

实验 7-5　SDS- 聚丙烯酰胺凝胶电泳分析技术

【目的要求】

（1）学习 SDS- 聚丙烯酰胺凝胶电泳技术测定蛋白质相对分子质量的基本原理。

（2）掌握 SDS- 聚丙烯酰胺凝胶电泳技术测定蛋白质相对分子质量的操作方法。

【基本原理】

聚丙烯酰胺（PAGE）凝胶是丙烯酰胺在交联剂——亚甲基双丙烯酰胺的作用下经聚合而形成的一种大分子化合物。该分子带有酰胺侧链的碳 - 碳聚合物，没有或很少有带离子的侧基，因而电渗作用比较小，不易和样品相互作用。由于聚丙烯酰胺凝胶是一种人工合成的物质，在聚合前可调节单体的浓度比，形成不同程度交联结构，其空隙度可在一个较广的范围内变化，故可根据要分离物质分子的大小，选择合适的凝胶成分，使之既有适宜的空隙度，又有比较好的机械性能。一般而言，含丙烯酰胺 7% ~ 7.5% 的凝胶，机械性能适用于分离相对分子质量范围为 1×10^4 ~ 1×10^5 的物质，1×10^4 以下的蛋白质则采用含丙烯酰胺 15% ~ 30% 的凝胶，而相对分子质量特别大的可采用含丙烯酰胺 4% 的凝胶。

以琼脂糖凝胶或均一聚丙烯酰胺凝胶为支持物的电泳，由于各种蛋白质所带的净电荷、相对分子质量大小和形状不同而有不同的迁移率。为消除净电荷对迁移率的影响，通常在聚丙烯酰胺电泳体系中加入带负电荷的阴离子去污剂——十二烷基硫酸钠(sodium dodecyl sulfate, SDS)。这种电泳被称为SDS-PAGE电泳，被广泛应用于蛋白质亚基相对分子质量及纯度的测定。

在SDS-PAGE系统中，除了整个电泳系统含有0.1% SDS外，样本也要加入SDS，并以β-巯基乙醇打断双硫键，同时加热处理，则蛋白质会解构成为一条直链状分子，其上布满了SDS的负电荷。理论上SDS可均匀吸附于蛋白质上，因此不论蛋白质相对分子质量大小，每种蛋白质分子上所吸附的负电荷密度都是相同的。SDS与蛋白质结合后，还可引起构象改变，形成的蛋白质-SDS复合物在水溶液中的形状近似于长椭圆棒，在聚丙烯酰胺凝胶电泳中的迁移率不再受蛋白质原有电荷和形状的影响，而只由椭圆棒的长度，即蛋白质相对分子质量决定。

【实验器材】

1. 实验材料

活性污泥蛋白质样品。

2. 实验试剂

（1）Tris-HCl缓冲溶液。

（2）过硫酸铵（AP）。

（3）四甲基乙二胺（TEMED）。

（4）十二烷基磺酸钠。

（5）丙烯酰胺-亚甲基双丙烯酰胺溶液（Acr-Bis）。

（6）巯基乙醇。

（7）Tris- 甘氨酸（Tris-Gly）缓冲液。

（8）丙三醇。

（9）溴酚蓝（BPB）。

（10）考马斯亮蓝 R250。

（11）甲醇。

（12）冰醋酸。

（13）蛋白质标记物。

3. 实验仪器

移液枪、高速低温冷冻离心机、夹心式垂直板电泳槽、凝胶扫描成像系统、摇床。

4. 实验工具

灭菌移液枪枪头、制胶板、刮片、微量注射器、培养皿、滤纸。

【实验步骤】

1. 制胶

（1）组装胶架：将洁净、无水的玻片对齐，形成空腔，插入塑料框的凹槽中，放于制胶架上夹紧，下端紧贴密封条。

（2）分离胶的配制、灌胶与液封：按照表 7-5-1 中的配方配制 10 mL 10% 的分离胶。混匀后用移液枪将凝胶溶液沿玻璃棒注入长、短玻璃板间的狭缝内，约 8 cm 高，用 1 mL 注射器移取蒸馏水，沿长玻璃板壁缓慢注入，约 3 ~ 4 mm 高，以进行水封。静置 30 min，凝胶与水封层间出现折射率不同的界限，则表示凝胶完全聚合。倒掉上层水，并用滤纸吸干残留的水液。

表 7-5-1　10% 分离胶配方

试剂	添加量（mL）
蒸馏水	2.6
30% Acr-Bis（29:1）	3.4
1.5 mol/L Tris-HCl（pH = 8.8）	3.8
10% SDS	0.1
10% AP	0.1
TEMED	0.014

（3）5% 浓缩胶的配制：按照表 7-5-2 中的配方配制 4 mL 5% 的浓缩胶。混匀后用滴管将其移取至已聚合的分离胶上方，直至距离玻璃板上沿约 0.5 cm 处。将样品槽模板插入浓缩胶内，静置 30 min 使凝胶聚合，再静置 20 ~ 30 min 使凝胶“老化”。

表 7-5-2　5% 浓缩胶配方

试剂	添加量（mL）
蒸馏水	2.8
30% Acr-Bis（29:1）	0.66
0.5 mol/L Tris-HCl（pH = 8.8）	0.5
10% SDS	0.04
10% AP	0.04
TEMED	0.04

2. 安装电泳槽

将制备好的凝胶板取下，拔下梳子，分别将两块 10% 的凝胶板插到 U 形橡胶框的两边凹型槽中，并使凝胶板紧贴橡胶。将装好的玻璃板胶膜框平放在仰放的贮槽框上，其下沿与贮槽框下沿对齐，放入电泳槽内。将 Tris-Gly 缓冲液（pH = 8.3）倒入上、下贮槽中，使其淹没短玻璃板 0.5 cm 以上。

3. 样品前处理

按照表 7-5-3 配制 5× 电泳载样缓冲液，在 80 μL 活性污泥蛋白质样品中加入 20 μL 5× 电泳载样缓冲液，混匀。

表 7-5-3　5× 电泳载样缓冲液配方

试剂	添加量
蒸馏水	1.25 mL
1 mol/L Tris-HCl（pH = 6.8）	1.25 mL
SDS	0.5 g
BPB	25 mg
50% 丙三醇	2.5 mL

4. 加样

取处理后样品混合液与标记物各 10 μL，加入至各凝胶凹型样品槽内。

5. 电泳

将电泳槽放置于电泳仪上，在电极槽中倒入含有 0.1% SDS 的 Tris-HCl 电极缓冲液（pH = 8.3），电压调至 150 V 并保持恒压后接通电源进行跑胶。待溴酚蓝标记移动到凝胶底部时，关闭电源，结束跑胶。

6. 凝胶板的剥离

电泳结束后，取下凝胶膜，卸下橡胶框，将电泳槽和两块板取下，用刮片使长短玻璃片中间分离，再将浓缩胶刮掉取下。

7. 染色

按照表 7-5-4 所示配方配制考马斯亮蓝染液，将凝胶放于加有考马斯亮蓝染液的染色皿，染色皿置于摇床，转速设置为 45 r/min。染色 1 h 后倒掉染液，并用蒸馏水洗掉染液。

表 7-5-4　考马斯亮蓝染液配方

试剂	添加量
考马斯亮蓝 R250	0.25 g
甲醇	45 mL
冰醋酸	10 mL
蒸馏水	45 mL

8. 脱色

按照 7-5-5 所示配方配制脱色液，将染过色的凝胶放于加有脱色液的培养皿中，置于摇床，转速设置为 45 r/min，直至蛋白质条带清晰，完成后倒掉脱色液。

表 7-5-5　脱色液配方

试剂	添加量（mL）
甲醇	45
冰醋酸	10
蒸馏水	45

9. 拍照

将脱色后的胶置于扫描仪上，将胶上面的气泡赶出，进行拍照，并与蛋白质标记物进行比较，如图 7-5-1 所示。

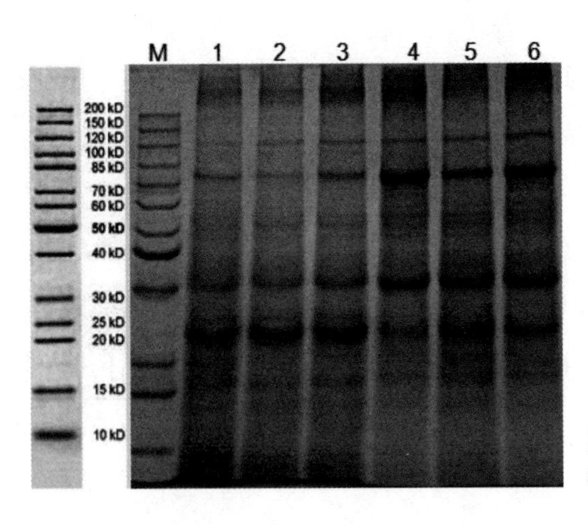

图 7-5-1　活性污泥蛋白质样品 SDS-PAGE 图

【注意事项】

（1）丙烯酰胺单体有神经毒性，必须戴手套处理。十二烷基硫酸钠是一种很轻的粉状物，容易飘起来吸入肺部，造成肺泡表面张力的丧失，引起呼吸困难，在实验过程中要极为小心。

（2）将样品加入至凹型槽的过程中，将微量注射器的针头穿过电极缓冲液深入至加样槽内，应尽量接近底部，轻轻推动微量注射器，并防止碰破凹型槽胶面。加样后，如有气泡，可用注射器针头挑出。

【问题与思考】

（1）考马斯亮蓝染液对SDS-PAGE跑过的凝胶进行染色的原理。

（2）比较琼脂糖凝胶电泳与聚丙烯酰胺凝胶电泳的异同之处。

实验 7-6 聚合酶链式反应（PCR）技术

【目的要求】

（1）了解聚合酶链式反应的基本原理及其影响因素。

（2）掌握 PCR 技术的基本操作过程。

【基本原理】

聚合酶链式反应（polymerase chain reaction，PCR）技术是由美国科学家 Kary Banks Mullis 于 1983 年发明的一种体外扩增 DNA 的方法。类似于 DNA 在细胞内的复制过程，PCR 技术通过高温，使模板 DNA 的双链解离成两条单链 DNA，然后特异性引物（寡核苷酸）与单链 DNA 序列中的互补片段配对结合，在 Taq DNA 聚合酶的作用下，以 4 种脱氧核苷酸（dNTP）为原料，沿着引物合成互补链，这个过程就是一个 PCR 的循环。当不停重复该循环时，前一个循环的产物又可以作为下一个循环的模板，使得产物的数量以指数型增长。

PCR 的每一个循环可由变性→退火→延伸 3 个基本反应步骤（图 7-6-1）构成。

（1）变性：模板 DNA 加热至高温一段时间后发生变性，双链解离成为单链，便于与引物结合。

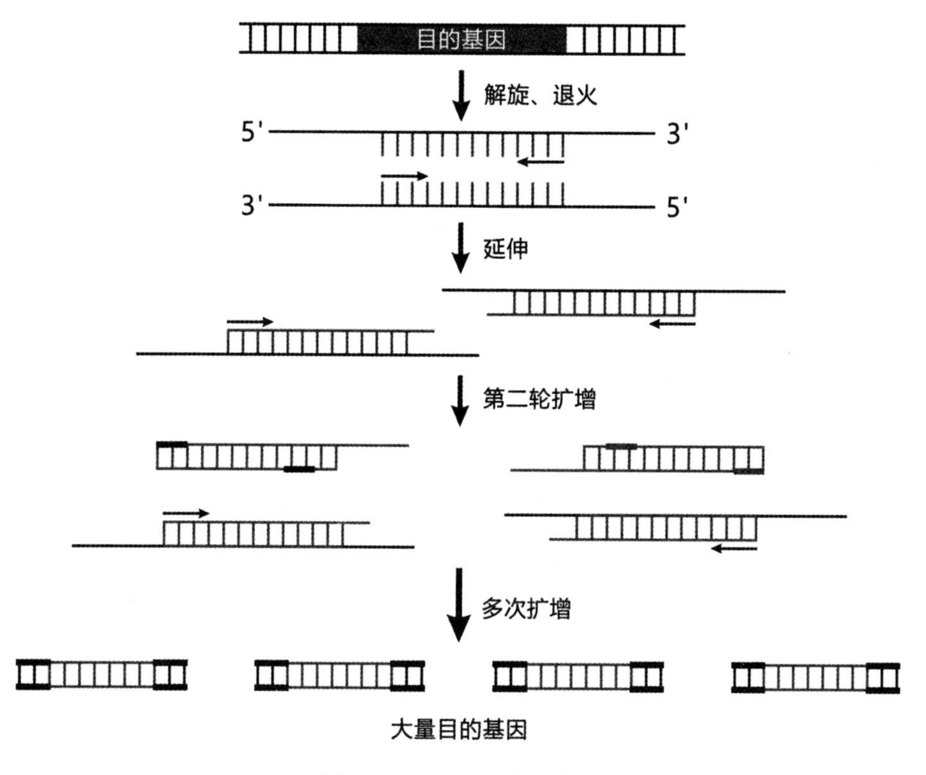

图 7-6-1 PCR 原理示意图

（2）退火：模板 DNA 经加热变性成单链后，再降低温度，使引物与模板 DNA 单链的互补序列配对结合。

（3）延伸：DNA 模板－引物结合物在 DNA 聚合酶的作用下，以 dNTP 为反应原料，按碱基配对与半保留复制原则，在引物的 3 ' 端按 5 ' → 3 ' 的方向合成一条新的互补链。

当 PCR 的 3 个反应步骤重复进行时，DNA 扩增量理论上可以呈指数上升。即反应最终的 DNA 扩增量可用 $Y=Y_0\times 2^n$ 计算。Y 代表 DNA 片段扩增后的拷贝数，Y_0 代表 DNA 模板拷贝数，n 代表循环次数。但在实际反应中无法达到理论值。反应初期，靶序列 DNA 片段的增加呈指数形式，随着 PCR 产物的逐渐积累，被扩增的 DNA 片段不再呈指数增加，而进入线性增长期或静止期，即出现“停滞效应”。因此，实际反应最终的 DNA 扩增量计算公式可修改为 $Y=Y_0\times(1+X)^n$。Y 代表 DNA 片段扩增后的拷贝数，X 表示平均每次的扩增效率，n 代表循环次数。

本实验以活性污泥 DNA 作为模板 DNA，对其 16S rRNA 基因片段进行特异性扩增。

【实验器材】

1. 实验材料

模板 DNA。

2. 实验试剂

（1）PCR MasterMix 试剂盒（PC1150）。

（2）引物：这里使用的引物为细菌 16S rDNA 基因的通用引物对，正向引物为 27F (5′-AGAGTTTGATCMTGGCTCAG-3′), 反向引物为 1492R (5′-TACGGYTACCTTGTTACGACTT-3′)。

（3）无菌水。

（4）核酸染料。

（5）1×TAE 缓冲液。

（6）琼脂糖。

（7）6× 电泳载样缓冲液。

（8）DNA 标记物。

（9）酚、氯仿、异戊醇、醋酸钠（NaAc）、无水乙醇、70%乙醇。

3. 实验仪器

PCR 仪、离心机、移液枪、微波炉、电泳仪、凝胶成像仪。

4. 实验工具

PCR 管、1 mL 无菌离心管、灭菌移液枪枪头、制胶板、锥形瓶、量筒。

【实验步骤】

1. PCR 扩增

（1）每个 PCR 反应体系 50 μL，PCR 反应体系如表 7-6-1 所示。

表 7-6-1　PCR 反应体系

试剂名称	体积（μL）
2 × MasterMix	25
10 μmol/L 正向引物	1
10 μmol/L 反向引物	1
DNA 样品	1
RNase-free ddH_2O	22
总计	50

（2）充分混匀后，离心数秒，使管壁上液滴沉至管底。

（3）将 PCR 管放入 PCR 仪中，按照表 7-6-2 设置反应条件。

表 7-6-2　16S rRNA 基因 PCR 扩增程序

程序	温度（℃）	时间	是否循环
预变性	94	3 min	否
变性	94	30 s	30 个循环
退火	55	30 s	30 个循环
延伸	72	1 min	30 个循环
延伸	72	5 min	否

2. PCR 产物纯化

扩增的 PCR 产物如用平末端或黏性末端连接，则一般需要将产物纯化。

（1）向 PCR 产物中加入等体积的酚：氯仿：异戊醇（25:24:1）混合液，

充分混匀。10 000 r/min 离心 5 min。重复该过程一次。

（2）取上清液，加入 1/10 体积的醋酸钠和 2.5 倍体积的无水乙醇，充分混匀后，置 –20 ℃下沉淀 2 h。

（3）4 ℃、10 000 r/min 离心 15 min，弃掉上清液。

（4）向沉淀中加入 1 mL 70% 乙醇，混匀，10 000 r/min 离心 10 min，弃掉上清液。重复该过程一次。

（5）待沉淀在室温下自然干燥，向离心管中加入 1 mL 无菌去离子水或 TE 溶液，溶解沉淀，保存于 –20 ℃。

3. 电泳

具体步骤参照实验 7–3 中电泳的操作步骤。

【注意事项】

（1）PCR 非常灵敏，操作应尽可能在无菌操作台中进行。

（2）吸头、离心管应高压灭菌，每次吸头用毕应更换，避免污染试剂。

（3）打开离心管或盛装引物、试剂的管前，应将其简短离心 10 s，然后再打开管盖，以防手套污染试剂或管壁上的试剂污染吸头。

（4）PCR 反应需要设立对照组，对照组用无菌水或 TE 溶液替换 DNA 模板溶液，其他试剂保持不变。

（5）若不使用 PCR 仪的加热盖，应在反应混合液的上层加 30 ～ 50 μL 的矿物油防止样品在 PCR 过程中蒸发。

（6）PCR 反应条件视模板、引物不同而各异，在实际操作中须根据具体情况以及 PCR 结果进行优化。

（7）当需要多个样品同时 PCR 时，一般把试剂按比例配制成混合体系。

【实验报告】

拍照记录 PCR 产物的电泳条带，并与标记物比较确定片段的大小。

【问题与思考】

（1）降低退火温度对反应有何影响？

（2）延长变性时间对反应有何影响？

（3）循环次数是否越多越好？为什么？

（4）如果出现非特异性扩增，可能有哪些原因？

第八章

基于荧光的环境微生物分析技术

实验 8-1 荧光原位杂交（FISH）技术

【目的要求】

（1）了解荧光原位杂交技术的原理和方法。

（2）应用荧光原位杂交实验进行微生物群落生态研究。

【基本原理】

1974 年 Evans 首次将染色体显带技术和染色体原位杂交联合应用，提高了定位的准确性。20 世纪 70 年代后期人们开始探讨荧光标记的原位杂交，即荧光原位杂交（fluorescence in suit hybridization，FISH）技术。FISH 源自核酸杂交技术，是分析微生物群落结构的重要分子生物学方法。它结合了分子生物学的遗传信息和荧光显微镜的可视性信息，可以在自然或人工的微生境中监测和鉴定不同的微生物个体，同时对微生物群落进行评价。目前，FISH 技术已被广泛应用于揭示微生物的原位生理学特性和功能，成为微生物分子生态学研究的重要技术手段。

FISH 技术是根据已知微生物不同分类级别上种群特异的 DNA 或 RNA 分子序列，利用荧光标记的特异寡核苷酸片段作为探针，依据碱基互补原理，与待测微生物基因组中 DNA 或 RNA 分子杂交，在一定激发波长的荧光显微镜下观察，对待测微生物种群进行定性、定位和相对定量分析。其实质是基于核酸分子的变性和选择性退火。

双链 DNA 或处于二级结构的 RNA 分子被变性恢复到单链、线性的形式后，与互补的核苷酸链退火杂交形成双链结构。双链 DNA 采用碱（如 NaOH）或高温处理变性，RNA 分子则通常是在甲酰胺存在的情况下通过加热使之变性。由于氢键的脆弱性，互补的单链核苷酸分子经退火而形成核酸双链分子的过程是可逆的，因此可以通过改变反应的物理和化学条件增加核酸双链分子生成的速度、效率及稳定性。

影响两段互补核苷酸链杂交的因素包括杂交和清洗温度、杂交时间、离子强度、甲酰胺浓度、碱基对之间非互补的程度以及探针分子和靶核酸序列的长度、复杂性和浓度等。在微生物学研究中，FISH 检测最常使用的靶序列是 16S rRNA 基因。根据待测微生物体内 16S rRNA 基因中的某段特异性序列，设计相应的寡核苷酸探针，就可实现对目标微生物的原位检测，而选取在分子遗传性质上保守性不同的特异序列，就可在不同水平（如属、种等）上进行检测（图 8-1-1）。

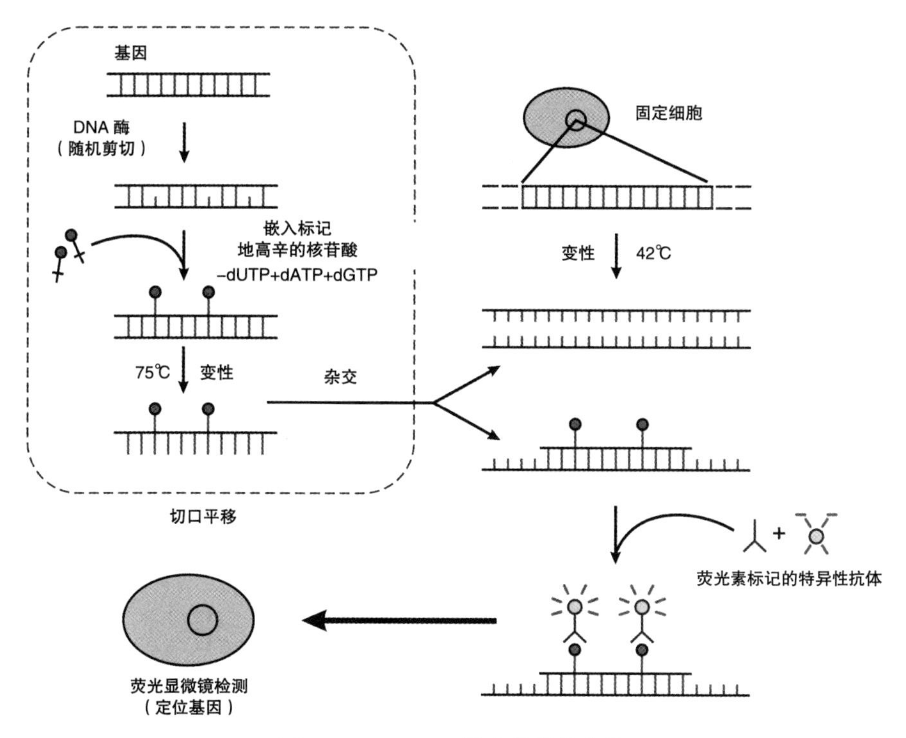

图 8-1-1　FISH 技术的操作步骤

1. 样品固定

样品固定的目的是最大限度地保存细菌内的 DNA 或 RNA，使细菌细胞壁具有良好的通透性，同时保持细胞形态的完整。通常用磷酸盐缓冲液清洗活性污泥或生物膜样品，然后将其在 4% 的多聚甲醛中固定后重新悬浮于等体积的 PBS 和 100% 乙醇溶液中，在 –20℃下可保存数月。

2. 样品预处理

将样品固定在经明胶包被的载玻片上，自然风干后再用不同浓度的乙醇逐级脱水。

3. 原位杂交

取一定量的杂交缓冲液和探针轻轻混合后，涂于固定样品的、明胶包被的载玻片上，将载玻片水平放置于杂交湿盒中进行杂交反应。如果样品需要和对甲酰胺浓度要求不同的多个探针杂交，可以按照杂交缓冲液中甲酰胺浓度由低到高的顺序进行。

4. 未结合探针清洗

杂交结束后，需要对未结合的探针进行清洗。清洗的方法如下：先用 48℃预热的清洗缓冲液冲洗载玻片。然后将载玻片置于清洗缓冲液中，48℃浸泡 1 h。取出载玻片，用冰浴后的蒸馏水冲洗，空气风干。

5. 染色

DNA 特异的荧光染料 DAPI 能将含 DNA 的细胞全部进行染色，对比同一视野中特异探针杂交信号，可以检测出特定细胞组分的丰度。DAPI 染色一般在特异探针杂交后进行，在 4℃下染色 15 min，用蒸馏水冲洗后风干。

6. 荧光显微镜观察

经过以上处理的样品涂上薄层的反荧光褪色剂，盖上盖玻片，用荧光显微镜或共聚焦激光扫描显微镜（confocal laser scanning microscopy）检测杂交信号。

【实验器材】

1. 实验材料

活性污泥。

2. 实验试剂

（1）1×PBS。

（2）1% 盐酸（质量分数）。

（3）多聚甲醛。

（4）无水乙醇。

（5）无菌水。

（6）探针。避光冷冻保存，这里使用浮霉状菌的通用探针（Pla46: 5′-GACTTGCATGCCTAATCC-3′，Cy5 标记）。

（7）1 mol/L Tris-HCl（pH=7.2）缓冲液。

（8）10% SDS。

（9）5 mol/L NaCl。

（10）杂交缓冲液（该配制方法为 1 mL 体系，可根据实际需求量按该比例配制）：向无菌离心管中依次加入 180 μL 5 mol/L NaCl、20 μL 1 mol/L Tris-HCl（pH=7.2）缓冲液、250 μL 100% 甲酰胺（不同探针，甲酰胺浓度不同，这里是按 Pla46 探针的浓度设置）、549 μL 无菌水、1 μL 10% SDS。甲酰胺有剧毒，操作须戴手套，在通风柜中进行，且废液须回收。

（11）杂交洗脱液：向 50 mL 无菌离心管中依次加入 1590 μL 5 mol/L NaCl（不同探针，NaCl 浓度不同，这里是按 Pla46 探针的浓度设置）、1 mL 1 mol/L Tris-HCl（pH=7.2）缓冲液、50 μL 10% SDS，加水定容至 50 mL。

3. 实验仪器

共聚焦显微镜、恒温水浴锅、烘箱、离心机、高压灭菌器、恒温箱、超

声清洗仪。

4. 实验工具

明胶防脱载玻片、盖玻片、锡纸、吸水纸、杂交盒、带盖磁盘、无菌离心管、灭菌移液枪枪头、锥形瓶、量筒。

【实验步骤】

1. 固定与脱水

（1）向样品中加入约 0.5 mL PBS，8000 r/min 离心 1 min，弃去上清液，如此洗涤 3 次。

（2）向洗净的样品中加入 3 倍体积 4% 多聚甲醛（PFA），于 4℃固定 3 ~ 5 h。

（3）8000 r/min 离心 1 min 去除固定剂，并用 PBS 清洗 2 次。

（4）向固定后的样品中加入等体积的 PBS 和 100% 乙醇溶液，使细菌悬浮。

（5）对明胶防脱载玻片进行编号后，用移液枪分别吸取 10 μL 固定好的样品，滴于对应的载玻片上，自然风干。

（6）在风干后的样品上，依次滴加 10 μL 50%、80% 和 100% 乙醇进行脱水处理，每次 3 min，每次加入的乙醇完全风干后再进行下一次操作。

2. 原位杂交

（1）按实验器材的要求配制杂交缓冲液和杂交清洗液。

（2）探针混合液配制：根据需求量的大小，用杂交缓冲液将探针溶液稀释 10 倍（于 2 mL 离心管中）。

（3）杂交：向载玻片上的各样品点滴加 10 μL 上述探针混合液，尽量让样品全被覆盖。

（4）将载玻片轻轻放入杂交湿盒，小心地将湿盒放到46℃恒温箱中，杂交1.5 h（杂交湿盒：湿盒底部铺一张滤纸，用杂交缓冲液浸湿，保持杂交的潮湿环境）。

（5）将杂交清洗液预热到48℃，准备下一步使用。

（6）杂交结束后，将载玻片轻轻推入装有杂交清洗液的50 mL离心管中（防止菌被冲掉），置于48℃水浴中浸泡10～15 min后，取出用无菌水冲洗，自然风干。

3. DAPI染色

向载玻片上的各样品点滴加10 μL DAPI溶液，尽量让样品全被覆盖，加完后将载玻片置于4℃冰箱染色15 min。

4. 共聚焦显微镜观察

用滴管吸取适量的香柏油覆盖于样品点上，盖上盖玻片，然后便可置于共聚焦显微镜下进行观察。每个杂交试样至少观察3个不同的视野，以荧光面积为表征指标，利用显微镜自带的图像分析软件分析被检菌在全菌中的存在率。

【注意事项】

（1）加探针后的实验操作，应尽量在暗室环境下避光进行。

（2）FISH是基于DNA-DNA原位杂交进行的，故杂交前的细胞变性处理十分重要。

（3）在FISH实验中，最重要的因素是温度、光照、湿度和各种试剂的pH。温度和湿度直接影响探针和DNA的杂交效率；光照影响荧光染料的荧光强度；各种试剂的pH影响FISH的稳定性。

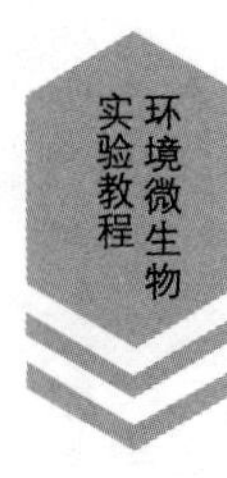

【实验报告】

记录共聚焦显微镜拍摄的照片，根据照片估算菌群中不同细菌的占比。

【问题与思考】

（1）如何设置阴性对照和阳性对照，分别有何目的?

（2）杂交是否可以同时加入多种探针？如果可以，应该注意什么?

实验 8-2 荧光定量 PCR 技术

【目的要求】

（1）了解荧光定量 PCR 技术的原理和流程。

（2）掌握应用荧光定量 PCR 技术对基因进行绝对定量分析的方法。

【基本原理】

实时荧光定量 PCR(realtime fluorescence quantitative PCR，qPCR) 技术是指在PCR反应体系中加入荧光基团，通过荧光信号强弱实时监测整个PCR进程，最后通过与标准品荧光信号对比，对未知模板进行定量分析的方法。qPCR 技术由美国 Applied Biosystems 公司开发，相比于传统 PCR 技术能够对初始模板进行定量分析，并具有准确性高、灵敏度高、特异性强等优点，目前已广泛应用于分子生物学研究领域。

1. 荧光定量 PCR 的技术原理

荧光定量 PCR 的技术原理是通过在 PCR 反应体系中加入荧光基团，随着 PCR 反应的进行和反应产物的不断累积，荧光信号强度也会等比例增加。以循环数为横坐标，以荧光强度为纵坐标，即可绘制出一条荧光扩增曲线（图 8-2-1(a)）。

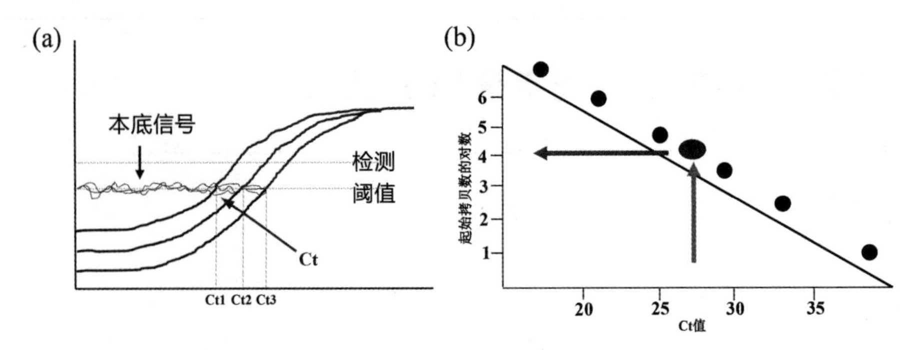

图 8-2-1 荧光扩增曲线

荧光扩增曲线可以分为 3 个阶段：基线期、荧光信号指数扩增期和平台期。基线是指在 PCR 的最初 3 ～ 15 个循环的信号水平，在基线期，扩增的荧光信号被荧光背景信号掩盖，产物量的变化量无法检测。在平台期，荧光信号强度不再增加，PCR 终产物与起始模板间无线性关系。只有在指数扩增期，荧光信号强度与扩增循环数存在线性关系，即可通过最终的 PCR 产物量计算出起始 DNA 拷贝数。

2. 荧光定量 PCR 的定量方法

应用荧光定量 PCR 对初始模板进行定量前，需要理解两个重要的术语：Ct 值和荧光阈值。Ct 值（threshold cycle）是指产生可被检测到荧光信号所需的最小循环数，如图 8-2-1 所示就是在 PCR 循环过程中荧光信号由本地开始进入指数增长阶段的拐点所对应的循环次数。荧光阈值 (threshold) 是荧光扩增曲线上人为设定的一个值，荧光阈值的缺省（默认）值设置是 3 ～ 15 个循环的荧光信号标准偏差的 10 倍。一般认为在荧光阈值以上所测得的荧光信号是一个可靠信号，也常将每个反应管内的荧光信号到达设定荧光阈值时所经历的循环数定义为 Ct 值。

对初始模板进行定量分析时，需要利用已知起始拷贝数的标准品作出标准曲线（图 8-2-1(b)），标准曲线的横坐标是 Ct 值，纵坐标是所用标准品起始拷贝数的对数。通过荧光定量 PCR 获得待测样品的 Ct 值，即可从标准曲线上计算出待测样品的起始拷贝数。

3. 荧光标记方法

（1）SYBR Green Ⅰ 染料标记：SYBR Green Ⅰ是一种只与双链 DNA 小沟结合的具有绿色激发波长的染料。当它与 DNA 双链结合时，发出荧光，当 DNA 解链成为单链时，被释放出来，荧光信号下降。其最大吸收波长约为 497 nm，发射波长最大约为 520 nm。SYBR Green Ⅰ的优点是适用于多数 DNA 模板，因此设计的程序通用性好，且价格相对较低；缺点主要是可能会出现引物二聚体、单链二级结构以及假阳性扩增，这些均会对定量的精确性造成不利影响。

在 PCR 反应体系中，SYBR 与双链 DNA 进行结合后散发荧光，如果反应体系中有非特异性扩增或引物二聚体的产生，也将同时被检测。将温度与荧光强度的变化进行求导，即可获得熔解曲线（图 8-2-2）。熔解曲线是单峰说明产物无非特异性荧光，定量准确；如出现双峰或杂峰则说明产物出现非特异性荧光，定量结果不准确。

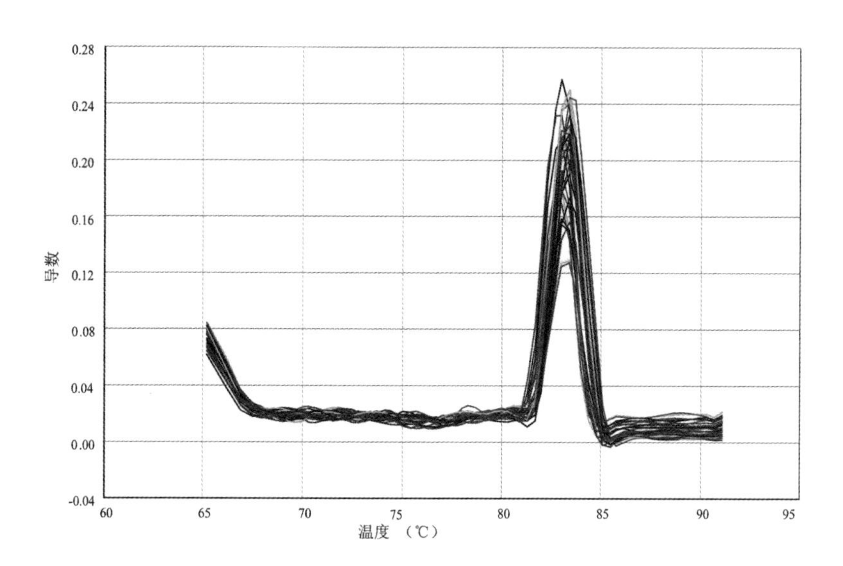

图 8-2-2 PCR 熔解曲线

（2）Taqman 探针检测：Taqman 水解探针主要是利用 *Taq* 酶 5′ → 3′ 外切核酸酶活性，并在 PCR 反应体系中加入一个荧光标记探针来作用的。探针的 5′ 端标记报告基团 FAM（6- 羧基荧光素），3' 端标记淬灭基团 TAMRA（6- 羧

基四甲基丹诺明）。探针结构完整时，3′ 淬灭基团抑制 5′ 荧光基团的荧光发射。随着 PCR 反应的进行，由于 *Taq* 酶 5′→3′ 外切核酸酶的活性，当合成的新链移动到探针结合位置时，*Taq* 酶将探针切断，探针的完整性遭到破坏，与能量传递相关结构亦被破坏，5′ 端 FAM 荧光报告基团的荧光信号被释放出来。模板每复制一次，就有一个探针被切断，同时伴有一个荧光信号的释放。产物与荧光信号产生一对一的对应关系，随着产物的增加，荧光信号不断增强。

【实验器材】

1. 实验材料

模板 DNA、已知浓度的目的基因标准质粒。

2. 实验试剂

（1）SuperReal 荧光定量预混试剂盒（FP205）、pMD™18-T Vector 试剂盒、质粒提取试剂盒。

（2）引物：这里使用的引物为细菌 16S rDNA 基因的通用引物，正向引物为 341F (5′-CCTACGGGAGGCAGCAG-3′)，反向引物为 518R (5′-TTACCGCGGCTGCTGGC-3′)。

（3）无菌水。

3. 实验仪器

qPCR 仪、超微量可见-紫外分光光度计、离心机、移液枪。

4. 实验工具

PCR 管、1 mL 无菌离心管、灭菌移液枪枪头、冰盒。

【实验步骤】

1. 质粒标准品的制备

标准品的制备流程如图 8-2-3 所示，具体分为以下几个步骤：

（1）PCR 扩增与产物纯化：用细菌 16S rDNA 的通用引物 341F 和 518R 进行 PCR 扩增，PCR 产物使用试剂盒进行纯化和回收。

（2）与克隆载体连接：将纯化后的 PCR 扩增产物连接进 pMD18-T 载体，反应体系可参照选购的试剂盒，在 PCR 仪中 16℃连接 2 ～ 3 h。

（3）蓝白斑筛选：将连接好的反应液全部加入 TOP-10 感受态细胞中，使用含有氨苄抗生素的平板在 37℃恒温条件下培养过夜，挑取白斑扩大培养。

（4）质粒提取：使用标准试剂盒进行质粒提取。

（5）测序鉴定：提取后的质粒进行琼脂糖凝胶电泳检测和 PCR 扩增，以验证质粒标准品是否构建成功。

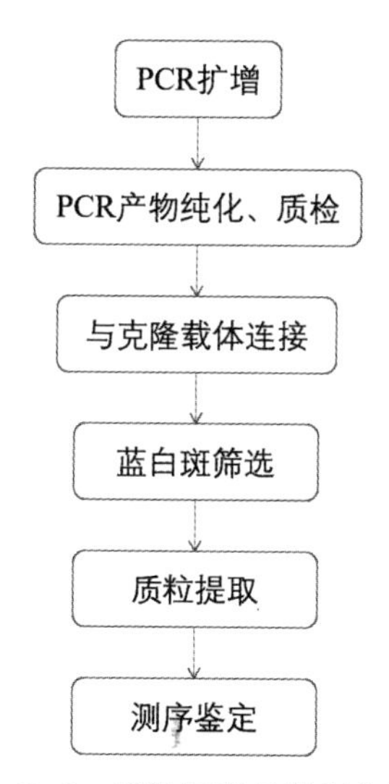

图 8-2-3　质粒标准品的制备流程

2. 标准曲线的制作

将已知浓度的标准质粒进行梯度稀释，最终稀释为 4 ～ 6 个浓度梯度，用于后续标准曲线的绘制。

（1）A_{260} 的测定：构建好的质粒经测序鉴定无误后用超微量可见－紫外分光光度计测定质粒 A_{260} 的值。通过以下公式换算成拷贝数（个 / μL）：

质粒起始拷贝数（个 / μL）= 浓度（ng/ μL）$\times 10^{-9} \times 6.02 \times 10^{23}$ /（相对分子质量 ×660），公式中相对分子质量是指载体的大小加上目的基因的片段大小。

（2）标准曲线样本的制备：用 45 μL 稀释液加 5 μL 质粒的方式将标准质粒进行梯度稀释，一般稀释 4 ~ 6 个梯度，如选取标准品的 10^{-3} ~ 10^{-8} 稀释液用于制作标准曲线，图 8–2–4 为 16S 基因的标准曲线示例。

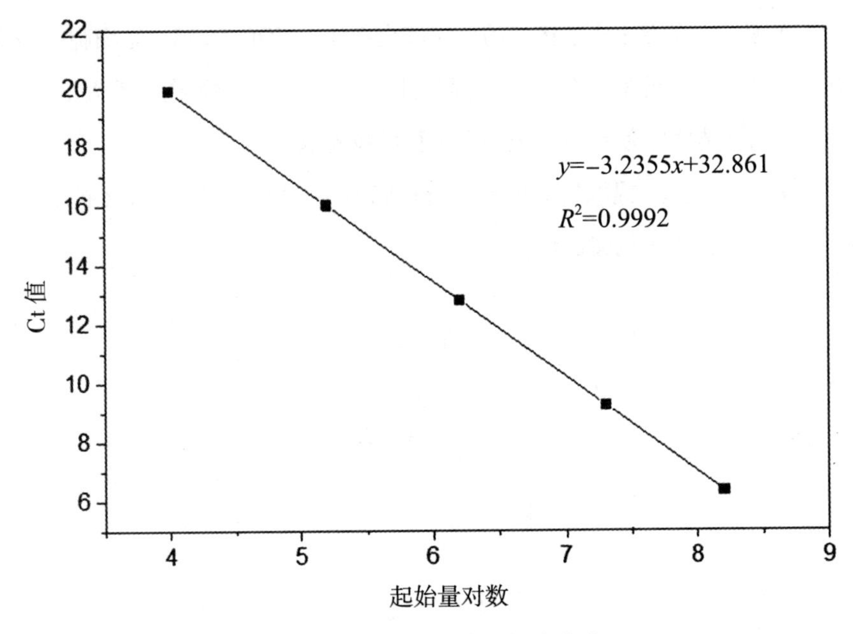

图 8–2–4　16S 基因的标准曲线

3. 建立荧光定量 PCR 反应体系

根据样品数量以及标准品数量参照表 8–2–1 配制合适体积的反应体系（以 20 μL 体系为例）。

4. 利用 qPCR 仪对细菌 16S rRNA 基因进行绝对定量检测

将阴性对照样品（可选用 dd H_2O）、梯度浓度的标准质粒、未知样品加

表 8-2-1　反应体系（20 μL）

试剂名称	体积（μL）
2 × SuperReal PreMix Plus	10
341F	0.5
518R	0.5
DNA 模板	1.0
50 × ROX 参比染料（reference dye）	2.0
dd H_2O	6.0
总计	20

入分装后的反应体系中，每个样品设置 3 个平行。将 PCR 管盖严、简短离心、去气泡后置于 qPCR 仪中。按如下程序设置仪器运行参数：95 ℃ 5 min；随后变性 95℃ 30 s，退火 58℃ 30 s，延伸 72℃ 40 s，运行 40 个循环（表 8-2-2）。40 个循环结束后，自动进行熔解曲线分析，并依据绘制的标准曲线进行目的基因定量分析。

表 8-2-2　PCR 循环条件

<table>
<tr><th>程序</th><th>温度（℃）</th><th>时间</th><th>循环次数</th><th rowspan="6">熔解曲线分析</th></tr>
<tr><td>预变性</td><td>95</td><td>5 min</td><td>1 次</td></tr>
<tr><td>变性</td><td>95</td><td>30 s</td><td rowspan="4">40 次</td></tr>
<tr><td>退火</td><td>58</td><td>30 s</td></tr>
<tr><td>延伸</td><td>72</td><td>40 s</td></tr>
<tr><td>延伸</td><td>72</td><td>5 min</td></tr>
</table>

【注意事项】

（1）反应体系的配制等操作需要在超净台中完成，枪头、离心管等器

材需要提前灭菌以防核酸污染。

（2）所有试剂、样品添加完成后，PCR 管中不能留有气泡。

（3）实验过程中要经常更换干净手套，避免污染 PCR 管的盖子，否则会影响荧光信号的检测。

【实验报告】

（1）根据梯度浓度标准质粒的检测结果绘制标准曲线。

（2）绘制 PCR 扩增荧光曲线图和 PCR 产物熔解曲线图。

（3）分析阴性对照、标准品、未知样品的扩增曲线是否正常，是否具有平行性。

（4）计算未知样品目的基因的绝对定量结果。

（5）拍照记录阴性对照、标准品、未知样品的溶解曲线，描述其形状、峰的个数及 PCR 产物的 T_m 值。

【问题与思考】

（1）如何设置阴性对照和阳性对照，分别有何目的?

（2）杂交是否可以同时加入多种探针？如果可以，应该注意什么?

第九章

基于高通量测序的环境微生物分析技术

实验 9-1 宏基因组测序技术

【目的要求】

（1）了解测序技术的发展历程。

（2）了解构建 PE 文库的原理与操作方法。

（3）了解 DNA 测序的原理与操作方法。

【基本原理】

DNA 测序技术始于 20 世纪 70 年代，1975 年，Sanger 和 Coulson 发明了链终止测序法，也就是 Sanger 测序。1977 年，Sanger 首次利用 Sanger 测序测定了噬菌体 X174 的长度为 5375 bp 的基因组全序列。Maxam 和 Gilbert 也于 1977 年发明了化学降解测序法。自此，人类开始利用基因组学大数据探究生命遗传差异的本质，步入基因组学时代。

传统的微生物基因研究方法，往往需要构建大量的克隆筛选文库，才能获得微生物的功能基因，而宏基因组测序技术可以直接对微生物的功能基因进行深入研究。一般来说，宏基因组学研究主要分成两个层面，一是分析环境中特定基因，即通过构建宏基因组文库，基于序列筛选或者基于功能筛选分析某种功能基因，并进一步对筛选到的基因进行深度测序；二是针对环境中所有 DNA 进行深度测序，分析该生境中微生物的组成与相关功能。这两方面的相关分析都依赖于测序的深度和广度。

测序技术的快速发展极大地提高了测序通量与精确性，大大缩短了测序时间。Sanger 测序被称为第一代测序技术，其原理是利用双脱氧核苷三磷酸（ddNTP）在 DNA 合成过程中不能形成磷酸二酯键而导致 DNA 合成中断，即链终止法测序。在 Sanger 测序过程中，需要进行 PCR 扩增，测序读长较长、准确度能够达到 99.999%，但存在测序成本高和通量低的缺点。第二代测序技术（next generation sequencing，NGS）又被称为高通量测序（high throughput sequencing）技术，顾名思义，以其通量高、成本低、耗时短的特点逐渐成为转基因作物分子特征解析的新方法。NGS 有多种类型的平台，针对不同的物种和测序需求有不同的应用和特点。2005 年，454 公司推出的 GS-20 焦磷酸测序系统，是 NGS 测序技术发展的里程碑事件，也是高通量测序时代开始的标志。NGS 的技术核心是边合成边测序（sequencing by synthesis），在 Sanger 等测序方法的基础上，用 4 种不同颜色的荧光标记 4 种 dNTP，当在 DNA 聚合酶作用下合成互补链时，捕捉荧光信号，根据发出荧光的颜色判断链上添加的 dNTP 类型，便可以获得 DNA 的序列信息。NGS 技术不需要荧光标记的引物或探针，也不需要进行电泳，具有分析结果快速、准确，高灵敏度和高自动化的特点。2006 年，Illumina 推出了基于可逆链终止物和合成测序法的 Solexa 技术，2007 年，ABI 公司推出了基于连接酶法的 SOLiD 测序技术，这些高通量测序技术均能够同时进行千万甚至上亿次测序，通量提高到一代测序的百万倍，测序成本比一代测序技术大大降低。二代测序平台也不断更新迭代，目前市面上的全基因组二代测序平台绝大多数是 Illumina 公司的，如 HiSeq、NovaSeq 等。其中，NovaSeq 6000 是 Illumina 目前最先进的全基因组测序平台，采用了 Illumina 的 ExAmp 簇生成技术和新一代的图案化流动池（patterned flow cell）技术，通量更高，测序更加灵活。2009 年，PacBio 公司研发的单分子实时测序系统（single molecule real time, SMRT），使测序技术步入单分子测序时代，随后还出现了 Oxford Nanopore 公司研发的纳米孔测序技术等单分子测序技术。这些技术不需要进行 PCR 扩增，能有效避免因 PCR 偏向性而导致的系统错误，同时读长明显提高，可以达到 2000 bp 以上，被称为第三代测序技术。但由于第三代测序价格高昂，目前应用最多的还是基于 Illumina HiSeq 的第二代测序技术，其测序流程是在提取环境样品微生物宏基因组 DNA 和文库构建的基础上进行上机测序。

1. 文库构建

文库就是含有带接头的样品全部基因随机片段 DNA 的群体，二代测序文库分为 single-read、pair-end（PE） 和 mate-pair 共 3 种类型。single-read 是单端测序文库，是将 DNA 样本用超声波随机打断成 200 ~ 500 bp 的片段，在 DNA 片段一端连接引物序列后，在末端加接头，构建成 DNA 文库，将文库 DNA 固定在测序流动池（测序流动池）上，上机进行单端序列的读取。pair-end 和 mate-pair 都是双端测序文库，Roche 454 焦磷酸测序文库类型是 mate-pair 文库，先将基因组 DNA 随机打断到特定大小（2 ~ 10 kb），对其进行末端修复、生物素标记和环化等步骤后，再把环化后的 DNA 分子随机打断成 400 ~ 600 bp 的片段，然后通过带有链亲和霉素的磁珠捕获带有生物素标记的片段，再经末端修饰和加上特定接头后建成 mate-pair 文库。pair-end 是目前最常见的文库构建类型，是将待测的基因组 DNA 用超声波打断成 200 ~ 500 bp 长的序列片段并在两端加上能够与测序引物结合的不同接头进行测序，第一轮测序完成后将模板链去除，用对读测序模块（PE Module）引导互补链在原始位置再生和扩增，然后继续进行第二轮互补链的边合成边测序。

构建好的测序文库会固定在测序流动池上进行下一步测序，测序流动池是测序的核心反应容器，每个测序流动池上面有 8 条通道，每条通道的内表面用 2 种 DNA 引物进行化学修饰，这两种引物是与待测 DNA 序列的接头互补的，并通过共价键连接到测序流动池上去。当测序文库通过测序流动池时，就会附着在测序流动池表面的通道上进行后续的测序反应。

2. 上机测序

Illumina 测序的技术核心在于桥式 PCR 和边合成边测序。桥式 PCR 的过程是将 DNA 文库与测序流动池内表面的引物互补杂交，然后进行扩增，生成一条互补链，通过多次扩增和变性循环，将碱基的信号强度放大，最终使每个 DNA 模板经多次延长和桥梁扩增后，在测序通道内集中成束（cluster）。每个测序流动池上都有数以亿计的束，每个束又有约 1000 拷贝的相同 DNA

模板。桥式 PCR 完成后，需要把合成的双链解螺旋，使之变成可以测序的单链，然后就可以加入测序引物开始测序了。

Illumina 测序系统的碱基读取基于化学发光法，加入聚合酶和 4 种末端被叠氮基团封闭且带有荧光基团标记的 dNTP，通过拍照捕捉发光的碱基，边合成边测序，并且运用可逆阻断技术，一个循环只延长一个碱基，既能确保测序的精确度，也能够对同聚物和重复序列进行测序。双端测序是 Illumina 的一个关键技术，就是将一条 DNA 链的一端测序得到“read1”，然后再测出与“read1”互补的互补链的序列，得到“read2”。测“read2”需要先让测“read1”的 DNA 合成双链，然后用化学试剂将原来的模板链从根部切断，从合成互补链上开始进行“read2”的测序，这个过程称为“倒链”。

【实验器材】

1. 实验材料

活性污泥宏基因组总 DNA 样品。

2. 实验试剂

（1）NEXTflex™ Rapid DNA-Seq Kit 试剂盒。

（2）“Y”字形接头（adapter）。

（3）磁珠。

（4）测序流动池。

（5）DNA 聚合酶。

（6）带有 4 种荧光标记的 dNTP。

（7）Hiseq 3000/4000 PE Cluster Kit 试剂盒。

3. 实验仪器

Illumina Hiseq 测序平台、移液枪。

4. 实验工具

2 mL 无菌离心管、灭菌移液枪枪头。

【实验步骤】

1. 构建 PE 文库

使用 NEXTflex™ Rapid DNA-Seq Kit 建库，具体流程如下：

（1）采用 TA 黏性末端连接加上接头，添加接头所需的比例依据样本片段大小、样本起始量来定。

（2）使用磁珠筛选去除接头自连片段。

（3）利用 PCR 扩增进行文库模板的富集。

（4）磁珠回收 PCR 产物得到最终的文库。

2. 桥式 PCR 和测序

使用 Hiseq 3000/4000 PE Cluster Kit 和 Illumina Hiseq 测序平台进行扩增与测序，具体流程如下：

（1）文库分子一端与引物碱基互补，经过一轮扩增，将模板信息固定在测序所用芯片上。

（2）固定在芯片上的分子另一端随机与附近的另外一个引物互补，也被固定住，形成“桥（bridge）”。

（3）PCR 扩增，产生 DNA 簇。

（4）DNA 扩增子线性化成为单链。

（5）加入改造过的 DNA 聚合酶和带有 4 种荧光标记的 dNTP，每次循环只合成一个碱基。

（6）用激光扫描反应板表面，读取每条模板序列第一轮反应所聚合上去的核苷酸种类。

（7）将“荧光基团”和“终止基团”化学切割，恢复 3' 端黏性，继续聚合第二个核苷酸。

（8）统计每轮收集到的荧光信号结果，获知模板 DNA 片段的序列。

【注意事项】

（1）由于深度测序技术流程复杂，在建立测序文库，上机测序过程中可能因不可控因素而出现失败，导致样品损失，所以为防止反复冻融对 DNA 质量产生影响，要将 DNA 样品分装在不同的离心管中，以保证测序失败后仍有足够量高质量样品再次测序。

（2）Illumina 测序仪在收集信号时，并不是像拍摄一张彩色照片一样一次完成的，而是分 A、C、G、T 这 4 个波长，分别拍摄 4 张单色照片，然后通过软件处理把这 4 张图叠加成 1 张。碱基不平衡文库（即 A、G、C、T 这 4 种碱基的含量远远偏离 25%）在测序时会导致某些图片（波长）没有信号或者信号很弱，在碱基识别时准确性降低。为了减少碱基不平衡对测序结果的影响，通常会混入一定比例的校准文库——phix 文库。

【实验报告】

统计污泥样品 DNA 的测序深度与测序测得的 reads 数。

【问题与思考】

（1）简述测序流动池在构建 PE 文库中的作用。

（2）可逆阻断技术和边合成边测序技术对于保证测序质量有何意义？

实验 9-2 宏转录组测序技术

【目的要求】

（1）了解 RNA 反转录的原理与操作方法。

（2）掌握构建转录组文库的原理与操作方法。

【基本原理】

为满足科学研究要求，宏转录组测序的技术也在不断发展。传统技术可利用微阵列等来分析微生物群落的基因表达，但设计和构建微阵列不仅耗时，而且费用昂贵，还不能检测新基因。随着高通量测序技术的发展，生境中 RNA 也可以直接测序分析。由于 mRNA 极易降解，因此宏转录组分析区别于宏基因组分析的地方在于需要将 RNA 反转录为 cDNA，然后对 cDNA 进行文库构建和测序，测序平台同样可选择二代测序平台如 454 测序和 Illumina 测序平台或者新一代单分子实时测序平台等。真核微生物基因转录产生的 mRNA 携带有 poly-A 尾巴，依此可将原核生物与真核生物的表达区别开来。

1. RNA 反转录

从环境样品微生物中提取 mRNA，通过酶促反应逆转录合成 cDNA 的第一链和第二链，其原理如下：

合成 cDNA 第一链的方法都要用依赖于 RNA 的 DNA 聚合酶（反转录酶）来催化反应。目前商品化反转录酶有从禽类成髓细胞瘤病毒纯化到的禽类成髓细胞病毒（AMV）逆转录酶和从表达克隆化的 Moloney 鼠白血病病毒反转录酶基因的大肠杆菌中分离到的鼠白血病病毒（MLV）反转录酶。AMV 反转录酶包括两个具有若干种酶活性的多肽亚基，这些活性包括依赖于 RNA 的 DNA 合成、依赖于 DNA 的 DNA 合成以及对 DNA-RNA 杂交体的 RNA 部分进行内切降解（RNA 酶 H 活性）。MLV 反转录酶只有单个多肽亚基，兼具依赖于 RNA 和依赖于 DNA 的 DNA 合成活性，但降解 DNA-RNA 杂交体中的 RNA 的能力较弱，且对热的稳定性较 AMV 反转录酶差。MLV 反转录酶能合成较长的 cDNA（如大于 2 ～ 3 kb）。AMV 反转录酶和 MLV 反转录酶利用 RNA 模板合成 cDNA 时的最适 pH、最适盐浓度和最适温度各不相同，所以合成第一链时须根据所用酶的种类调整条件。

cDNA 第二链的合成方法有以下几种：①自身引导法。合成的单链 cDNA 3′ 端能够形成短的发夹结构，这就为第二链的合成提供了现成的引物，当第一链合成反应产物的 DNA-RNA 杂交链变性后利用大肠杆菌 DNA 聚合酶 I（Klenow 片段）或反转录酶合成 cDNA 第二链，最后用对单链特异性的 S1 核酸酶消化该环，即可进一步克隆。但自身引导法较难控制反应，而且用 S1 核酸酶切割发夹结构时无一例外将导致对应于 mRNA 5′ 端序列出现缺失和重排，因而该方法目前很少使用。②置换合成法。该方法利用第一链在反转录酶作用下产生的 cDNA-mRNA 杂交链，不用碱变性，而是在 dNTP 存在下，利用 RNA 酶 H 在杂交链的 mRNA 链上造成切口和缺口，从而产生一系列 RNA 引物，使之成为合成第二链的引物，在大肠杆菌 DNA 聚合酶 I 的作用下合成第二链。由于该方法直接利用第一链反应产物，无须进一步处理和纯化，且不必使用 S1 核酸酶来切割双链 cDNA 中的单链发夹结构，因此是目前最常用的 cDNA 第二链合成方法。

2. 构建转录组文库

转录组文库与基因组 PE 文库构建方法相似，将合成的双链 cDNA 和接头连接，进行 PCR 扩增后，在碱性环境下变性为单链即可获得 cDNA 文库。

【实验器材】

1. 实验材料

活性污泥宏转录组总 RNA 样品。

2. 实验试剂

（1）TruSeq™ RNA Sample Prep Kit 试剂盒。

（2）“Y”字形接头。

（3）磁珠。

（4）测序流动池。

（5）DNA 聚合酶。

（6）RNA 反转录酶。

（7）带有 4 种荧光标记的 dNTP。

（8）Hiseq 3000/4000 PE Cluster Kit 试剂盒。

3. 实验仪器

Illumina Hiseq 测序平台、移液枪。

4. 实验工具

2 mL 无菌离心管、灭菌移液枪枪头。

【实验步骤】

1. 构建转录组文库

使用 TruSeq™ RNA Sample Prep Kit 进行反转录和构建文库，具体流程如下：

（1）加入离子打断试剂与随机引物，将目标 RNA 打断，并使随机引物与目标 RNA 互补。

（2）加入第一链逆转录试剂，将目标 RNA 反转录为 cDNA，形成 RNA 和 cDNA 的杂交链。

（3）加入第二链合成试剂，去除 cDNA 和 RNA 杂交链中的 RNA，并合成二链 cDNA。

（4）二链 cDNA 合成产物进行末端补平和加 A。

（5）连接“Y”字形接头。

（6）使用磁珠筛选去除接头自连片段。

（7）利用 PCR 扩增进行文库模板的富集。

（8）用氢氧化钠变性，产生单链 DNA 片段。

2. 桥式 PCR 和测序

使用 Hiseq 3000/4000 PE Cluster Kit 和 Illumina Hiseq 测序平台进行扩增与测序，具体流程如下：

（1）文库分子一端与引物碱基互补，经过一轮扩增，将模板信息固定在测序所用芯片上。

（2）固定在芯片上的分子另一端随机与附近的另外一个引物互补，也被固定住，形成“桥”。

（3）PCR 扩增，产生 DNA 簇。

（4）DNA 扩增子线性化成为单链。

（5）加入改造过的 DNA 聚合酶和带有 4 种荧光标记的 dNTP，每次循环只合成一个碱基。

（6）用激光扫描反应板表面，读取每条模板序列第一轮反应所聚合上去的核苷酸种类。

（7）将“荧光基团”和“终止基团”化学切割，恢复 3′ 端黏性，继续聚合第二个核苷酸。

（8）统计每轮收集到的荧光信号结果，获知模板 DNA 片段的序列。

【注意事项】

（1）由于转录组测序前需要对 RNA 进行反转录，因此确保所提取 RNA 样品中不包含 DNA 是实验成功的关键。

（2）由于 RNA 易被环境中广泛存在的 RNA 酶所降解，因此要防止转录组 RNA 样品在运输和建库过程中被降解。

【实验报告】

统计污泥样品 RNA 的测序深度与测得的 reads 数。

【问题与思考】

（1）文库构建中为什么要使用“Y”字形接头？“Y”字形接头的原理是什么？

（2）简述构建转录组文库时在碱性环境中使 cDNA 双链变性的原理。

实验 9-3 宏蛋白质组测序技术

【目的要求】

（1）学习不同种类宏蛋白质组技术原理及优缺点。

（2）了解蛋白质组测序的原理与操作方法。

（3）掌握蛋白质定性与定量的原理与操作方法。

【基本原理】

宏蛋白质组技术分析因蛋白质复杂多样的特点，因此对检测技术要求具有高通量、高灵敏度、动态范围广、质量估计精确等特点，而质谱分析法是最适合的检测方法。早期蛋白质组研究通用方法是 2D（二维）凝胶电泳和质谱（mass spectrometry，MS）技术结合，但过程烦琐，一次实验中凝胶要经过多重染色分析与鉴定。近年来，多重色谱分离与质谱联用技术可以对上万条多肽片段信息进行定性，特别是轨道离子阱（orbitrap）质谱的应用，可利用痕量样品鉴定蛋白质，被用于环境样品中低丰度蛋白质的分析检测。蛋白质由 20 个氨基酸组成，如肽段中含有 6 个氨基酸，蛋白质序列空间就会有 6400 万（20^6）种，因此利用质谱测出肽序列 6 ~ 10 个氨基酸的片段，就足以鉴定一种蛋白质。

在定性蛋白质组学不断发展的同时，对蛋白质含量进行定量分析的需求也在增加，因此定量蛋白质组学获得了巨大的技术进步，主要体现在各类高分辨率质谱在蛋白质组学中的应用。以质谱为基础的定量蛋白质组学，主要可以分成两类：

第一类是稳定同位素标记的定量蛋白质组学。根据同位素引入的方式，基于稳定同位素标记的蛋白质组定量方法可以分为代谢标记法、化学标记法和酶解标记法，分为基于一级质谱（如细胞培养稳定同位素标记（SILAC）、二甲基化标记）和串级质谱（如等重同位素标记相对与绝对定量方法（iTRAQ）、等重肽末端标记方法（IPTL）等）的定量方法，前者通过比较轻重标记的样品在一级质谱的峰强度或峰面积实现蛋白质组的相对定量分析，后者通过比较样品在二级或者三级质谱的特征性碎片离子的峰强度实现蛋白质组的相对定量分析。基于稳定同位素标记的蛋白质组定量方法具有如下优势：在不同步骤实现样品混合，同时实现多重标记及消除色谱－质谱联用分析过程中不稳定性带来的定量误差等。

第二类是非标记（label free）的定量蛋白质组学技术，其原理是不经过任何标记，直接将酶解后的肽段经过质谱分析产生数据，并通过软件对谱图进行归一化后，比较对应的质谱峰强度、峰面积等一系列参数，来确定蛋白质在样本中的相对表达量变化。利用非标记技术进行蛋白质组定量的优势主要体现在：①样品处理简单，无需标记，可直接上机分析；②灵敏度高，可检测出低丰度蛋白；③分离能力强，可分离出酸性蛋白或碱性蛋白，及相对分子质量小于 10 000 或大于 200 000 的蛋白和难溶性蛋白等；④适用范围广，可以对任何类型的蛋白质进行鉴定，包括膜蛋白、核蛋白和胞外蛋白等；⑤自动化程度高，液质联用，自动化操作，分析速度快，分离效果好。由于稳定同位素标记定量蛋白组学实验过程烦琐、标记试剂昂贵而且不便对大规模样品进行同时比较，且非标记技术进行蛋白质组定量具有诸多优势，因此非标记技术成为重要的质谱定量方法，其包含液相色谱－质谱（HPLC-MS/MS）分析及蛋白质定性与定量分析。

1. HPLC–MS/MS 分析

质谱分析作为分析化学中使用最广的工具之一，能够对生物学体系中几乎所有分子的结构和数量进行无偏倚的整体分析。色谱分析往往与质谱分析进行联用，能够在质谱检测之前对复杂样品中各组分进行预分离，降低质谱分析复杂度，实现高度自动化，达到大规模、快速、准确的蛋白质组学实验效果。质谱仪主要由 3 部分组成，离子源、质量分析器和检测器。首先，样品中的生物分子在离子源中被离子化并带上电荷；其次，带电离子在电场中加速并进入质量分析器，通过质荷比（*m/z*，即离子质量与带电电荷数比值）的不同对离子进行分离；最后，通过检测器测定本次扫描中所有离子质量、带电电荷及丰度。通过 3 个部分共同作用，质谱仪能够实现对复杂样品中生物分子及其碎片质量和丰度的高通量检测。

2. 蛋白质定性与定量分析

蛋白质定性分析，首先是对每个 LC–MS 数据中的肽段信号进行识别，通过理论酶切得到蛋白质对应肽段的相对分子质量信息，对一级母离子进行检索，然后再对所有肽段信号的二级质谱进行数据库检索，得到二级序列的确证。其中常用的数据库检索软件为 Maxquant、Mascot 和 Sequest，这 3 种软件通过肽段的指纹谱图进行概率匹配，现在已经渐渐成为蛋白质组学领域内采用的标准解决方案，它们既可以对 SILAC 标记的蛋白质组学数据进行分析，也可以对非稳定同位素标记的数据进行分析。

蛋白质定量分析，按照其原理主要分两种。第一种是基于肽段单离子峰强度的方法，其原理是在液质联用检测实验中，某肽段浓度越高，其质谱检测所得峰强度（面积）也越高，通过比较不同实验中相同肽段的峰强度，即可实现肽段相对定量。该方法的基本分析流程可分为峰信号计算、峰信号处理、峰面积计算以及差异比较 4 个步骤。第二种方法是基于肽段计数的方法，其基本原理是蛋白质在质谱实验中，其对应肽段被检测到的二级谱图次数多少可以粗略反映蛋白质相对表达量。其方法的基本分析流程是在对二级谱图进行肽段序列鉴定的基础上，统计各肽段对应的谱图张数，并对相应的蛋白进行计数，从而反映蛋白质在不同样品中的表达差异。

【实验器材】

1. 实验材料

活性污泥中提取的总蛋白质样品。

2. 实验试剂

（1）乙腈（HPLC 级）及相应比例的水溶液。

（2）甲酸（HPLC 级）及相应比例的水溶液。

3. 实验仪器

EASY-nLC 1200 液相色谱仪、色谱柱、Q-Exactive HF-X 质谱仪。

4. 实验工具

色谱进样瓶、移液枪。

【实验步骤】

1. HPLC-MS/MS 分析

使用质谱上样缓冲液溶解肽段，进行 HPLC-MS/MS 分析。肽段样品经 EASY-nLC 1200 液相色谱仪进行分离，色谱柱（column）为 C18 色谱柱（75 μm × 25 cm, 3 μm）。流动相 A:2% 乙腈、0.1% 甲酸；流动相 B:80% 乙腈、0.1% 甲酸。分离梯度：0 ~ 2 min，流动相 B 从 0 线性升至 6%；2 ~ 105 min，流动相 B 从 6% 线性升至 23%；105 ~ 130 min，流动相 B 从 23% 线性升至 29%；130 ~ 147 min，流动相 B 从 29% 线性升至 38%；147 ~ 148 min，流动相 B 从 38% 线性升至 48%；148 ~ 149 min，流动相 B 从 48% 线性升至

100% ; 149 ~ 155 min，流动相 B 线性维持 100%。采用 Q-Exactive HF-X 质谱仪进行质谱分析，MS 扫描范围（*m/z*）为 350 ~ 1300 ; 采集模式为数据依赖采集（DDA）; 碎裂方式为高能碎裂方式（HCD）; 一级质谱分辨率 70 000，二级分辨率 17 500。

2. 蛋白质定性与定量分析

首先运用带有 Sequest-HT 的 Proteome Discover 软件对肽段进行鉴定和匹配度打分，所搜索的数据库为相应样品的基因组或转录组测序结果。MS/MS 谱主要搜索设置是：前体离子质量容差为 6 ppm，碎片离子质量容差为 20 ppm，允许有两个缺失的胰蛋白酶裂解位点，氧化和乙酰化（蛋白质 N 端）为可变修饰，氨基甲基化为固定修饰，多肽和蛋白质的错误发现率均小于 0.01。

【注意事项】

（1）由于环境样品包含微生物种类繁多，所提取的蛋白质种类繁多、蛋白质丰度相差较大，因此对质谱的扫描速度、分辨率、质量精度要求高。

（2）由于缺乏微生物组蛋白质数据库，且环境样品中的许多微生物至今未被鉴定，所以用于定性分析的数据库，不论是依赖宏基因组测序或者宏转录组测序构建的数据库还是公共数据库，都是不完整的，因此，不是所有肽段都能够被准确定性分析。

【实验报告】

统计污泥样品总蛋白质测序测得的肽段数量，并与相应样品的基因组和转录组测序结果进行比对，以比较不同测序结果的重合度。

【问题与思考】

（1）简述液相色谱仪实现在质谱检测之前对复杂蛋白质样品中各组分进行预分离的原理。

（2）简述通过将肽段的指纹谱图与数据库进行概率匹配而对蛋白质组测序结果进行定量分析的原理。

第十章

基于生物信息学的环境微生物群落与功能分析技术

实验 10-1 Linux 系统操作基础

【目的要求】

（1）初步了解 Linux 系统，熟悉 Linux 基本指令和开发环境，掌握 Linux 命令基本格式。

（2）掌握目录操作命令、文件操作命令等基本命令，了解 Linux 命令行选项和参数的用法。

【基本原理】

Linux 是一套开放源代码、可以自由传播的类 Unix 操作系统。目前，Linux 系统是全球增长最快的操作系统之一，被广泛应用于服务器领域。与 Windows 系统相比，Linux 系统具有开源、稳定、安全，多用户、多任务、多平台支持，遵循开放系统互联国际标准，可移植性良好等优点。Linux 具有多种发行版本，包括 Red Hat、Ubuntu、SuSE、CentOS、Debian、FreeBSD、Fedora 等，在手机、路由器、平板电脑、超级计算机、个人计算机等领域得到广泛应用。

Linux 的磁盘分区和目录结构明显区别于 Windows（图 10-1-1）。Windows 是森林型目录结构，具有很多根，如 C、D、E、F 等驱动器都是它的根目录。而 Linux 则是树型目录结构，只具有一个根目录，即 / 目录，/ 目录下再有子目录，如 /root、/home、/etc、/bin 等。

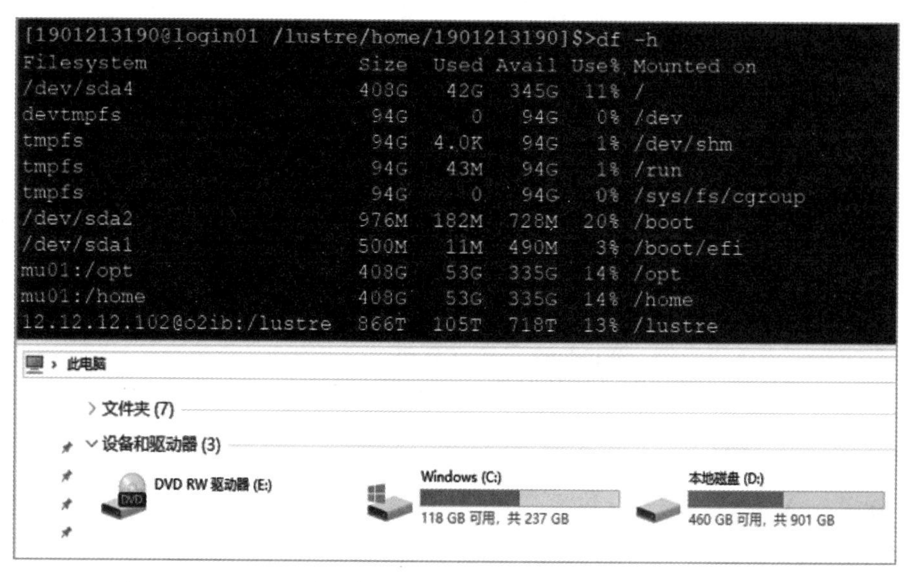

图 10-1-1　Linux（上）与 Windows（下）的磁盘分区和目录结构

Shell 是 Linux 提供给用户的使用界面，它是一个用 C 语言编写的程序，给用户管理和使用 Linux 提供了桥梁。Shell 既是一种命令语言，又是一种程序设计语言，为用户访问操作系统内核提供服务，使得用户能与操作系统的核心功能进行交互。编写脚本通常使用某种基于解释器的编程语言，Shell 脚本本质上就是一些文本文件，用户可以将一系列需要执行的命令写入其中，然后通过 Shell 来执行。

在 Linux 中，Shell 的类型众多，常见的包括：

- Bourne Shell（/usr/bin/sh 或 /bin/sh）
- Bash Shell（或称 Bourne Again Shell）（/bin/bash）
- C Shell（/usr/bin/csh）
- K Shell（/usr/bin/ksh）
- Shell for Root（/sbin/sh）

在这里，我们介绍的是 Bash Shell，这是目前大多数 GUN/Linux 系统默认的 Shell 环境。因此，Shell 脚本的起始行通常是 #!/bin/bash。其中，#! 是

一个约定标记，它告诉系统这个脚本需要什么解释器来执行，即使用哪一种 Shell；/bin/bash 则是解释器的路径，用于解释执行后续命令。各命令之间以换行符或者分号间隔开。

【实验环境】

Linux 系统服务器、Windows 系统计算机。

【实验步骤】

1. 在本地电脑中安装 Shell

通过输入服务器 IP、账号及密码登录服务器。

2. 目录操作命令

（1）切换当前目录，显示当前目录。

```
#pwd 命令用于显示当前目录
pwd
#cd 命令用于切换当前目录，执行下列命令并了解它们的区别
cd /usr
pwd
cd ..
pwd
cd ./usr
pwd
cd
pwd
```

（2）新建目录，删除目录。

```
#mkdir 命令用于新建目录
mkdir mydir1
mkdir mydir2
mkdir mydir2/subdir
#rmdir 或 rm 命令用于删除目录
rmdir  mydir1
rm –r mydir2
```

3. 文件操作命令

（1）查看目录与文件。

```
# 查看根目录
ls /
# 查看 /usr/lib 目录
ls /usr/lib
# 查看当前目录，并以长格式形式显示文件 / 子目录详细信息
ls –l
```

（2）创建文件，显示文件内容。

```
# 创建空文件
touch text1
# 将文本写入空文件中
echo "Holle World" > text2
echo Peking University > text3
# 显示文件内容
cat text2
cat text3
# 合并两个文件，并显示合并后的文件内容
cat text2 text3 > text4
cat text4
```

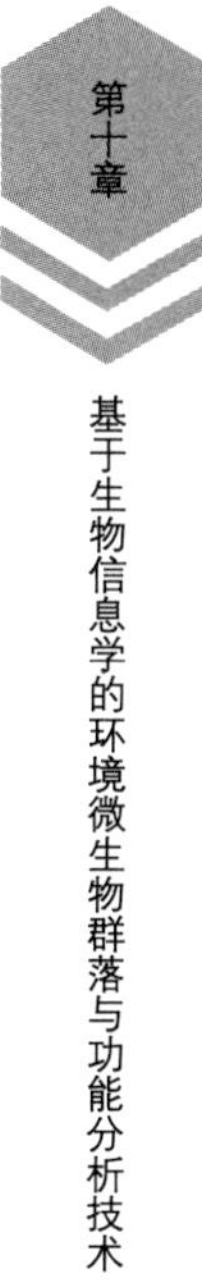

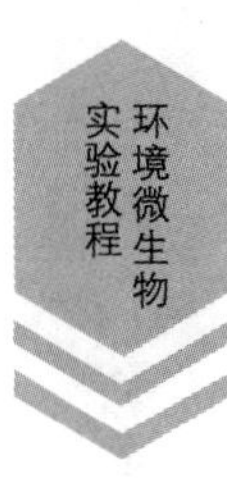

（3）复制文件，删除文件。

```
#cp 命令用于复制文件
mkdir mydir1
cp text4 text5
cp text4 ./mydir1
#rm 命令用于删除文件
rm text1
```

（4）移动文件，对文件重命名。

```
# 对文件重命名
mv text5 newtext
# 移动文件
mv newtext ./mydir1
```

4. 文件备份与压缩

```
#zcvf 命令，将文件压缩为 .tar.gz 格式
tar zcvf mydir1.tar.gz mydir1
#zxvf 命令，对 .tar.gz 格式进行解压缩
tar zxvf mydir1.tar.gz

#zip 命令，将文件压缩为 .zip 格式
 zip mydir1.zip mydir1
#unzip 命令，对 .zip 格式进行解压缩
unzip mydir1.zip
```

5. 循环语句

```
#for 循环
for day in Sun Mon Tue Wed Thu Fri Sat
do
echo $day
done

#while 循环
x=1
while [ $x –le 10 ]
do
echo $x
x=`expr $x + 1`
done
```

6. 判断语句

```
#if 语句
a=10
b=71
if (( $a > $b ))
then
echo Ture
else
echo False
fi
```

【注意事项】

（1）Shell 脚本对字母大小写敏感，编写时注意字母大小写。

（2）Shell 脚本对空格有严格规定，编写时注意空格使用。同时，注意 Tab 键与空格键的区别。

（3）Tab 键可以自动补全命令。

【实验报告】

Linux 操作系统的基本命令、系统调用程序的编写与运行结果。

【问题与思考】

（1）列举出目录 /etc 下子目录和文件（包括隐藏文件）的详细内容。

（2）编写一个脚本，它能够显示以下序列的前 20 个数字：0，1，1，2，3，5，8，13……

实验 10-2 16S rRNA 细菌多样性分析方法

【目的要求】

（1）了解基于高通量测序技术的微生物多样性分析的基本原理。

（2）掌握 16S rRNA 高通量测序的生物信息分析流程。

【基本原理】

微生物群落的种群多样性一直是微生物生态学和环境学研究的重点。对目标环境微生物群落的种群结构和多样性进行解析并研究其动态变化，可以为优化群落结构、调节群落功能和发现新的重要微生物功能类群提供可靠的依据。

环境微生物群落多样性的研究方法一直在不断发展，根据技术原理可大致分为 3 个阶段：① 20 世纪 70 年代以前，微生物多样性分析主要依赖传统的培养分离方法，依靠形态学、培养特征、生理生化特性的比较，进行分类鉴定和计数。然而，环境中绝大部分的微生物是不可培养的，因此，基于培养分离方法的微生物多样性分析无法全面地认识环境中的微生物多样性。②在 20 世纪 70 至 80 年代，研究人员通过对微生物化学成分的分析，总结出了一些规律性的结论，从而建立了一些微生物分类和定量的方法，即生物标记物方法。在这一阶段，人们对环境微生物群落结构及多样性的认识达到较客观的层次。③ 20 世纪 80 年代后，现代分子生物学技术以 DNA 为目标物，通过 rRNA 基因测序技术和基因指纹图谱等方法，比较精确地揭示了微生物种类和遗传的多样性，并给出了关于群落结构的直观信息。然而，这类方法普遍存在分辨水平较低的缺点。近年来，随着测序技术的快速发展，基于 16S rRNA 高通量测序技术的微生物多样性分析越来越成熟，能够同时对上万条 DNA 序列进行测序，从而大大提高了分辨率。目前，该方法已经在多个领域得到应用，成为近些年微生态和生物多样性研究的前沿技术。

16S rRNA 是编码原核生物核糖体小亚基的基因，长度约 1500 bp，包括 9 个可变区和 10 个保守区。保守区序列反映了物种间的亲缘关系，而可变区序列则能反映物种间的差异。16S rRNA 经常用于细菌的系统发育分析和分类鉴定，其核心是物种分析，包括微生物种类、不同微生物种类的相对丰度、不同组分间的物种差异以及系统进化关系等。一般根据实验目标、实验设计、样本类型和测序条件等不同，对 16S rRNA 进行扩增和测序的区域也有所不同。

用于分析 16S rRNA 高通量测序数据的生物信息软件非常多，常用的包括 QIIME、Mothur、usearch、vsearch 等。QIIME2 是微生物群落分析软件 QIIME 的全新版，于 2018 年推出。本实验拟采用 QIIME2，对 Illumina MiSeq V3–V4 区的测序数据进行分析。其分析流程如图 10–2–1 所示。

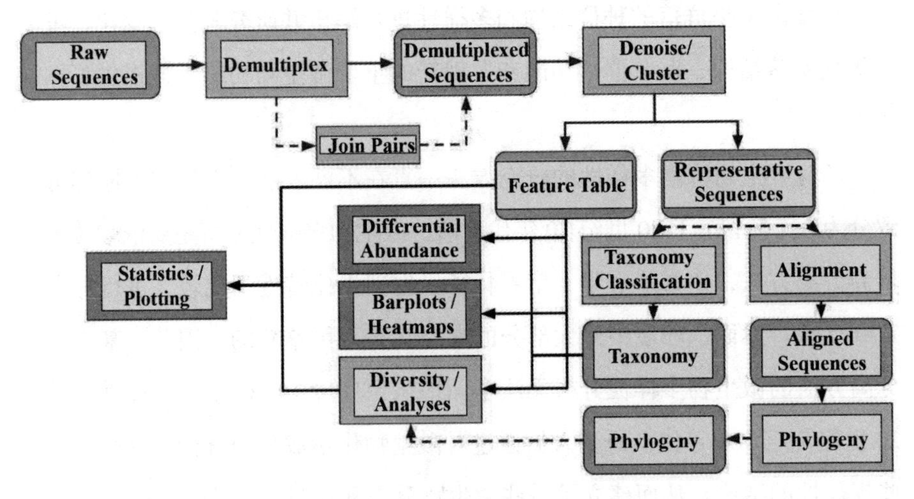

图 10–2–1　基于高通量测序技术的微生物多样性分析的基本流程
（图片源自 QIIME2 官网）

【实验环境】

Linux 系统服务器、Windows 系统计算机、QIIME2 软件。

【实验步骤】

1. 获取数据

（1）下载样品信息列表数据。

```
# 新建目录
mkdir qiime2-diversity
# 进入目录
cd qiime2-diversity
# 下载样品信息列表数据
curl -sL "https://data.qiime2.org/2019.10/tutorials/atacama-soils/sample_metadata.tsv" > \
  "sample-metadata.tsv"
```

（2）下载测序原始数据（图 10-2-2）及 barcode 序列信息。

```
# 新建目录
mkdir rawdata
# 下载测序正向序列数据
curl -sL "https://data.qiime2.org/2019.10/tutorials/atacama-soils/1p/forward.fastq.gz" > \
  "rawdata/forward.fastq.gz"
# 下载测序反向序列数据
curl -sL "https://data.qiime2.org/2019.10/tutorials/atacama-soils/1p/reverse.fastq.gz" > \
  "rawdata/reverse.fastq.gz"
# 下载 barcode 数据
curl -sL "https://data.qiime2.org/2019.10/tutorials/atacama-soils/1p/barcodes.fastq.gz" > \
  "rawdata/barcodes.fastq.gz"
```

```
-rw-rw-r-- 1 liutang liutang 2.1M Nov 27 23:17 barcodes.fastq.gz
-rw-rw-r-- 1 liutang liutang  14M Nov 27 23:11 forward.fastq.gz
-rw-rw-r-- 1 liutang liutang  16M Nov 27 23:17 reverse.fastq.gz
```

图 10-2-2　原始数据文件

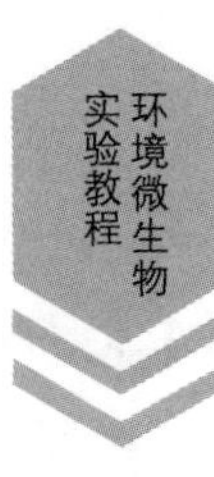

2. 将测序原始数据转化成 QIIME2 标准格式

```
#将测序原始数据的格式标准化，生成 QIIME2 需要的文件格式
qiime tools import \
  --type EMPPairedEndSequences \
  --input-path rawdata \
  --output-path emp-paired-end-sequences.qza
```

3. 根据 barcode 序列信息，对样品进行拆分（图 10-2-3）

```
#根据 barcode 信息拆分样品。16S rRNA 测序通常是 pooling 测序，因而需要根据
barcode 序列信息，将下机数据拆分到各样品中
#--m-barcodes-file 为含有样品与 barcode 信息对应的实验设计，--m-barcodes-colum
指定含有 barcode 信息的列名称，--p-rev-comp-mapping-barcodes 为 barcode 方向，
是用实验设计的 barcode 与测序文件比对确定方向，此分析中为反向互补
qiime demux emp-paired \
  --m-barcodes-file sample-metadata.tsv \
  --m-barcodes-column barcode-sequence \
  --p-rev-comp-mapping-barcodes \
  --i-seqs emp-paired-end-sequences.qza \
  --o-per-sample-sequences demux.qza \
  --o-error-correction-details demux-details.qza
#拆分后，对每个样品的测序数据进行统计，生成可视化文件
qiime demux summarize \
  --i-data demux.qza \
  --o-visualization demux.qzv
#查看 qzv 文件（依赖 Xshell+Xmanager 或其他 ssh 终端和图形界面软件）
qiime tools view demux.qzv
```

Overview Interactive Quality Plot

Demultiplexed sequence counts summary

Minimum:	1
Median:	708.0
Mean:	657.9154929577464
Maximum:	1442
Total:	46712

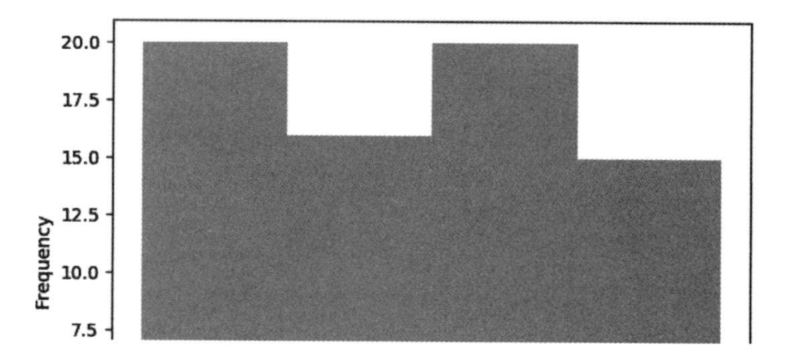

图 10-2-3 样品拆分信息文件

4. 对测序数据进行质量控制，并生成 feature 表格和代表序列

（1）对测序数据进行质量控制。

```
#16S rRNA 测序的 PCR 扩增、建库和测序过程，均会导致序列出现错误。因此，在分析过程中，我们需要尽可能地排除这些错误。feature 是人为设定的一个分类单元，在分析过程中代表一个微生物物种，其界定主要依据序列的一致性。对于质控后的序列，如果序列 100% 相似，则认为这些序列属于同一个 feature，即同一个物种
#-p-trim-left-f/r 截取左端低质量序列，需根据序列质量设置（可通过查看 demax.qvz 文件评估质量）
```

```
#-p-trunc-len-f/r 序列截取长度，旨在去除右端低质量序列，需根据序列质量设置
qiime dada2 denoise-paired \
  --i-demμLtiplexed-seqs demux.qza \
  --p-trim-left-f 13 \
  --p-trim-left-r 13 \
  --p-trunc-len-f 150 \
  --p-trunc-len-r 150 \
  --o-table table.qza \
  --o-representative-sequences rep-seqs.qza \
  --o-denoising-stats denoising-stats.qza
```

（2）对结果进行统计，生成 feature 表格（图 10–2–4）和代表序列（图 10–2–5）。

```
#feature 表格统计
qiime feature-table summarize \
  --i-table table.qza \
  --o-visualization table.qzv \
  --m-sample-metadata-file sample-metadata.tsv
# 可视化代表序列
qiime feature-table tabulate-seqs \
  --i-data rep-seqs.qza \
  --o-visualization rep-seqs.qzv
# 查看 qzv 文件
qiime tools view table.qzv
```

Overview　Interactive Sample Detail　Feature Detail

Table summary

Metric	Sample
Number of samples	66
Number of features	414
Total frequency	16,443

Frequency per sample

	Frequency
Minimum frequency	0.0
1st quartile	98.5
Median frequency	262.5
3rd quartile	382.0
Maximum frequency	586.0
Mean frequency	249.13636363636363

图 10-2-4　feature 表格

```
#查看代表系列
qiime tools view rep-seqs.qzv
```

qiime2

Sequence Length Statistics

Download sequence-length statistics as a TSV

Sequence Count	Min Length	Max Length	Mean Length	Range	Standard Deviation
414	226	255	227.31	29	2.4

Seven-Number Summary of Sequence Lengths

Download seven-number summary as a TSV

Percentile:	2%	9%	25%	50%	75%	91%	98%
Length* (nts):	226	227	227	227	227	227	228

*Values rounded down to nearest whole number.

Sequence Table

To BLAST a sequence against the NCBI nt database, click the sequence and then click the *View report* button on the resulting page.

Download your sequences as a raw FASTA file

Click on a Column header to sort the table.

Feature ID	Sequence Length	Sequence
409faa5f5353e543bf6d99125c7c0e83	227	AGCGTTAATCGGAATCACTGGGCGTAAAGGGCGCGTAGGCGGTTAGGTAAGTCGG
1237d5925a7176fced9dda961a86c684	227	AGCGTTAATCGGAATTACTGGGCGTAAAGGGCGCGTAGGCGGTTGGGTAAGTCGG
a7b877ae6d2f079a15b6b192a4425620	227	AGCGTTGTCCGGATTTATTGGGCGTAAAGAGCTCGTAGGCGGCCTGGTGAGTCGG

图 10-2-5　代表序列信息文件

5. 构建系统发育树

```
#构建系统发育树
qiime phylogeny align-to-tree-mafft-fasttree \
  --i-sequences rep-seqs.qza \
  --o-alignment aligned-rep-seqs.qza \
  --o-masked-alignment masked-aligned-rep-seqs.qza \
  --o-tree unrooted-tree.qza \
  --o-rooted-tree rooted-tree.qza
```

6. 物种注释

（1）对代表序列进行物种注释（图 10-2-6）。

```
# 下载物种注释数据库
curl -sL \
 "https://data.qiime2.org/2019.10/common/gg-12-8-98-515-806-nb-classifier.qza" > \
 "gg-12-8-98-515-806-nb-classifier.qza"
# 对代表序列进行物种注释
qiime feature-classifier classify-sklearn \
 --i-reads rep-seqs.qza \
 --i-classifier gg-12-8-98-515-806-nb-classifier.qza \
 --o-classification taxonomy.qza
# 可视化注释结果
qiime metadata tabμLate \
 --m-input-file taxonomy.qza \
 --o-visualization taxonomy.qzv
# 查看 qzv 文件
qiime tools view taxonomy.qzv
```

Download metadata TSV file

This file won't necessarily reflect dynamic sorting or filtering options based on the interactive table below.

Search:

Feature ID #q2:types	Taxon categorical	Confidence categorical
0013c1743927ee19a962b903b8990896	k__Bacteria; p__Verrucomicrobia; c__[Spartobacteria]; o__[Chthoniobacterales]; f__[Chthoniobacteraceae]; g__DA101; s__	0.9999882772398817
00342a5e7d5cd2695652a77105dfc91c	k__Bacteria; p__Actinobacteria; c__Thermoleophilia; o__Solirubrobacterales; f__; g__; s__	0.999998701172563
013585c3016ad6ecb49fff813d12a080	k__Bacteria; p__Actinobacteria; c__Thermoleophilia; o__Gaiellales; f__Gaiellaceae; g__; s__	0.9999991983865273
029f38558c12daad433d88f336cb26b5	k__Bacteria; p__Actinobacteria; c__MB-A2-108; o__0319-7L14; f__; g__; s__	0.9999999335688323
0315e6f7a3f7c331bc0cec65134f53c8	k__Bacteria; p__Chloroflexi; c__Ellin6529; o__; f__; g__; s__	0.9999997853613481

图 10-2-6　物种注释文件

（2）查看物种注释结果（图 10-2-7）。

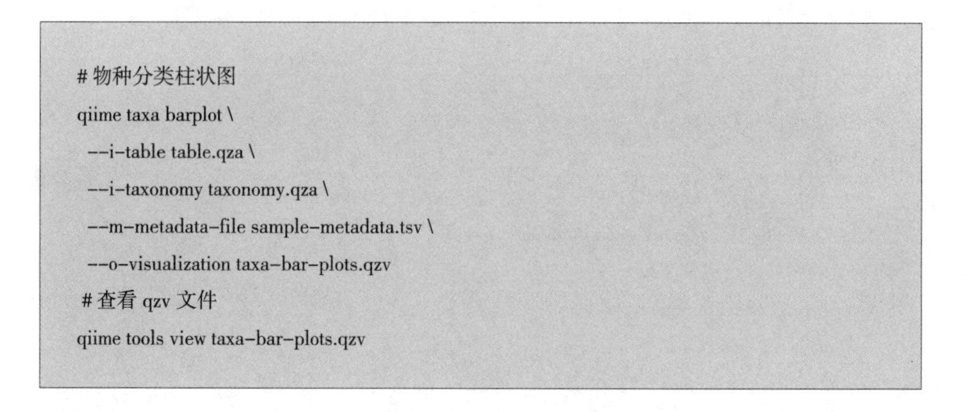

```
# 物种分类柱状图
qiime taxa barplot \
  --i-table table.qza \
  --i-taxonomy taxonomy.qza \
  --m-metadata-file sample-metadata.tsv \
  --o-visualization taxa-bar-plots.qzv
 # 查看 qzv 文件
qiime tools view taxa-bar-plots.qzv
```

图 10-2-7　物种分类信息文件

7. 多样性分析

```
# 同时完成 α - 、β - 多样性分析
#--p-sampling-depth：由于测序深度会影响多样性分析结果，为使样品间多样性具有可比性，需要对样品进行重抽样，以保证不同样品的序列数量相同
qiime diversity core-metrics-phylogenetic \
  --i-phylogeny rooted-tree.qza \
  --i-table table.qza \
  --p-sampling-depth 1103 \
  --m-metadata-file sample-metadata.tsv \
  --output-dir core-metrics-results
```

【注意事项】

（1）建议了解 Illumina 测序仪的测序原理，以进一步帮助理解生物信息分析流程。

（2）QIIME2 更新较为频繁，如命令有所调整，请参考官方说明（https://qiime2.org）。

【实验报告】

分析 16S rRNA 细菌多样性和群落组成特征。

【问题与思考】

（1）结合实验 7–1 和 7–3，思考如何对细菌的 16S rRNA 基因进行测序。

（2）查看多样性分析结果并解释各个指标所代表的含义。

（3）根据多样性分析结果，尝试探讨能得到什么结论。

实验 10-3 基于宏基因组的环境微生物群落功能分析

【目的要求】

（1）了解宏基因组分析环境微生物功能基因的方法。

（2）掌握宏基因组的常规分析流程。

【基本原理】

基于高通量测序技术的宏基因组生物信息分析的基本流程如图 10-3-1 所示，主要包括质量控制、序列拼接、ORF 预测、基因注释及基因丰度评估等步骤。

1. 原始数据质量控制

在 DNA 测序过程中，每测完一个碱基，会给出相应的测序质量值，用于衡量测序仪的准确度。测序质量值用于表征测序错误率，其计算过程是：在碱基识别过程中，利用数学模型判断测序发生错误的概率，即测序错误率，再根据测序错误率与碱基的测序质量值之间的转化关系，计算得到测序质量值。测序质量值为 Q20，表示碱基的测序错误率为 0.01；测序质量值为 Q30，表示碱基的测序错误率为 0.001。在质量控制过程中，低质量的序列将被去除，低质量的碱基将被切除。质量控制并没有一个确定的标准，但在二代测序中，一般要求质控后 Q20 的碱基在 90% 以上，Q30 的碱基在 80% 以上。

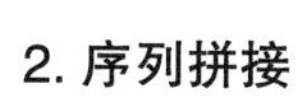

2. 序列拼接

第二代高通量测序技术虽然有诸多优点，但是 DNA 测序读长较短，一般为 50 ~ 300 bp。为了获取更加完整的 DNA 序列、达到更好的基因注释效果，我们需要对 DNA 序列进行拼接，即宏基因组组装。用于宏基因组组装的软件有很多，如 CLC Workbench、MetaVelvet、MEGAHIT、IDBA-UD、metaSPAdes 等。拼接完成后，可通过软件 QUAST 对拼接结果进行统计与评价，获取 N50 总长度、GC 含量等信息。

3. ORF 预测与基因注释

拼接完成后，可以进行开放阅读框（open reading frame，ORF）预测。ORF 开始于起始密码子，结束于终止密码子，是 mRNA 序列中具有编码蛋白质潜能的连续碱基序列。通过终止密码子、ORF 长度、密码子偏爱性、第三碱基使用倾向、上游核糖体结合位点类别等特征，我们可以对 DNA 序列上的 ORF 进行预测。

得到 ORF 后，需要知道这些基因的功能，以进一步分析样品生物表型与基因之间的关系，因而需要对基因进行物种和功能注释。简单来说，基因功能注释就是将基因序列与物种或功能基因数据库进行比对，根据序列相似度预测基因的宿主细胞及功能。常用数据库包括 KEGG（Kyoto Encyclopedia of Genes and Genomes，京都基因和基因组百科全书）数据库和 COG（Cluster of Orthologous Groups of proteins）数据库。

KEGG 是基因组破译方面的公共数据库，该数据库是系统分析基因功能、联系基因组信息和功能信息的大型知识库，其中的基因组信息主要是从 NCBI（National Center for Biotechnology Information，美国国家生物信息中心）等数据库中获得的，包括完整和部分测序的基因组序列，存储于 KEGG GENES 数据库中；更高级的功能信息包括图形化的细胞过程如代谢、膜转运、信号传递、细胞周期等，还包括同系保守的子通路等信息，存储于 KEGG PATHWAY 数据库中；此外，关于化学物质、酶分子、酶化反应等相关的信息存储于 KEGG

LIGAND 数据库中。在生物体内，基因产物并不是孤立存在来作用的，不同基因产物之间通过有序的相互协调来行使具体的生物学功能。因此，KEGG 数据库中丰富的通路信息将有助于我们从系统水平去了解基因的生物学功能，例如代谢途径、遗传信息传递以及细胞过程等一些复杂的生物功能，这大大提高了该数据库在实际生产和应用中的价值。

COG 是由 NCBI 创建并维护的蛋白质数据库，根据细菌、藻类和真核生物完整基因组的编码蛋白质系统进化关系分类构建而成。通过比对可以将某个蛋白质序列注释到某一个 COG 中，每一簇 COG 由直系同源序列构成，从而可以推测该序列的功能。

4. 基因丰度评估

除了基因功能，我们还需要知道每个基因在不同样品中的丰度。一般而言，我们可将短序列比对到 ORF 基因集中，通过计算基因的覆盖度而计算出样品中每个基因的丰度。但当数据量比较大时，这一方法需要耗费大量的计算资源和时间，因此可将预测出来的基因序列进行聚类，每个类选取最长的基因作为代表序列，以构建非冗余基因集。在此基础上，将短序列比对到非冗余基因集上，从而统计基因在对应样品中的丰度信息。

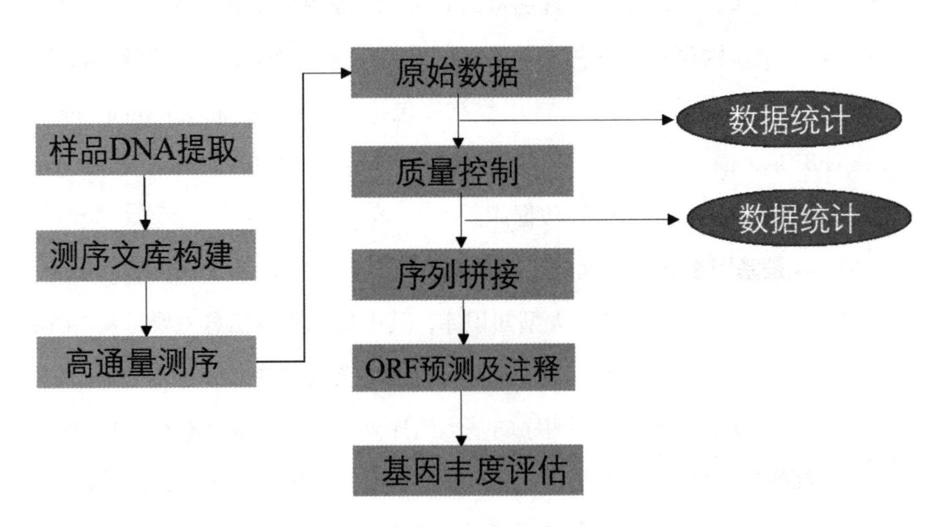

图 10-3-1　宏基因组分析基本流程

【实验材料与环境】

1. 实验材料

活性污泥宏基因组测序序列。

2. 实验环境

Linux 服务器、Windows 系统计算机、SeqPrep 软件、Sickle 软件、Fastqc 软件、IDBA_UD 软件、QUAST 软件、Prodigal 软件、BBMap 软件、Diamond 软件、MEGAN 软件、NCBI NR 数据库、KEGG 数据库、COG 数据库。

【实验步骤】

1. 准备数据

（1）将活性污泥基因组测序原始数据传入新建目录（图 10-3-2）。

```
# 新建目录并进入
mkdir metagenome
cd metagenome
mkdir rawdata
cd rawdata
# 将活性污泥基因组测序原始数据传入该目录，并重命名为“sampleA_1.fastq”和“sampleA_2.fastq”
```

```
total 32G
-rwxr--r-- 1 tang.liu 16G Apr 21 14:59 sampleA_1.fastq
-rwxr--r-- 1 tang.liu 16G Apr 21 15:00 sampleA_2.fastq
```

图 10-3-2　原始数据

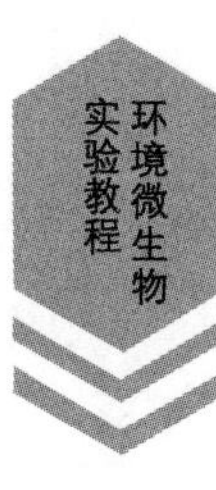

（2）对测序数据进行质量评估（图 10-3-3）。

```
# 测序质量评估
fastqc sampleA_1.fastq
fastqc sampleA_2.fastq
cd ..
```

Summary

- Basic Statistics
- Per base sequence quality
- Per tile sequence quality
- Per sequence quality scores
- Per base sequence content
- Per sequence GC content
- Per base N content
- Sequence Length Distribution
- Sequence Duplication Levels
- Overrepresented sequences
- Adapter Content

Basic Statistics

Measure	Value
Filename	sampleA_1.fastq
File type	Conventional base calls
Encoding	Sanger / Illumina 1.9
Total Sequences	500000
Sequences flagged as poor quality	0
Sequence length	35-151
%GC	60

Per base sequence quality

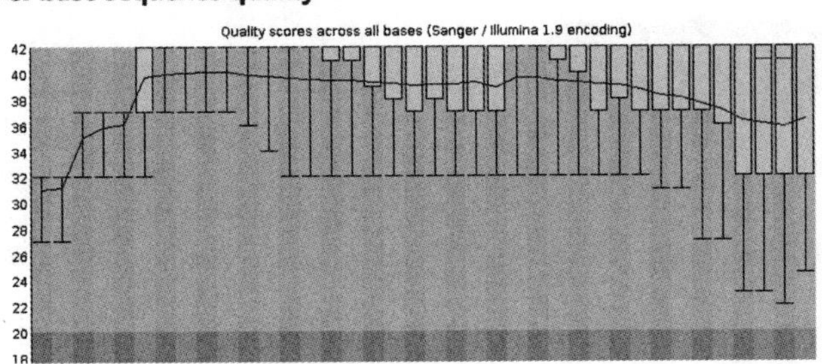

图 10-3-3　原始测序数据质量评估

2. 质量控制

对测序数据进行质量剪切（图 10-3-4）。

```
#SeqPrep 软件用于对基因组测序 reads 3′ 端和 5′ 端的 adapter 序列进行质量剪切
mkdir QC
cd QC
SeqPrep –f /metagenome/rawdata/sampleA_1.fastq –r /metagenome/rawdata/sampleA_2.fastq –1 sampleA.clip.1.fq –2 sampleA.clip.2.fq –3 sampleA.discard.1.fq –4 sampleA.discard.2.fq –B AGATCGGAAGAGCGTCGTGT –A AGATCGGAAGAGCACACGTC
#Sickle 去除剪切后长度小于 50 bp、平均质量值低于 20 以及含模糊碱基的 reads，保留高质量的 pair–end reads
sickle pe –f sampleA.clip.1.fq –r sampleA.clip.2.fq –t sanger –q 20 –l 50 –n –o sampleA.clip.sickle.1.fq –p sampleA.clip.sickle.2.fq –s sampleA.clip.sickle.s.fq > sampleA.clip.sickle.log
```

```
total 38G
-rw-r--r-- 1 tang.liu 3.8G Apr 21 20:17 sampleA.clip.1.fq
-rw-r--r-- 1 tang.liu 4.6G Apr 21 20:17 sampleA.clip.2.fq
-rw-r--r-- 1 tang.liu  15G Apr 21 20:34 sampleA.clip.sickle.1.fq
-rw-r--r-- 1 tang.liu  14G Apr 21 20:34 sampleA.clip.sickle.2.fq
-rw-r--r-- 1 tang.liu  260 Apr 21 20:34 sampleA.clip.sickle.log
-rw-r--r-- 1 tang.liu 884M Apr 21 20:34 sampleA.clip.sickle.s.fq
-rw-r--r-- 1 tang.liu  13M Apr 21 20:17 sampleA.discard.1.fq
-rw-r--r-- 1 tang.liu  14M Apr 21 20:17 sampleA.discard.2.fq
```

图 10-3-4　原始测序数据质控后数据

3. 序列拼接

（1）用 IDBA_UD 软件进行基因组组装（图 10-3-5）。

```
#IDBA_UD 软件用于基因组组装
fq2fa --merge /metagenome/QC/sampleA.clip.sickle.1.fq /metagenome/QC/sampleA.clip.sickle.2.fq sampleA.merge12.fa
fq2fa /metagenome/QC/sampleA.clip.sickle.s.fq sampleA.clean.s.fa
cat sampleA.merge12.fa sampleA.clean.s.fa > sampleA.merge.fa
idba_ud -r sampleA.merge.fa -o sampleA --pre_correction
```

```
-rw-r--r-- 1 tang.liu 3.2G Apr 22 11:49 align-100-0
-rw-r--r-- 1 tang.liu 2.1G Apr 22 05:52 align-20
-rw-r--r-- 1 tang.liu 3.1G Apr 22 07:46 align-40
-rw-r--r-- 1 tang.liu 3.1G Apr 22 09:07 align-60
-rw-r--r-- 1 tang.liu 3.2G Apr 22 10:34 align-80
-rw-r--r-- 1 tang.liu    0 Apr 22 00:03 begin
-rw-r--r-- 1 tang.liu 266M Apr 22 11:34 contig-100.fa
-rw-r--r-- 1 tang.liu 318M Apr 22 05:54 contig-20.fa
-rw-r--r-- 1 tang.liu 276M Apr 22 07:49 contig-40.fa
-rw-r--r-- 1 tang.liu 272M Apr 22 09:09 contig-60.fa
-rw-r--r-- 1 tang.liu 268M Apr 22 10:37 contig-80.fa
-rw-r--r-- 1 tang.liu 264M Apr 22 11:52 contig.fa
-rw-r--r-- 1 tang.liu    0 Apr 22 11:52 end
-rw-r--r-- 1 tang.liu 262M Apr 22 11:31 graph-100.fa
-rw-r--r-- 1 tang.liu 544M Apr 22 04:53 graph-20.fa
-rw-r--r-- 1 tang.liu 301M Apr 22 07:27 graph-40.fa
-rw-r--r-- 1 tang.liu 288M Apr 22 08:51 graph-60.fa
-rw-r--r-- 1 tang.liu 273M Apr 22 10:21 graph-80.fa
-rw-r--r-- 1 tang.liu  14G Apr 22 02:54 kmer
-rw-r--r-- 1 tang.liu 395M Apr 22 06:03 local-contig-20.fa
-rw-r--r-- 1 tang.liu 275M Apr 22 07:52 local-contig-40.fa
-rw-r--r-- 1 tang.liu 233M Apr 22 09:13 local-contig-60.fa
-rw-r--r-- 1 tang.liu 214M Apr 22 10:40 local-contig-80.fa
-rw-r--r-- 1 tang.liu 1.8K Apr 22 11:51 log
-rw-r--r-- 1 tang.liu 259M Apr 22 11:51 scaffold.fa
```

图 10-3-5　序列拼接结果统计

（2）用 QUEST 软件评估序列拼接质量（图 10-3-6）。

```
#QUEST 软件用于评估序列拼接质量
cd sampleA
quast.py contig.fa –o IDBA_UD–report
```

Assembly	contig
# contigs (>= 0 bp)	235968
# contigs (>= 1000 bp)	47619
# contigs (>= 5000 bp)	4925
# contigs (>= 10000 bp)	2429
# contigs (>= 25000 bp)	900
# contigs (>= 50000 bp)	353
Total length (>= 0 bp)	265284236
Total length (>= 1000 bp)	167573256
Total length (>= 5000 bp)	92321741
Total length (>= 10000 bp)	75069452
Total length (>= 25000 bp)	51672098
Total length (>= 50000 bp)	32805428
# contigs	132480
Largest contig	416190
Total length	225458436
GC (%)	57.62
N50	2625
N75	979
L50	10786
L75	49157
# N's per 100 kbp	0.00

图 10-3-6　基因组序列拼接结果统计

4. ORF 预测

用 Prodigal 软件对拼接后的 contig 进行 ORF 预测（图 10-3-7、10-3-8、10-3-9）。

```
#Prodigal 软件对拼接后的 contig 进行 ORF 预测
cd ..
mkdir ORF
cd ORF
prodigal –i /metagenome/assembly/sampleA/contig.fa –f gff –o all.gff –a all.protein.faa –d all.
mrna.fa
# 生成的 all.protein.faa 和 all.mrna.fa 分别为 ORF 的氨基酸和核苷酸序列
```

```
-rw-r--r-- 1 tang.liu 136M Apr 22 17:07 all.gff
-rw-r--r-- 1 tang.liu 275M Apr 22 17:07 all.mrna.fa
-rw-r--r-- 1 tang.liu 125M Apr 22 17:07 all.protein.faa
```

图 10-3-7 ORF 预测生成文件

```
>contig-100_0_1 # 3 # 908 # 1 # ID=1_1;partial=10;start_type=Edge;rbs_motif=None;rbs_
spacer=None;gc_cont=0.650
MEVRVEGRLSPRCSAKDVILAIIGKIGTAGGTGYVIEYTGSTIRSLSMEGRMTLCNMSIE
GGARAGMVAPDETTFAYIKGRPMAPKGALWDQAVAAWRRLTTDPGARYDAIVELKAESIA
PQVTWGTSPGMVTGVDGTVPDPRTMDDAKLRQATERALEYMALTPGMPIRDIKIDRVFIG
SCTNSRIEDLRLAASFAKGKKVAGTVHAMVVPGSGLVKQQAEQEGLDRIFKESGFEWREA
GCSMCLAMNADVLQPGERCASTSNRNFEGRQGAGGRTHLVSPAMAVAAAIEGHFVDIRHW
S*
>contig-100_0_2 # 956 # 1582 # 1 # ID=1_2;partial=00;start_type=ATG;rbs_motif=AGGA;rb
s_spacer=5-10bp;gc_cont=0.598
MQAFTTLTGLVAPLDRLNVDTDQIIPKQFLKTIQRTGLREGLFYDWRRLKDGSPDPSFFL
NQPRYQHATILLTRDNFGCGSSREHAPWALLDQGFRCVLAPSFADIFYNNCFQNGILPVV
LAGVEIQALFEGVAAQEGYRLTVDLAAQRVTTPDGTSYPFAIDPFRKDCLYRGLDAIGLT
LQHADAIAAYERRRRADAPWLFPDATQE*
>contig-100_0_3 # 1590 # 1931 # 1 # ID=1_3;partial=00;start_type=ATG;rbs_motif=AGGAG;
rbs_spacer=3-4bp;gc_cont=0.564
MLRFLAVLLFGAAAYLLIVFNWSYSDGDRVGYLQKFSRKGWVCKTQEGELAMTTVPGVAP
VLWNFSVWDEAVAKKLDGQMGKRVVLHYKEYRYIPTTCFGETTYFVDRVELMD*
>contig-100_0_4 # 1950 # 3008 # -1 # ID=1_4;partial=00;start_type=ATG;rbs_motif=GGA/G
AG/AGG;rbs_spacer=5-10bp;gc_cont=0.558
MKLVHKHSRKAGLPPGTLVHIGEKKSETVKITVYEYGEGQFHERSVAKPEEVILVGEPTV
```

图 10-3-8　ORF 的氨基酸序列

```
>contig-100_0_1 # 3 # 908 # 1 # ID=1_1;partial=10;start_type=Edge;rbs_motif=None;rbs_
spacer=None;gc_cont=0.650
ATGGAAGTCAGGGTGGAGGGCCGACTCTCCCCGCGCTGCTCCGCCAAAGATGTGATCCTCGCCATCATCG
GCAAAATCGGCACGGCCGGCGGTACCGGCTACGTCATCGAGTACACGGGCTCGACCATTCGCAGCCTGAG
CATGGAGGGTCGGATGACCCTCTGCAACATGTCCATCGAAGGCGGAGCCCGCGCCGGGATGGTGGCCCCG
GATGAGACCACGTTTGCTTACATCAAGGGCCGGCCGATGGCACCCAAGGGCGCCCTCTGGGATCAGGCGG
TCGCGGCATGGCGTCGACTCACGACCGACCCCGGCGCCCGTTACGACGCGATCGTGGAGCTGAAGGCCGA
GTCTATTGCCCCGCAGGTCACATGGGGGACCAGCCCAGGCATGGTGACGGGTGTGGACGGAACGGTACCT
GATCCCCGGACCATGGACGATGCCAAGCTCCGGCAGGCCACCGAACGGGCCCTTGAGTATATGGCGCTGA
CGCCCGGCATGCCGATTCGCGACATCAAGATCGACCGAGTCTTCATCGGCTCCTGCACCAACTCACGCAT
CGAAGACCTACGCCTCGCCGCCTCCTTCGCGAAGGGGAAAAAGGTGGCAGGCACGGTCCACGCCATGGTC
GTCCCCGGGTCCGGGCTGGTCAAACAACAGGCGGAGCAGGAAGGGCTGGATCGCATTTTCAAGGAATCGG
GCTTCGAGTGGCGGGAAGCGGGGTGCAGCATGTGCCTTGCGATGAACGCCGACGTGCTGCAACCGGGCGA
ACGCTGCGCCTCCACCAGCAACCGCAATTTCGAAGGCCGGCAGGGAGCGGGCGGGCGGACCCATTTGGTC
TCCCCTGCCATGGCCGTGGCCGCCGCCATCGAAGGGCACTTCGTAGACATTCGCCATTGGTCCTGA
>contig-100_0_2 # 956 # 1582 # 1 # ID=1_2;partial=00;start_type=ATG;rbs_motif=AGGA;rb
s_spacer=5-10bp;gc_cont=0.598
ATGCAAGCCTTCACCACACTCACAGGCCTCGTGGCCCCCCTCGATCGGCTCAATGTCGACACCGATCAAA
TCATTCCCAAACAGTTCTTGAAGACCATCCAGCGGACCGGGTTACGCGAAGGATTGTTCTACGACTGGCG
CCGCCTGAAGGATGGATCACCGGATCCGAGTTTCTTTCTCAACCAGCCCCGCTACCAACACGCTACCATC
CTGTTGACAAGGGATAACTTCGGATGCGGCTCGTCGCGTGAACATGCGCCCTGGGCCCTGTTGGACCAAG
```

图 10-3-9　ORF 的核苷酸序列

5. 基因丰度评估

用 BBMap 软件计算基因组测序 reads 丰度（图 10-3-10、10-3-11）。

```
#BBMap 软件计算基因组测序 reads 丰度
cd ..
mkdir gene_abundance
cd gene_abundance
```

```
#以contig.fa为目标，将质控后的短序列与其比对，统计比对到每个contig的短序列数量、长度、碱基数、覆盖度、RPKM（reads per kilobase per million mapped reads），见图10-3-11第3～6列数据，并将其中覆盖度/RPKM作为该contig上每个ORF的比对结果。其中覆盖度与RPKM根据式10-3-1计算，最后根据式10-3-2计算每个基因的丰度
```

$$基因覆盖度=\frac{比对到特定基因的短序列数量\times 10^9}{质控后样品的短序列数量\times 基因长度} \quad （式10-3-1）$$

$$基因丰度=\frac{特定基因的覆盖度}{所有基因的覆盖度之和} \quad （式10-3-2）$$

```
/bbmap/bbmap.sh in1=/metagenome/QC/sampleA.clip.sickle.1.fq in2=/metagenome/QC/sampleA.clip.sickle.2.fq out=sampleA.sam minid=0.95 outm=sampleA.map.sam ambig=random rpkm=sampleA.rpkm.xls ref=/metagenome/ORF/all.mrna.fa nodisk
```

```
-rw-r--r-- 1 tang.liu 34G Apr 22 19:45 sampleA.map.sam
-rw-r--r-- 1 tang.liu 63M Apr 22 19:45 sampleA.rpkm.xls
-rw-r--r-- 1 tang.liu 40G Apr 22 19:45 sampleA.sam
```

图10-3-10　质控后短序列与ORF比对生成的结果

```
#File            /mnt/ilustre/users/tang.liu/liusitong/htr/second/g/QC/M15.clip.sickle.1.fq
#Reads           253921248
#Mapped          93768842
#RefSequences    3503716
```

#Name	Length	Bases	Coverage	Reads	RPKM	Frags	FPKM
15.10.scaffold_1878719 # f	4480	207887	46.4033	1387	3.3017	693	3.2993
15.10.scaffold_671029 # fl	3467	118106	34.0658	788	2.4239	394	2.4239
15.10.scaffold_536835 # fl	3494	129474	37.0561	864	2.6371	432	2.6371
15.10.scaffold_671035 # fl	4329	143884	33.2372	960	2.365	480	2.365
15.10.scaffold_1207802 # f	2739	110103	40.1982	734	2.8579	367	2.8579
15.10.scaffold_2147136 # f	16842	686990	40.7903	4580	2.9001	2290	2.9001
15.10.scaffold_3489087 # f	5493	185673	33.8017	1241	2.4094	620	2.4074
15.10.scaffold_1610431 # f	12287	648607	52.7881	4319	3.7487	2159	3.7478
15.10.scaffold_805298 # fl	8495	273744	32.2241	1829	2.2961	914	2.2948
15.10.scaffold_402710 # fl	3780	176797	46.7717	1181	3.332	590	3.3291
15.10.scaffold_2281396 # f	4214	296357	70.3268	1977	5.0033	988	5.0007
15.10.scaffold_2013053 # f	3599	188386	52.344	1259	3.7307	629	3.7277
15.10.scaffold_134329 # fl	2617	95923	36.6538	640	2.6081	320	2.6081
15.10.scaffold_1610478 # f	4502	241287	53.5955	1609	3.8115	804	3.8091
15.10.scaffold_2952368 # f	5176	148786	28.7454	992	2.0439	496	2.0439
15.10.scaffold_805403 # fl	7144	208541	29.1911	1390	2.075	695	2.075
15.10.scaffold_2684087 # f	5535	201516	36.4076	1314	2.5317	657	2.5317
15.10.scaffold_134491 # fl	7793	303686	38.9691	2024	2.7698	1012	2.7698

图10-3-11　基因丰度评估运行结果(sampleA.rpkm.xls文件内容)

6. 物种和功能注释

（1）用Diamond软件将基因的氨基酸序列与NCBI NR数据库进行比对（图10-3-12）。

```
# 使用 Diamond 软件分别将基因的氨基酸序列与 NCBI NR 数据库进行比对，并通过 NCBI NR 数据库对应的分类学信息数据库获得物种的登录号（accession number）(图 10-3-12 第 2 列)
cd ..
mkdir taxasonomy
cd taxasonomy
diamond blastp -d nr.dmnd -q /metagenome/ORF/all.protein.faa -o G_nr --sensitive -e 1e-5 -f 6 -k 1 --threads 20
```

contig-100_0_1	KXJ99332.	100	301	0	0	1	301	167	467	9.30E-170	605.1
contig-100_0_2	KXJ99331.	100	208	0	0	1	208	1	208	1.80E-119	437.6
contig-100_0_3	KXJ99330.	100	113	0	0	1	113	1	113	6.60E-60	238.8
contig-100_0_4	KXJ99329.	100	352	0	0	1	352	1	352	2.80E-202	713.4
contig-100_0_5	KXJ99328.	99.6	270	1	0	1	270	13	282	6.90E-148	532.3
contig-100_0_6	KXJ99327.	99.7	289	1	0	1	289	1	289	1.50E-148	534.6
contig-100_0_7	KXJ99326.	99.4	163	1	0	1	163	1	163	2.40E-87	330.5
contig-100_0_8	KXJ99325.	99.7	385	1	0	1	385	1	385	1.90E-220	773.9
contig-100_0_9	KXJ99324.	100	181	0	0	1	181	1	181	8.20E-97	362.1
contig-100_0_10	KXJ99323.	100	129	0	0	1	129	1	129	2.20E-67	263.8
contig-100_0_11	KXJ99322.	100	207	0	0	1	207	1	207	1.80E-116	427.6
contig-100_0_12	KXJ99321.	100	177	0	0	1	177	1	177	1.50E-90	341.3
contig-100_0_13	KXJ99320.	100	268	0	0	1	268	1	268	2.40E-153	550.4
contig-100_0_14	KXJ99319.	100	539	0	0	23	561	1	539	0.00E+00	1068.9
contig-100_0_15	KXJ99318.	100	233	0	0	1	233	1	233	4.40E-127	463
contig-100_0_16	KXJ99317.	99.8	448	1	0	1	448	1	448	3.70E-255	889.4

图 10-3-12　ORF 与 NCBI NR 数据库比对结果

（2）用 MEGAN 软件进行注释（图 10-3-13）。

```
# 将比对结果导入至 MEGAN 软件，将 ORF 对应的 accession number 注释以得到具体的物种信息。得到的物种信息即为相应基因的宿主细菌，最后可用物种对应的基因丰度加和代表该物种的丰度
```

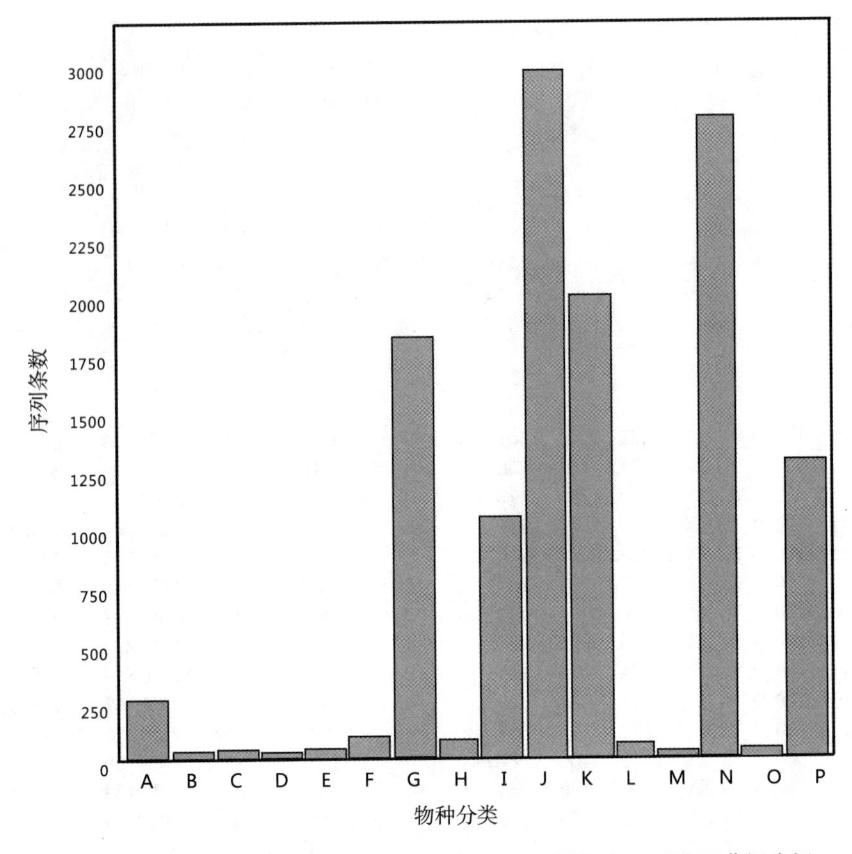

图 10-3-13　运用 MEGAN 软件对 NCBI NR 数据库比对结果进行分析

（3）用 Diamond 软件与 KEGG 数据库进行比对（图 10-3-14、10-3-15、10-3-16）。

```
# 使用 Diamond 软件分别将基因组的非冗余基因集的氨基酸序列与 KEGG 数据库进行比对，获得基因对应的 KEGG 功能，并可使用 KO、Pathway、EC、Modules 对应的基因丰度加和代表对应功能类别的丰度
cd ..
mkdir kegg
cd kegg
diamond blastp -d kegg.dmnd -q /metagenome/ORF/all.mrna.fa -o sampleA.m8 --sensitive -e 1e-5 -f 6 -k 1 --threads 20
python keggstat.py -i sampleA.m8 -t xls -o sampleA_KEGGstat -d ko
```

```
-rw-r--r-- 1 tang.liu  92K Apr 23 19:21 KEGG.Enzyme.profile.xls
-rw-r--r-- 1 tang.liu 1.7M Apr 23 19:21 KEGG.gene.profile.xls
-rw-r--r-- 1 tang.liu  48K Apr 23 19:21 KEGG.KO.profile.xls
-rw-r--r-- 1 tang.liu  29K Apr 23 19:21 KEGG.Module.profile.xls
-rw-r--r-- 1 tang.liu  67K Apr 23 19:21 KEGG.Pathway.profile.xls
-rw-r--r-- 1 tang.liu  23M Apr 23 19:21 KEGG.sampleA_KEGG.annotate.xls
-rw-r--r-- 1 tang.liu  80K Apr 23 19:21 KOpath.list
```

图 10-3-14 KEGG 功能注释过程生成文件

Query	Gene	KO	Definition	Pathway	Enzyme	Modules	Hyperlink
contig-100_0_1	nde:NIDE	K01703	3-isopropylmala	ko00290,k	4.2.1.33,4.	M00432,M	http://www.genome.jp/dbget-bin/www_bget?ko:K01703
contig-100_0_2	nde:NIDE	K01704	3-isopropylmala	ko00290,k	4.2.1.33,4.	M00432,M	http://www.genome.jp/dbget-bin/www_bget?ko:K01704
contig-100_0_4	nde:NIDE	K03284	magnesium tran	-	-	-	http://www.genome.jp/dbget-bin/www_bget?ko:K03284
contig-100_0_5	nde:NIDE	K01092	myo-inositol-1(	ko00521,k	3.1.3.25	M00131	http://www.genome.jp/dbget-bin/www_bget?ko:K01092
contig-100_0_6	nde:NIDE	K00020	3-hydroxyisobu	ko00280	1.1.1.31	-	http://www.genome.jp/dbget-bin/www_bget?ko:K00020
contig-100_0_8	nmv:NITM	K10907	aminotransferas	-	2.6.1.-	-	http://www.genome.jp/dbget-bin/www_bget?ko:K10907
contig-100_0_11	nde:NIDE	K07304	peptide-methio	-	1.8.4.11	-	http://www.genome.jp/dbget-bin/www_bget?ko:K07304
contig-100_0_12	nde:NIDE	K06966	uncharacterized	-	-	-	http://www.genome.jp/dbget-bin/www_bget?ko:K06966
contig-100_0_17	nde:NIDE	K03568	TldD protein	-	-	-	http://www.genome.jp/dbget-bin/www_bget?ko:K03568
contig-100_0_18	nde:NIDE	K07743	transcriptional r	-	-	-	http://www.genome.jp/dbget-bin/www_bget?ko:K07743
contig-100_0_22	nde:NIDE	K00067	dTDP-4-dehydr	ko00521,k	1.1.1.133	M00793	http://www.genome.jp/dbget-bin/www_bget?ko:K00067
contig-100_0_24	nde:NIDE	K07001	NTE family prot	-	-	-	http://www.genome.jp/dbget-bin/www_bget?ko:K07001
contig-100_0_29	nde:NIDE	K07226	heme iron utiliz	-	-	-	http://www.genome.jp/dbget-bin/www_bget?ko:K07226
contig-100_0_31	nde:NIDE	K06999	phospholipase/(	-	-	-	http://www.genome.jp/dbget-bin/www_bget?ko:K06999
contig-100_0_35	nde:NIDE	K00341	NADH-quinone	ko00190	1.6.5.3	M00144	http://www.genome.jp/dbget-bin/www_bget?ko:K00341
contig-100_0_37	nde:NIDE	K09822	uncharacterized	-	-	-	http://www.genome.jp/dbget-bin/www_bget?ko:K09822

图 10-3-15　基因功能所对应的 KO、Pathway、EC、Modules 等信息（KEGG.sampleA_KEGG.annotate.xls 文件内容）

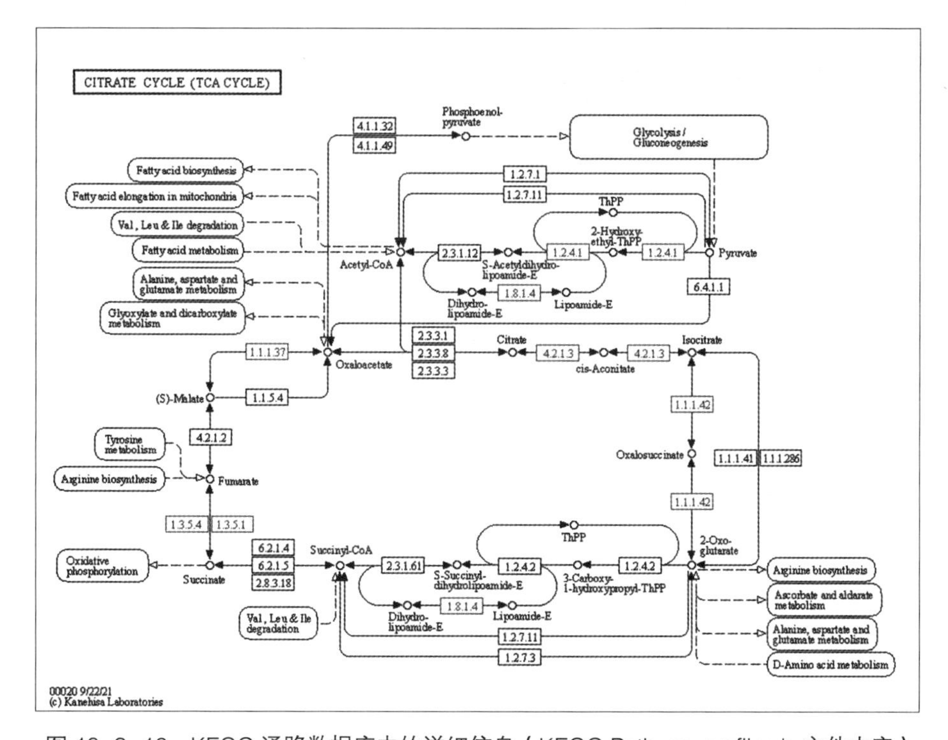

图 10-3-16　KEGG 通路数据库中的详细信息（KEGG.Pathway.profile.xls 文件内容）

（4）用 Diamond 软件与 COG 数据库进行比对（图 10–3–17、10–3–18、10–3–19）。

```
# 使用 Diamond 软件分别将基因组和转录组的非冗余基因集的氨基酸序列与 COG 数据库进行比对，获得基因对应的 COG 功能，并可使用 COG 对应的基因丰度加和代表相应 COG 功能类别的丰度
cd ..
mkdir cog
cd cog
diamond blastx -d COG_db.dmnd -q /metagenome/ORF/all.mrna.fa -o ./COG.xls --sensitive -e 1e-5 -f 6 -k 1 --threads 20
awk -F ' ' '{print $1,$2}' all_COG.xls > cog.txt
sed 's/\ /\x09/g' cog.txt > cog_tab.txt
awk -F "\t" 'NR==FNR{a[$1]=$2}NR>FNR{print $1"\t"a[$2]}' cog_db_tab.txt ./cog_tab.txt > cog_anno.xls
awk -F "\t" 'NR==FNR{a[$1]=$2}NR>FNR{print $1"\t"a[$2]}' COG.funccat_tab.txt ./cog_anno.xls > cog_anno_fun.xls
```

```
-rw-r--r-- 1 tang.liu  22M Apr 22 23:49 all_eggNOG.xls
-rw-r--r-- 1 tang.liu 5.7M Apr 24 14:57 cog_anno_fun.xls
-rw-r--r-- 1 tang.liu 7.3M Apr 24 14:57 cog_anno.xls
-rw-r--r-- 1 tang.liu 9.9M Apr 24 14:56 cog_tab.txt
-rw-r--r-- 1 tang.liu 9.9M Apr 24 14:56 cog.txt
```

图 10–3–17 COG 功能注释过程生成文件

contig-100_0_1	COG0065
contig-100_0_2	COG0066
contig-100_0_3	ENOG410ZWRH
contig-100_0_4	COG0598
contig-100_0_5	COG0483
contig-100_0_6	COG2084
contig-100_0_7	
contig-100_0_8	COG0436
contig-100_0_9	COG0741
contig-100_0_10	
contig-100_0_11	COG0225
contig-100_0_12	COG1611
contig-100_0_13	ENOG4111SI3
contig-100_0_14	ENOG410XQ3J
contig-100_0_15	

图 10–3–18　基因功能所对应 COG 功能类别编号和 COG 功能编号信息
（cog_anno_fun.xls 与 cog_anno.xls 文件内容）

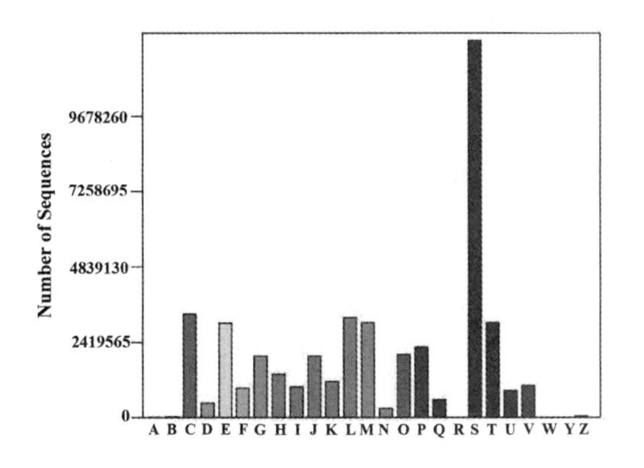

图 10-3-19　运用 cog_anno.xls 文件内容对 COG 功能分类统计的柱状图

【注意事项】

（1）该方法针对原核微生物进行信息注释，不含真核微生物的注释信息。

（2）宏基因组数据分析软件种类较多，每种软件都有相应的利弊，上述分析流程仅提供一种数据分析思路，具体可结合测序深度和数据量等因素进行调整，以实现高效、准确地对数据进行分析。

【实验报告】

基于宏基因组测序技术的特定环境微生物功能基因注释、分析结果。

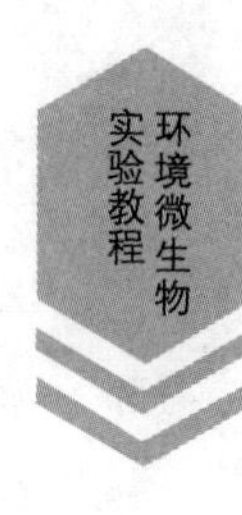

【问题与思考】

（1）比较质控前后的序列质量，并评估该样品的测序质量及质控效果。

（2）描述该样品的序列拼接效果。

（3）描述该样品的基因功能、基因丰度与宿主信息。

实验 10-4 基于宏转录组的环境微生物群落功能和基因表达量分析

【目的要求】

（1）了解基于宏转录组测序结果分析环境微生物功能基因及其表达量的方法。

（2）掌握宏转录组的常规分析流程。

【基本原理】

基于高通量测序技术的宏转录组生物信息分析的基本流程与宏基因组相同，主要包括质量控制、序列拼接、ORF 预测、基因丰度评估和基因注释等步骤。但是由于 DNA 和 RNA 所包含的遗传信息并非完全相同，DNA 分为编码区和非编码区，编码区包含外显子和内含子，一般非编码区具有基因表达的调控功能，编码区则转录为 mRNA 并最终翻译成蛋白质，即 mRNA 是携带能指导蛋白质合成的遗传信息，因此宏转录组生物信息分析所使用的软件与宏基因组有所不同。

1. 原始数据质量控制

宏转录组测序数据质量控制常用软件及原理与宏基因组相同，为 SeqPrep 和 Sickle 软件。

2. 去除 rRNA

虽然在 RNA 样品提取及宏转录组测序前都运用多种方式去除了 rRNA，但是测序数据中还会保留一部分的 rRNA 数据，因此为防止对后续分析产生影响，仍会进行 rRNA 测序数据的去除。其原理是通过将测序数据与包含所有微生物 rRNA 序列信息的数据库进行比对，根据序列相似度预测所测样品中包含的 rRNA 序列，然后将其去掉，以使后续分析结果中仅保留 mRNA 数据。

3. 序列拼接

相较基因组组装，转录组组装过程和原理更为复杂。首先，与可利用重叠区域组装基因组 DNA 不同，RNA 深度测序得到的序列大小范围更广，例如小 RNA 等不需要组装，而大片段的 RNA 则需要组装；其次，不同于 DNA 的双链都可以测序，RNA 只有一条有义链是有效的；再次，由于外显子的存在，来自同一个基因的 RNA 可能有不同的拼接方式，因此 RNA 组装过程可参考已有的基因组数据库，常用软件是 StringTie 和 Cufflinks。由于环境样品的转录组测序结果大都没有可参考的基因组数据库，且随着 RNA-seq 测序技术的发展及相关新算法的发明，也可以对序列从头组装，不再依赖于参考基因组，常用软件为 Trinity。

4. ORF 预测

经转录组组装后的长序列的 ORF 预测软件与基因组有所不同，常用的是 TransGeneScan 软件。

5. 基因表达丰度评估

转录组测序数据分析所用的构建非冗余数据集的方法与基因组相同，但是计算基因表达丰度使用的是 RSEM 软件。

【实验材料与环境】

1. 实验材料

活性污泥宏转录组测序序列。

2. 实验环境

Linux 服务器、Windows 系统计算机、SortMeRNA 软件、SeqPrep 软件、Sickle 软件、Trinity 软件、QUAST 软件、TransGeneScan 软件、Diamond 软件、HTSeq 软件、MEGAN 软件、SILVA 128 version 数据库、NCBI NR 数据库、KEGG 数据库、COG 数据库。

【实验步骤】

1. 准备数据

将活性污泥转录组测序原始数据传入新建目录（图 10-4-1）。

```
# 新建转录组测序数据分析目录并进入
mkdir metatrascriptome
cd metatrascriptome
mkdir rawdata
cd rawdata
# 将活性污泥转录组测序原始数据传入该目录，并重命名为“sampleA_1.fastq”和“sampleA_2.fastq”
```

```
total 27G
-rw-r----- 1 tang.liu 14G Apr 21 15:51 sampleA_1.fastq
-rw-r----- 1 tang.liu 14G Apr 21 15:51 sampleA_2.fastq
```

图 10-4-1　原始测序数据

2. 质量控制

对测序数据进行质量剪切（图 10-4-2）。

```
#SeqPrep 软件用于对转录组 reads 3′ 端和 5′ 端的 adapter 序列进行质量剪切
cd ..
mkdir QC
cd QC
SeqPrep –f /metatrascriptome/rawdata/sampleA_1.fastq –r /metatrascriptome/rawdata/sampleA_2.fastq –1 sampleA.clip.1.fq –2 sampleA.clip.2.fq –3 sampleA.discard.1.fq –4 sampleA.discard.2.fq –B AGATCGGAAGAGCGTCGTGT –A AGATCGGAAGAGCACACGTC
#Sickle 去除剪切后长度小于 50 bp、平均质量值低于 20 以及含模糊碱基的 reads，保留高质量的 pair-end reads
sickle pe –f sampleA.1.fq –r sampleA.2.fq –t sanger –q 20 –l 50 –n –o sampleA.clip.sickle.1.fq –p sampleA.clip.sickle.2.fq –s sampleA.clip.sickle.s.fq > sampleA.clip.sickle.log
```

```
total 29G
-rw-r--r-- 1 tang.liu 2.2G Apr 21 21:51 sampleA.clip.1.fq
-rw-r--r-- 1 tang.liu 2.7G Apr 21 21:51 sampleA.clip.2.fq
-rw-r--r-- 1 tang.liu  12G Apr 21 22:03 sampleA.clip.sickle.1.fq
-rw-r--r-- 1 tang.liu  12G Apr 21 22:03 sampleA.clip.sickle.2.fq
-rw-r--r-- 1 tang.liu  252 Apr 21 22:03 sampleA.clip.sickle.log
-rw-r--r-- 1 tang.liu 248M Apr 21 22:03 sampleA.clip.sickle.s.fq
-rw-r--r-- 1 tang.liu  21M Apr 21 21:51 sampleA.discard.1.fq
-rw-r--r-- 1 tang.liu  24M Apr 21 21:51 sampleA.discard.2.fq
```

图 10-4-2　原始测序数据质控后的数据

3. 去除转录组测序数据中的 rRNA

（1）用 SortMeRNA 软件将 rRNA 文件编译为 index 序列文件（图 10-4-3）。

```
# 用 SortMeRNA 软件将质量控制后保留的高质量 reads 与 SILVA 128 version 数据库进行比对，去除测序结果中 rRNA reads
cd ..
mkdir norRNA
cd norRNA
# 运用 SortMeRNA 软件的 indexdb_rna 命令将下载好的 rRNA 文件编译为后续筛选操作可识别的 index 序列文件
/sortmerna-2.0/indexdb_rna --ref silva-arc-16s-id95.fasta,silva-arc-16s-id95.idx:silva-arc-23s-id98.fasta,silva-arc-23s-id98.idx:silva-bac-16s-id90.fasta,silva-bac-16s-id90.idx:silva-bac-23s-id98.fasta,silva-bac-23s-id98.idx:silva-euk-18s-id95.fasta,silva-euk-18s-id95.idx:silva-euk-28s-id98.fasta,silva-euk-28s-id98.idx --fast -m 10240 — v
```

```
-rw-r--r-- 1 tang.liu 3.8M Apr 22 10:28 silva-arc-16s-id95.fasta
-rw-r--r-- 1 tang.liu  26M Apr 24 20:13 silva-arc-16s-id95.idx.bursttrie_0.dat
-rw-r--r-- 1 tang.liu 1.0M Apr 24 20:13 silva-arc-16s-id95.idx.kmer_0.dat
-rw-r--r-- 1 tang.liu  32M Apr 24 20:13 silva-arc-16s-id95.idx.pos_0.dat
-rw-r--r-- 1 tang.liu  51K Apr 24 20:13 silva-arc-16s-id95.idx.stats
-rw-r--r-- 1 tang.liu 735K Apr 22 10:29 silva-arc-23s-id98.fasta
-rw-r--r-- 1 tang.liu  11M Apr 24 20:13 silva-arc-23s-id98.idx.bursttrie_0.dat
-rw-r--r-- 1 tang.liu 1.0M Apr 24 20:13 silva-arc-23s-id98.idx.kmer_0.dat
-rw-r--r-- 1 tang.liu 7.0M Apr 24 20:13 silva-arc-23s-id98.idx.pos_0.dat
-rw-r--r-- 1 tang.liu 4.1K Apr 24 20:13 silva-arc-23s-id98.idx.stats
-rw-r--r-- 1 tang.liu  19M Apr 22 10:30 silva-bac-16s-id90.fasta
-rw-r--r-- 1 tang.liu 106M Apr 24 20:16 silva-bac-16s-id90.idx.bursttrie_0.dat
-rw-r--r-- 1 tang.liu 1.0M Apr 24 20:15 silva-bac-16s-id90.idx.kmer_0.dat
-rw-r--r-- 1 tang.liu 158M Apr 24 20:16 silva-bac-16s-id90.idx.pos_0.dat
-rw-r--r-- 1 tang.liu 201K Apr 24 20:16 silva-bac-16s-id90.idx.stats
-rw-r--r-- 1 tang.liu  13M Apr 22 10:24 silva-bac-23s-id98.fasta
-rw-r--r-- 1 tang.liu  74M Apr 24 20:17 silva-bac-23s-id98.idx.bursttrie_0.dat
-rw-r--r-- 1 tang.liu 1.0M Apr 24 20:17 silva-bac-23s-id98.idx.kmer_0.dat
-rw-r--r-- 1 tang.liu 109M Apr 24 20:17 silva-bac-23s-id98.idx.pos_0.dat
-rw-r--r-- 1 tang.liu  71K Apr 24 20:17 silva-bac-23s-id98.idx.stats
-rw-r--r-- 1 tang.liu  13M Apr 22 10:30 silva-euk-18s-id95.fasta
-rw-r--r-- 1 tang.liu  81M Apr 24 20:19 silva-euk-18s-id95.idx.bursttrie_0.dat
-rw-r--r-- 1 tang.liu 1.0M Apr 24 20:19 silva-euk-18s-id95.idx.kmer_0.dat
-rw-r--r-- 1 tang.liu 111M Apr 24 20:19 silva-euk-18s-id95.idx.pos_0.dat
-rw-r--r-- 1 tang.liu 115K Apr 24 20:19 silva-euk-18s-id95.idx.stats
-rw-r--r-- 1 tang.liu  15M Apr 22 10:31 silva-euk-28s-id98.fasta
-rw-r--r-- 1 tang.liu  86M Apr 24 20:20 silva-euk-28s-id98.idx.bursttrie_0.dat
-rw-r--r-- 1 tang.liu 1.0M Apr 24 20:20 silva-euk-28s-id98.idx.kmer_0.dat
-rw-r--r-- 1 tang.liu 128M Apr 24 20:20 silva-euk-28s-id98.idx.pos_0.dat
```

图 10-4-3　构建的索引文件

（2）通过合并及拆分生成 no_rRNA reads 序列文件（图 10-4-4）。

```
# 该软件的输入与输出为一个文件，因此即使是双端测序，也要先合并成一个文件，合并命令如下：
/sortmerna-2.0/merge-paired-reads.sh /metatrascriptome/QC/sampleA.clip.sickle.1.fq /metatrascriptome/QC/sampleA.clip.sickle.2.fq merged-sampleA.fq
# 将质量控制后保留的高质量 reads 与 SILVA 128 version 数据库进行比对，去除测序结果中 rRNA reads，输出 no_rRNA reads
sortmerna-2.0/sortmerna --ref silva-arc-16s-id95.fasta,silva-arc-16s-id95.idx:silva-arc-23s-id98.fasta,silva-arc-23s-id98.idx:silva-bac-16s-id90.fasta,silva-bac-16s-id90.idx:silva-bac-23s-id98.fasta,silva-bac-23s-id98.idx:silva-euk-18s-id95.fasta,silva-euk-18s-id95.idx:silva-euk-28s-id98.fasta,silva-euk-28s-id98.idx --reads sampleA.fq --sam --num_alignments 1 --fastx --aligned sampleA_rRNA --other sampleA_no_rRNA --log -a 8 -m 24000 --paired_in — v
# 将合并的 no_rRNA reads 进行拆分，拆分命令如下：
/mnt/ilustre/users/hao.gao/Software/sortmerna-2.0/scripts/unmerge-paired-reads.sh sampleA_no_rRNA.fq sampleA_no_rRNA.1.fastq sampleA_no_rRNA.2.fastq
```

```
-rw-r--r-- 1 tang.liu 11G Apr 22 15:38 sampleA_no_rRNA.1.fastq
-rw-r--r-- 1 tang.liu 11G Apr 22 15:38 sampleA_no_rRNA.2.fastq
-rw-r--r-- 1 tang.liu 24G Apr 27 16:36 sampleA_no_rRNA.fq
```

图 10-4-4　合并及拆分后的 no_rRNA reads 序列文件

4. 序列拼接

（1）用 Trinity 软件进行转录组组装（图 10–4–5）。

```
#Trinity 软件用于转录组组装
Trinity --seqType fq --left sampleA_no_rRNA.1.fastq --right sampleA_no_rRNA.2.fastq --CPU 16 --JM 30G
# 组装文件位于 trinity_out_dir 文件夹，名字为 Trinity.fasta
```

```
-rw-r--r-- 1 tang.liu  13G Apr 22 16:07 both.fa
-rw-r--r-- 1 tang.liu    9 Apr 22 16:07 both.fa.read_count
-rw-r--r-- 1 tang.liu  25G Apr 22 18:54 bowtie.nameSorted.sam
-rw-r--r-- 1 tang.liu    0 Apr 22 18:54 bowtie.nameSorted.sam.finished
-rw-r--r-- 1 tang.liu    0 Apr 22 18:50 bowtie.out.finished
drwxr-xr-x 3 tang.liu 4.0K Apr 23 02:00
-rw-r--r-- 1 tang.liu 304M Apr 22 16:46 inchworm.K25.L25.DS.fa
-rw-r--r-- 1 tang.liu    0 Apr 22 16:47 inchworm.K25.L25.DS.fa.finished
-rw-r--r-- 1 tang.liu   10 Apr 22 16:30 inchworm.kmer_count
-rw-r--r-- 1 tang.liu    0 Apr 22 18:54 iworm_scaffolds.txt
-rw-r--r-- 1 tang.liu    0 Apr 22 19:05 iworm_scaffolds.txt.finished
-rw-r--r-- 1 tang.liu    0 Apr 22 16:24 jellyfish.1.finished
-rw-r--r-- 1 tang.liu 7.2G Apr 22 16:24 jellyfish.kmers.fa
-rw-r--r-- 1 tang.liu  81K Apr 22 16:24 jellyfish.kmers.fa.histo
-rw-r--r-- 1 tang.liu    0 Apr 22 18:54 scaffolding_entries.sam
-rw-r--r-- 1 tang.liu 207M Apr 22 16:50 target.1.ebwt
-rw-r--r-- 1 tang.liu  23M Apr 22 16:49 target.2.ebwt
-rw-r--r-- 1 tang.liu  20M Apr 22 16:47 target.3.ebwt
-rw-r--r-- 1 tang.liu  46M Apr 22 16:47 target.4.ebwt
lrwxrwxrwx 1 tang.liu   96 Apr 22 16:47 target.fa -> /mnt/ilustre/users
.K25.L25.DS.fa
-rw-r--r-- 1 tang.liu    0 Apr 22 16:52 target.fa.finished
-rw-r--r-- 1 tang.liu 207M Apr 22 16:52 target.rev.1.ebwt
-rw-r--r-- 1 tang.liu  23M Apr 22 16:52 target.rev.2.ebwt
-rw-r--r-- 1 tang.liu  51M Apr 22 16:45 tmp.iworm.fa.pid_5880.thread_0
-rw-r--r-- 1 tang.liu  50M Apr 22 16:45 tmp.iworm.fa.pid_5880.thread_1
-rw-r--r-- 1 tang.liu  51M Apr 22 16:45 tmp.iworm.fa.pid_5880.thread_2
-rw-r--r-- 1 tang.liu  49M Apr 22 16:45 tmp.iworm.fa.pid_5880.thread_3
-rw-r--r-- 1 tang.liu  65M Apr 23 05:21 Trinity.fasta
-rw-r--r-- 1 tang.liu  736 Apr 23 05:21 Trinity.timing
```

图 10–4–5　转录组组装后的数据

（2）用 QUEST 软件评估序列拼接质量（图 10–4–6）。

```
#QUEST 软件用于评估序列拼接质量
cd sampleA
quast.py =/metatrascriptome/assembly/trinity_out_dir/Trinity.fasta –o trinity–report
```

```
Assembly                          Trinity
# contigs (>= 0 bp)               128714
# contigs (>= 1000 bp)            8075
# contigs (>= 5000 bp)            767
# contigs (>= 10000 bp)           185
# contigs (>= 25000 bp)           5
# contigs (>= 50000 bp)           0
Total length (>= 0 bp)            6093002
Total length (>= 1000 bp)         2056856
Total length (>= 5000 bp)         6527468
Total length (>= 10000 bp)        2630358
Total length (>= 25000 bp)        139117
Total length (>= 50000 bp)        0
# contigs                         22853
Largest contig                    29427
Total length                      3048774
GC (%)                            53.71
N50                               1735
N75                               822
L50                               3946
L75                               10619
# N's per 100 kbp                 0.00
```

图 10-4-6　转录组序列拼接结果统计

5. ORF 预测

用 TransGeneScan 软件进行 ORF 预测（图 10-4-7、10-4-8、10-4-9）。

```
#TransGeneScan 软件用于转录组组装序列 ORF 预测
cd ..
mkdir ORF
cd ORF
perl /TransGeneScan1.2.1/run_TransGeneScan.pl –in=/metatrascriptome/assembly/trinity_out_dir/
Trinity.fasta –out=gene_ORF
# 生成的 gene_ORF.faa 和 gene_ORF.ffn 分别为 ORF 的氨基酸和核苷酸序列
```

```
-rw-r--r-- 1 tang.liu  12M Apr 23 17:02 gene_ORF.faa
-rw-r--r-- 1 tang.liu  32M Apr 23 17:02 gene_ORF.ffn
-rw-r--r-- 1 tang.liu 6.3M Apr 23 17:21 gene_ORF.gff
-rw-r--r-- 1 tang.liu 2.9M Apr 23 17:21 gene_ORF.out
```

图 10-4-7　ORF 预测结果

```
>c0_g1_i1_62_376_+
ISIDSNFFKNNKDCFALRVSGDSMINAGIFDGDLVIVNPDEKVSQHDIVVARVDDEITVKNYEKKDDKIFLIPQNKKY
EPITVTQKNSFYLVGKVIGVLRWFN
>c2_g1_i1_1_377_-
KDRTSQFLRIALDEIRPGYARMSLHVTEHMVNGHGMCHGGFIFTLADSAFAYSCNSHNHNAVASGCTIDFLAPAHVGD
LLTAVAEERTLAGRSGIYDIDVRNQDGKRIAVFRGKSHRIPGETVK
>c2_g1_i2_24_413_-
KDRTSQFLRIALDEIRPGYARMSLHVTEHMVNGHGMCHGGFIFTLADSAFAYSCNSHNHNAVASGCTIEFLAPAHVGD
VLTAVAEERVLAGRSGIYDIDVTNQDGKRIAAFRGKSHRIQGETVKTLGE
>c4_g1_i1_1_278_-
PAITTPRTTQPHGPTAEPDPSSVTPELRLFVSGSPSSPDPPPAEPSSAVDCAPPAAWSGDCGCPGTASAPVGTGEVPS
VSELTPEPEDPEP
>c6_g1_i1_1_428_-
VVGRLASRVTKNARRIEIETAPELKAKIEQRIHFADDFSHKSRLLDHLLRDVDLSQAVVFTSTKKSADDLAVQLRGEG
FAAEALHGDMSQRDRNRTLQGLRQGRTRVLVATDVAARGIDVPGISHVINFDLPRQAEDYVHRI
>c7_g1_i1_102_623_-
ITSVQAIYVPADDLTDPAPAAAFAHLDATTVLSRQISELGIYPAVDPLDSTSRILEPGIIGQEHYNVAKTCKEILQHY
KDLQDIINILGMDELSDEDKIVVRRARRIQRFFSQPFHVAEQFTGYKGRYVKLEDTIRSFKAIIDGKYDDFPEQAFMY
CGSIEDVEEKAKRMAS
```

图 10-4-8 ORF 的氨基酸序列

```
>c0_g1_i1_62_376_+
ATCTCAATTGACTCTAATTTTTTTAAGAATAATAAAGATTGTTTTGCTTTAAGAGTTTCAGGTGATAGTATGATTAAT
GCAGGAATATTTGACGGAGATTTGGTAATTGTAAATCCTGATGAAAAAGTATCACAACATGATATTGTGGTTGCAAGA
GTAGATGATGAAATTACGGTTAAGAATTATGAAAAGAAAGACGATAAAATTTTTCTGATACCACAGAATAAAAAATAT
GAGCCAATTACTGTTACACAAAAAAATAGTTTCTATCTCGTGGGAAAAGTGATCGGCGTTTTAAGATGGTTTAAT
>c2_g1_i1_1_377_-
AAGGATCGCACCTCGCAATTTCTCAGGATCGCCCTGGACGAGATCCGGCCCGGCTATGCGCGCATGAGCCTGCACGTG
ACCGAGCACATGGTCAACGGCCATGGCATGTGCCATGGCGGCTTCATTTTCACGCTGGCGGACTCGGCCTTCGCCTAT
TCCTGCAACAGCCACAACCACAATGCCGTCGCCTCGGGTTGCACGATCGACTTCCTCGCCCCTGCCCACGTCGGCGAC
CTGCTGACCGCCGTGGCGGAGGAACGGACGCTCGCCGGCCGCAGCGGCATCTATGACATCGATGTGCGCAACCAGGAT
GGCAAGCGCATTGCCGTGTTCCGCGGCAAGTCGCACCGCATACCGGGCGAAACGGTCAAA
>c2_g1_i2_24_413_-
AAGGATCGCACCTCGCAATTTCTCAGGATCGCCCTGGACGAGATCCGGCCCGGCTATGCGCGCATGAGCCTGCACGTG
ACCGAGCACATGGTCAACGGCCATGGCATGTGCCATGGCGGCTTCATTTTCACGCTGGCGGACTCGGCCTTCGCCTAT
TCCTGCAACAGCCACAACCACAACGCCGTCGCCTCCGGCTGCACGATCGAGTTCCTCGCCCCGGCCCATGTCGGCGAC
GTGCTCACCGCCGTGGCGGAGGAGCGGGTGCTCGCCGGCCGCAGCGGCATCTACGACATCGACGTCACCAACCAGGAC
GGCAAGCGCATCGCCGCGTTCCGCGGCAAGTCGCACCGCATCCAGGGCGAAACCGTCAAGACGCTAGGAGAA
```

图 10-4-9 ORF 的核苷酸序列

6. 评估基因转录表达量

用 BBMap 软件与转录组组装后的 contigs 进行比对，并用 HTSeq 软件统计比对数量，最终计算每个基因的覆盖度和丰度（图 10-4-10、10-4-11）。

```
# 用 BBMap 软件将 no_rRNA reads 与转录组组装后的 contigs 进行比对
cd ..
mkdir gene_abundance
cd gene_abundance
/bbmap/bbmap.sh in1=/metatrascriptome/norRNA/sampleA_no_rRNA.1.fastq in2=/
metatrascriptome/norRNA/sampleA_no_rRNA.2.fastq out=sampleA.sam minid=0.95
outm=sampleA.map.sam ambig=random rpkm=sampleA.rpkm.xls ref=/metatrascriptome/assembly/
trinity_out_dir/Trinity.fasta nodisk
#HTSeq 软件结合 ORF 预测结果统计比对到 ORF 上的 reads 数量，结合统计结果，根据
式 10-3-1 和式 10-3-2 分别计算每个基因的覆盖度和丰度
python -m HTSeq.scripts.count -r name -m intersection-strict -t CDS -s no -i ID /
metatrascriptome/gene_abundance/sampleA.map.sam /metatrascriptome/ORF/gene_ORF.gff >
gene_abundance.xls
```

```
-rw-r--r-- 1 tang.liu 1.8M Apr 24 01:55 gene_abundance.xls
-rw-r--r-- 1 tang.liu 9.1G Apr 24 20:53 sampleA.map.sam
-rw-r--r-- 1 tang.liu 4.2M Apr 24 20:53 sampleA.rpkm.xls
-rw-r--r-- 1 tang.liu  26G Apr 24 20:53 sampleA.sam
```

图 10-4-10 质控数据与 ORF 比对及用 HTSeq 统计比对文件过程生成的文件

c0_g1_i1_62_376_+	0
c100000_g1_i1_1_147_-	31918
c100001_g1_i1_1_208_-	40153
c100003_g1_i1_1_265_-	12
c100005_g1_i1_1_184_-	52475
c100007_g1_i1_1_212_-	11
c100011_g1_i1_1_260_-	6
c100015_g1_i1_1_246_-	5
c100017_g1_i1_129_265_-	26174
c100019_g1_i1_1_304_-	0
c100024_g1_i1_1_215_-	2
c100029_g1_i1_118_411_-	986
c10002_g1_i1_1_649_-	90
c10002_g1_i2_1_224_-	15963
c100030_g1_i1_1_208_-	0
c100034_g1_i1_1_214_-	0
c100035_g1_i1_48_248_-	793
c100038_g1_i1_1_208_-	0

图 10-4-11 基因转录表达量评估运行结果（gene_abundance.xls）

7. 物种和功能注释

（1）用 Diamond 软件将基因的氨基酸序列与 NCBI NR 数据库进行比对（图 10-4-12）。

```
# 使用 Diamond 软件将转录组的非冗余基因集的氨基酸序列与 NCBI NR 数据库进行比对，并通过 NCBI NR 数据库对应的分类学信息数据库获得物种对应的 accession number（图 10-4-12 第 2 列）
mkdir taxasonomy
cd taxasonomy
diamond blastp -d nr.dmnd -q /metatrascriptome/ORF/gene_ORF.faa -o T_nr --sensitive -e 1e-5 -f 6 -k 1 --threads 20
```

c0_g1_i1_62_376_+	WP_014559363.	85.4	103	15	0	1	103	113	215	1.00E-43	184.9
c2_g1_i1_1_377_-	SFL44394.1	67.5	123	40	0	1	123	36	158	1.30E-40	174.9
c2_g1_i2_24_413_-	SFL44394.1	66.4	125	42	0	1	125	36	160	1.00E-40	175.3
c6_g1_i1_1_428_-	OQY66461.1	99.3	142	1	0	1	142	47	188	5.10E-70	272.7
c7_g1_i1_102_623_-	WP_014560501.	99.4	172	1	0	1	172	299	470	3.70E-91	343.2
c7_g2_i1_865_1383_-	OGU38462.1	92.9	170	12	0	1	170	299	468	3.40E-84	320.1
c8_g1_i1_22_369_+	BAJ48030.1	47.1	102	52	1	4	103	222	323	3.20E-14	87
c10_g1_i1_3_146_+	OG047005.1	87	46	6	0	1	46	56	101	1.20E-15	90.5
c12_g1_i1_26_400_+	CCG20066.1	83.7	123	20	0	1	123	142	264	6.00E-59	235.7
c12_g1_i2_284_597_-	OIP07794.1	74.7	99	25	0	5	103	29	127	1.40E-37	164.5
c13_g1_i1_1_298_-	OGK77891.1	68.4	98	31	0	1	98	95	192	5.70E-28	132.5
c16_g1_i1_1_339_-	OQY81002.1	99.1	112	1	0	1	112	364	475	1.30E-60	241.1
c17_g1_i1_1_685_-	ODS97327.1	90.4	228	22	0	1	228	142	369	4.30E-111	409.8
c20_g1_i1_1_236_-	OQY72868.1	93.6	78	5	0	1	78	190	267	7.70E-36	158.3
c21_g1_i1_26_625_+	WP_014237505.	77.8	198	44	0	1	198	2	199	4.30E-83	316.6
c25_g1_i1_1_540_-	WP_007222708.	100	179	0	0	1	179	2	180	5.20E-104	386
c26_g1_i1_1_489_-	KXK29883.1	100	162	0	0	1	162	2	163	4.60E-91	342.8

图 10-4-12　ORF 与 NCBI NR 数据库比对结果

（2）用 MEGAN 软件进行注释（图 10-4-13）。

> #将比对结果导入至 MEGAN 软件，将 ORF 对应的 accession number 注释以得到具体的物种信息。得到的物种信息即为相应基因的宿主细菌，最后可用物种对应的基因转录表达丰度加和代表该物种的表达丰度

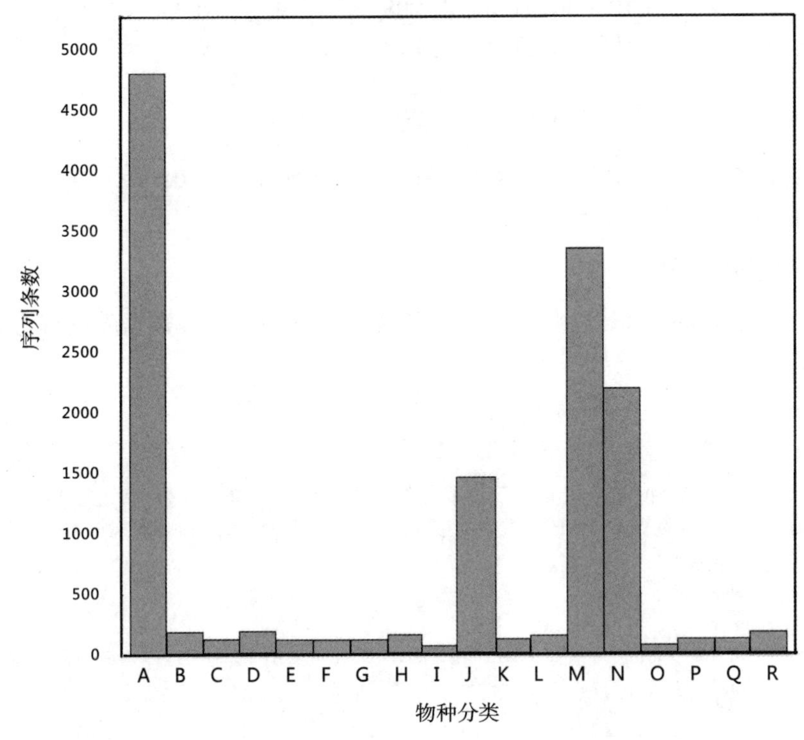

图 10-4-13　运用 MEGAN 软件对 NCBI NR 数据库比对结果进行分析

（3）用 Diamond 软件与 KEGG 数据库进行比对（图 10-4-14、10-4-15、10-4-16）。

```
# 使用 Diamond 软件将转录组的非冗余基因集的氨基酸序列与 KEGG 数据库进行比对，获得基因对应的 KEGG 功能，可使用 KO、Pathway、EC、Modules 对应的基因表达丰度加和代表对应功能类别的表达丰度
cd ..
mkdir kegg
cd kegg
diamond blastp -d kegg.dmnd -q /metatrascriptome/ORF/gene_ORF.faa -o sampleA.m8 --sensitive -e 1e-5 -f 6 -k 1 --threads 20
python keggstat.py -i sampleA.m8 -t xls -o sampleA_KEGGstat -d ko
```

```
-rw-r--r-- 1 tang.liu  67K Apr 24 14:59 KEGG.Enzyme.profile.xls
-rw-r--r-- 1 tang.liu 406K Apr 24 14:59 KEGG.gene.profile.xls
-rw-r--r-- 1 tang.liu  33K Apr 24 14:59 KEGG.KO.profile.xls
-rw-r--r-- 1 tang.liu  24K Apr 24 14:59 KEGG.Module.profile.xls
-rw-r--r-- 1 tang.liu  62K Apr 24 14:59 KEGG.Pathway.profile.xls
-rw-r--r-- 1 tang.liu 5.3M Apr 24 14:59 KEGG.sampleA_KEGG.annotate.xls
-rw-r--r-- 1 tang.liu  65K Apr 24 14:59 KOpath.list
```

图 10-4-14　KEGG 功能注释过程生成文件

Query	Gene	KO	Definiti	Pathway	Enzyme	Modules	Hyperlink
c0_g1_i1_62_376_+	ial:IALB	K01356	represso	-	3.4.21.8	M00729	http://www.genome.jp/dbget-bin/www_bget?ko:K01356
c2_g1_i1_1_377_-	axs:LH59	K02614	acyl-CoA	ko00360	3.1.2.-	-	http://www.genome.jp/dbget-bin/www_bget?ko:K02614
c2_g1_i2_24_413_-	hht:F506	K02614	acyl-CoA	ko00360	3.1.2.-	-	http://www.genome.jp/dbget-bin/www_bget?ko:K02614
c7_g1_i1_102_623_-	ial:IALB	K02112	F-type H	ko00190,	3.6.3.14	M00157	http://www.genome.jp/dbget-bin/www_bget?ko:K02112
c7_g2_i1_865_1383_-	ial:IALB	K02112	F-type H	ko00190,	3.6.3.14	M00157	http://www.genome.jp/dbget-bin/www_bget?ko:K02112
c12_g1_i1_26_400_+	tat:KUM_	K00560	thymidyl	ko00240,	2.1.1.45	M00053	http://www.genome.jp/dbget-bin/www_bget?ko:K00560
c12_g1_i2_284_597_-	azi:AzCI	K06195	ApaG pro	-	-	-	http://www.genome.jp/dbget-bin/www_bget?ko:K06195
c16_g1_i1_1_339_-	tjr:Ther	K13687	arabinof	-	2.4.2.-	-	http://www.genome.jp/dbget-bin/www_bget?ko:K13687
c17_g1_i1_1_685_-	nii:Nit7	K00147	glutamat	ko00330,	1.2.1.41	M00015	http://www.genome.jp/dbget-bin/www_bget?ko:K00147
c20_g1_i1_1_236_-	thu:AC73	K06958	RNase ad	-	-	-	http://www.genome.jp/dbget-bin/www_bget?ko:K06958
c21_g1_i1_26_625_+	dsu:Dsui	K03088	RNA poly	-	-	-	http://www.genome.jp/dbget-bin/www_bget?ko:K03088
c25_g1_i1_1_540_-	nde:NIDE	K09763	uncharac	-	-	-	http://www.genome.jp/dbget-bin/www_bget?ko:K09763
c29_g1_i1_1_552_-	lch:Lcho	K01874	methiony	ko00450,	6.1.1.10	M00359,M	http://www.genome.jp/dbget-bin/www_bget?ko:K01874
c31_g1_i1_33_194_+	app:CAP2	K06217	phosphat	-	-	-	http://www.genome.jp/dbget-bin/www_bget?ko:K06217
c32_g1_i1_245_557_-	shd:SUTH	K01998	branched	ko02010,	-	M00237	http://www.genome.jp/dbget-bin/www_bget?ko:K01998
c32_g2_i1_1_205_-	kfl:Kfla	K01995	branched	ko02010,	-	M00237	http://www.genome.jp/dbget-bin/www_bget?ko:K01995
c34_g1_i1_1_212_-	dko:I596	K21025	multidom	ko02025	-	-	http://www.genome.jp/dbget-bin/www_bget?ko:K21025
c36_g1_i1_1_397_-	fgi:OP10	K11381	2-oxoiso	ko00280,	1.2.4.4	M00036	http://www.genome.jp/dbget-bin/www_bget?ko:K11381
c37_g1_i1_1_237_-	abac:LuP	K02863	large su	ko03010	-	M00178,M	http://www.genome.jp/dbget-bin/www_bget?ko:K02863

图 10-4-15　基因功能所对应的 KO、Pathway、EC、Modules 等信息（KEGG.sampleA_KEGG.annotate.xls 文件内容）

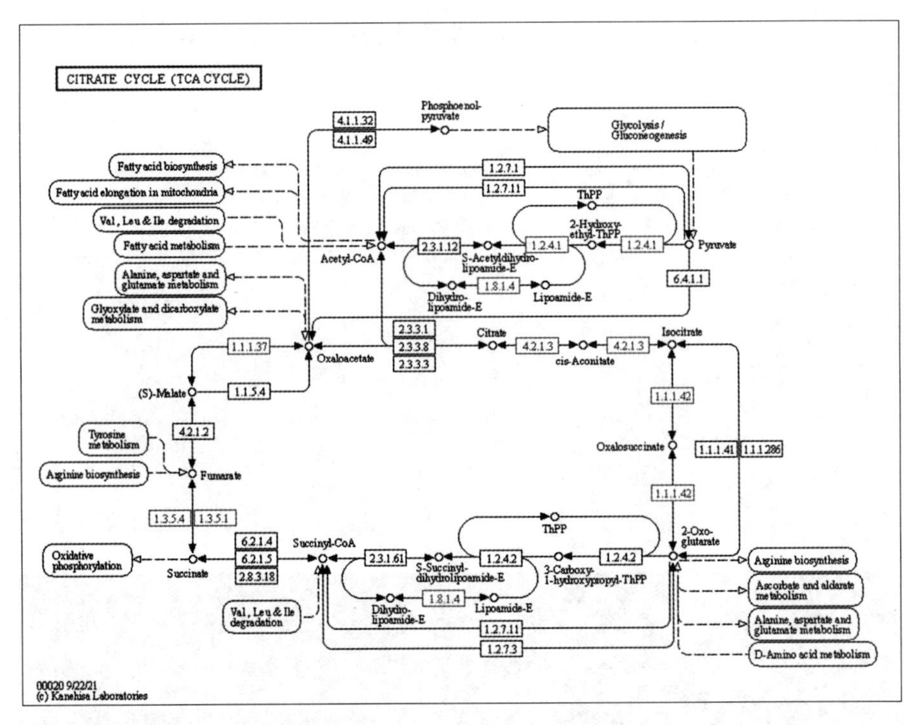

图 10-4-16　KEGG 通路数据库中的详细信息（KEGG.Pathway.profile.xls 文件内容）

（4）用 Diamond 软件与 COG 数据库进行比对（图 10-4-17、10-4-18、10-4-19）。

```
# 使用 Diamond 软件将转录组的非冗余基因集的氨基酸序列与 COG 数据库进行比对，获得基因对应的 COG 功能，可使用 COG 对应的基因转录丰度加和代表相应 COG 类别的表达丰度
cd ..
mkdir cog
cd cog
diamond blastp -d COG.dmnd -q /metatrascriptome/ORF/gene_ORF.faa -o ./all_COG.xls --sensitive -e 1e-5 -f 6 -k 1 --threads 20
awk -F ' ' '{print $1,$2}' all_COG.xls > cog.txt
sed 's/\ /\x09/g' cog.txt > cog_tab.txt
awk -F "\t" 'NR==FNR{a[$1]=$2}NR>FNR{print $1"\t"a[$2]}' cog_db_tab.txt ./cog_tab.txt > cog_anno.xls
awk -F "\t" 'NR==FNR{a[$1]=$2}NR>FNR{print $1"\t"a[$2]}' COG.funccat_tab.txt ./cog_anno.xls > cog_anno_fun.xls
```

```
-rw-r--r-- 1 tang.liu 4.1M Apr 23 21:17 all_eggNOG.xls
-rw-r--r-- 1 tang.liu 1.3M Apr 24 22:41 cog_anno_fun.xls
-rw-r--r-- 1 tang.liu 1.6M Apr 24 22:41 cog_anno.xls
-rw-r--r-- 1 tang.liu 2.1M Apr 24 22:41 cog_tab.txt
-rw-r--r-- 1 tang.liu 2.1M Apr 24 22:41 cog.txt
```

图 10-4-17 COG 功能注释过程生成文件

c0_g1_i1_62_376_+	K	c0_g1_i1_62_376_+	COG1974
c2_g1_i1_1_377_-		c2_g1_i1_1_377_-	
c2_g1_i2_24_413_-		c2_g1_i2_24_413_-	
c6_g1_i1_1_428_-	L	c6_g1_i1_1_428_-	COG0513
c7_g1_i1_102_623_-	C	c7_g1_i1_102_623_-	COG0055
c7_g2_i1_865_1383_-	C	c7_g2_i1_865_1383_-	COG0055
c8_g1_i1_22_369_+	C	c8_g1_i1_22_369_+	ENOG4112CPR
c12_g1_i1_26_400_+	F	c12_g1_i1_26_400_+	COG0207
c12_g1_i2_284_597_-	P	c12_g1_i2_284_597_-	COG2967
c13_g1_i1_1_298_-	S	c13_g1_i1_1_298_-	COG2014
c16_g1_i1_1_339_-	S	c16_g1_i1_1_339_-	ENOG4110315
c17_g1_i1_1_685_-	E	c17_g1_i1_1_685_-	COG0014

图 10-4-18 基因功能所对应 COG 功能类别编号和 COG 功能编号信息
（cog_anno_fun.xls 与 cog_anno.xls 文件内容）

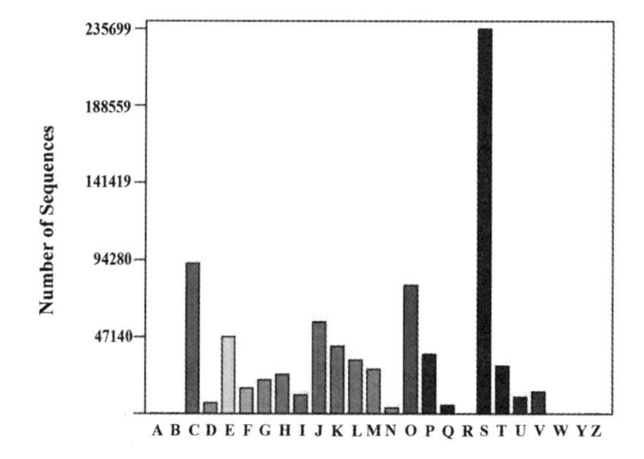

图 10-4-19 运用 cog_anno.xls 文件内容对 COG 功能分类统计的柱状图

【注意事项】

（1）测序数据的生物信息学分析流程环环相扣，一方面为保证后续流程能顺利进行，要确保每一步所输入参数的准确性与合理性；另一方面要确保输入代码的准确性，防止软件在运行过程中报错。

（2）虽然转录组组装的算法不断完善，但是不再依赖于参考基因组的组装方法仍存在出现组装错误的缺点，需要根据物种和功能信息对其正确性进行评估。

【实验报告】

基于宏转录组测序技术的特定环境微生物活性物种与功能基因注释结果，以及活性物种与功能基因的转录表达丰度分析结果。

【问题与思考】

（1）简述有参考基因组和无参考基因组的转录组组装技术的异同之处。

（2）简述宏基因组测序数据分析与宏转录组测序数据分析流程，并对其异同之处进行比较。

实验 10-5　基于宏蛋白质组的环境微生物群落功能和蛋白质表达量分析

【目的要求】

（1）了解基于宏蛋白质组结果分析环境微生物功能基因及其表达量的方法。

（2）掌握宏蛋白质组的常规分析流程。

【基本原理】

经宏蛋白质组测序和蛋白质的定性与定量分析后，一方面需要对测序结果进行评估，统计肽段的翻译表达量，另一方面是对得到的蛋白质进行物种和功能的注释以及分类，包括与 NR、COG、KEGG 等数据库进行比对。

1. 测序结果评估

由于每种质谱仪都有自身的测量范围，因此可鉴定到的肽段也有一定的长度限制。肽段过长或过短都无法在质谱仪中被检测到。如果鉴定结果中肽段长度普遍过低或普遍过高，则可能是蛋白酶选用不恰当。因此，通过对测序后所得肽段序列长度分布进行统计，有助于判断所用质谱仪和所用蛋白酶是否得当。此外，统计指标还包括蛋白质相对分子质量分布、蛋白质等电点分布、肽段序列覆盖度及鉴定肽段数量分布等，均可用于评估测序方法的合理性。

2. 肽段物种与功能注释

与宏基因组和宏转录组数据分析的方法相同，对蛋白质进行物种和功能注释也是通过将所测得的肽段序列与相应数据库进行比对，基于序列相似度来预测肽段的宿主细菌及功能。

【实验材料与环境】

1. 实验材料

活性污泥宏蛋白质组测定结果。

2. 实验环境

Linux 服务器、Windows 系统计算机、Excel 软件、Diamond 软件、MEGAN 软件、NCBI NR 数据库、KEGG 数据库、COG 数据库。

【实验步骤】

1. 测序结果评估

（1）鉴定蛋白质相对分子质量：蛋白质相对分子质量分布如图 10-5-1 所示，横坐标为鉴定到的蛋白质的相对分子质量；主纵坐标对应图中的柱状图，表示鉴定到的具有对应相对分子质量的蛋白质数量；次纵坐标对应图中的累积曲线，表示具有不高于对应相对分子质量的蛋白质的累积百分比。

（2）鉴定蛋白质等电点分布：蛋白质等电点分布如图 10-5-2 所示，横坐标为鉴定到的蛋白质的等电点；主纵坐标对应图中的柱状图，表示鉴定到的具有对应等电点的蛋白质数量；次纵坐标对应图中的累积曲线，表示等电点不高

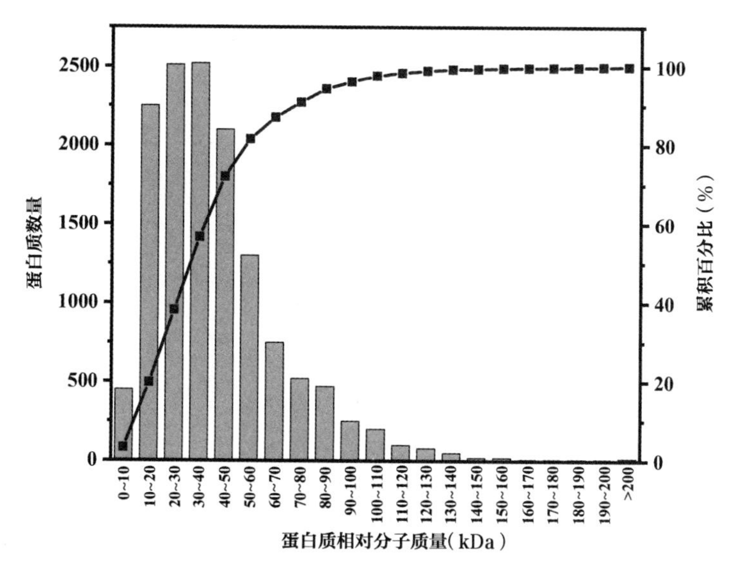

图 10-5-1　鉴定蛋白质相对分子质量分布图

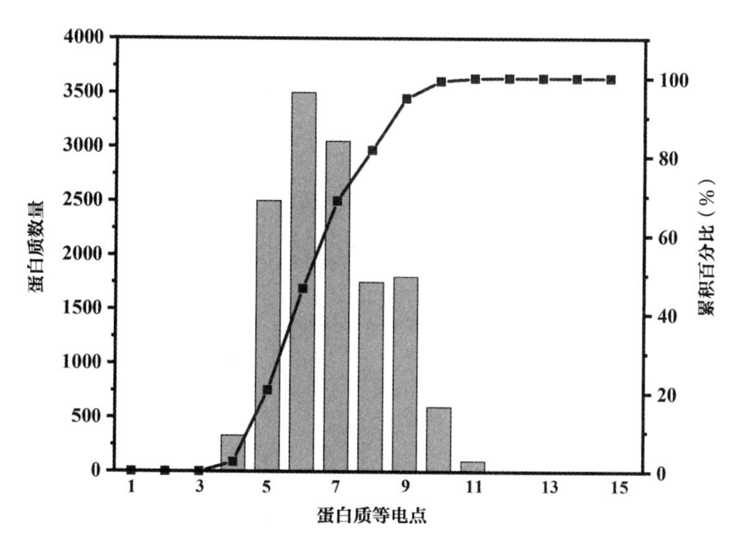

图 10-5-2　蛋白质等电点分布图

于对应数值的蛋白质的累积百分比。

（3）鉴定肽段长度分布：肽段长度分布如图 10-5-3 所示，横坐标为肽段长度，纵坐标为对应长度包含肽段的数目，肽段长度分布图展示了质谱仪对胰蛋白酶酶解的肽段鉴定长度的分布情况。理论分布可以拟合为一个 6 次多项式，R_2 大于 0.95。鉴定肽段长度在 10 到 13 之间达到峰值，90% 的肽段长度在24以内，其符合理论肽段，说明所选取的质谱仪和蛋白酶可满足样品蛋白质的测序要求。

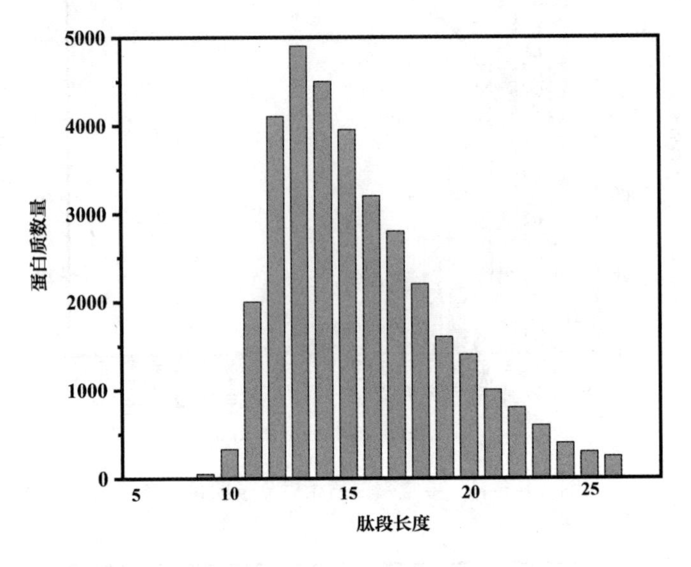

图10-5-3　肽段长度分布图

（4）鉴定肽段序列覆盖度：肽段序列覆盖度如图10-5-4所示，该图显示了鉴定到的不同覆盖度的蛋白质比例分布情况。横坐标为鉴定到的蛋白质序列覆盖百分比；纵坐标为鉴定到的蛋白质数量。

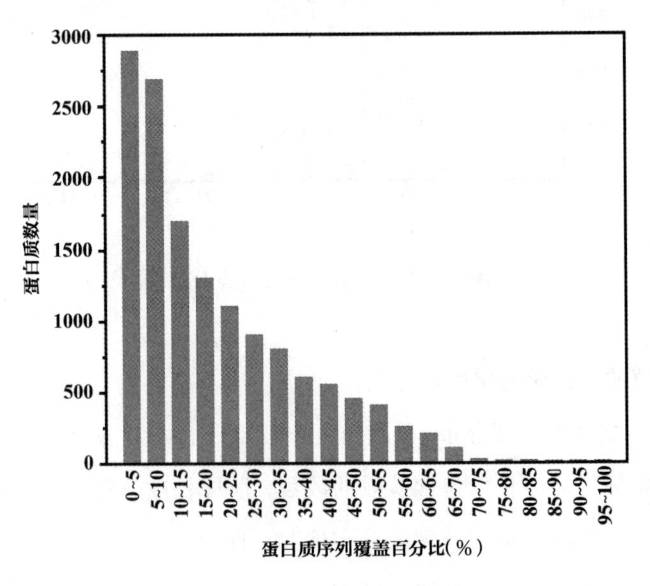

图10-5-4　肽段序列覆盖度

（5）鉴定肽段数量分布：肽段数量分布如图 10–5–5 所示，该图显示了鉴定蛋白质所对应的肽段数量分布情况。横坐标为鉴定蛋白质的肽段数量；主纵坐标对应图中的柱状图，表示对应鉴定肽段数量的蛋白质数目；次纵坐标对应图中的累积曲线，表示鉴定蛋白质的肽段数量不高于对应数值的蛋白质累积百分比。

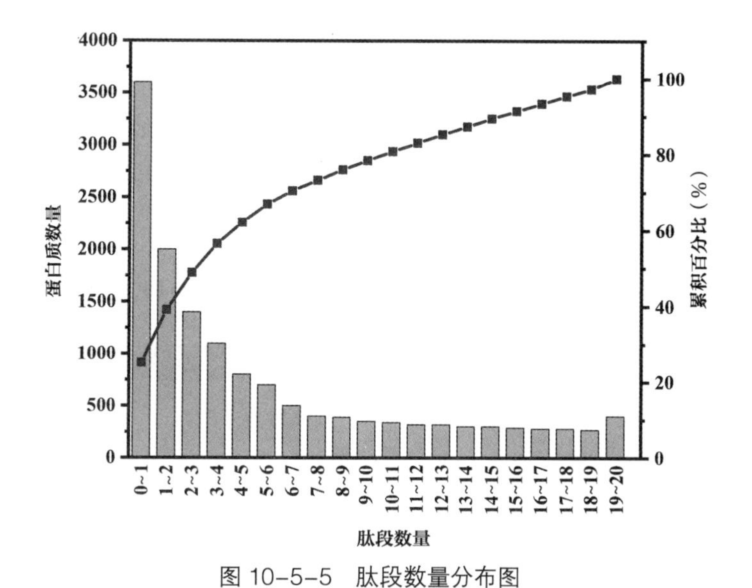

图 10–5–5　肽段数量分布图

2. 基因与物种翻译表达量计算

活性污泥样品经蛋白质组测序后的统计结果如图 10–5–6 所示，涵盖了

Peptides	Coverage	# AAs	MW [kDa]	calc. pI	emPAI	Score Sequest I	# Peptide	Intensity
19.scaffold_735_34	76.125	800	89.3	6.25	694.193	14940.03	64	6.8E+10
19.scaffold_233_64	72.125	800	89.2	6.3	538.688	14666.09	61	6.4E+10
7.scaffold_214_27	64.632	557	62	4.65	121.528	10390.31	30	7E+10
19.scaffold_3907_2	61.79	581	65.4	7.15	121.168	9260.86	36	3.4E+10
19.scaffold_233_60	66.3212	579	65.2	7.09	377.249	9044.71	40	3.1E+10
19.scaffold_61_129	59.0164	549	61	4.68	99	7743.52	26	7.6E+10
19.scaffold_412_2	74.6177	327	35.8	5.62	286.298	7256.13	23	7.2E+10
19.scaffold_896_2	69.9468	376	40.7	5.82	362.078	6989.98	24	7.9E+10
19.scaffold_385_25	63.4465	1149	131.3	8.21	49.365	6908.03	60	4E+10
19.scaffold_233_65	86.8132	273	30.1	5.21	793.328	6701.5	20	1.1E+11
7.scaffold_6093_4	45.8101	537	60.1	7.25	65.834	6509.98	24	2E+10
7.scaffold_556_29	58.6957	138	15.5	8.81	6811.92	6323.48	14	7.5E+10
19.scaffold_233_63	46.1825	537	60	7.24	54.41	6223.25	23	3.2E+10
19.scaffold_416_22	61.3577	1149	131.6	8.29	35.629	6197.33	55	1.4E+10
7.scaffold_410_31	66.0107	559	58.9	5.43	73.989	5927.74	40	8.8E+09
19.scaffold_237_22	58.0882	136	15.1	8.84	999	4885.44	11	7.4E+10

图 10–5–6　鉴定肽段的统计结果

肽段的覆盖度（Coverage）、氨基酸组成个数（#AAs）、相对分子质量（MW [kDa]）、质谱峰信号强度（Intensity）等信息，其中质谱峰信号强度即为相应肽段的翻译表达量。

3. 肽段物种与功能注释

（1）新建目录并传入活性污泥蛋白质组测序原始数据（图 10-5-7）。

```
# 新建蛋白质组测序数据分析目录并进入
mkdir proteome
cd proteome
mkdir rawdata
cd rawdata
# 将活性污泥蛋白质组测序原始数据传入该目录，并重命名为"Peptide.faa"
```

```
-rw-r--r-- 1 tang.liu  459M Sep 24  2018 Peptide.faa
```

图 10-5-7 原始测序数据

（2）用 Diamond 软件将基因的氨基酸序列与 NCBI NR 数据库进行比对（图 10-5-8）。

```
# 使用 Diamond 软件将蛋白质组鉴定的氨基酸序列与 NCBI NR 数据库进行比对，并通过 NCBI NR 数据库对应的分类学信息数据库获得物种 accession numer（图 10-5-8 第 2 列）
mkdir taxasonomy
cd taxasonomy
diamond blastp -d nr.dmnd -q /proteome/Peptide.faa -o Peptide_nr --sensitive -e 1e-5 -f 6 -k 1 --threads 20
```

scaffold_794_1	SET60285	72.9	288	66	2	1	288	1	276	2.10E-116	427.9
scaffold_794_2	SFL16860.	78	100	22	0	1	100	1	100	4.20E-42	179.5
scaffold_794_3	SEN46438	69.6	135	38	1	1	135	1	132	1.90E-48	201.1
scaffold_794_4	SER51150	82.2	427	76	0	1	427	1	427	7.90E-199	702.2
scaffold_794_5	SFK73987	84.6	591	88	2	9	599	8	595	4.00E-273	949.5
scaffold_794_6	SFK50981	70.9	148	35	1	1	140	1	148	8.20E-44	185.7
scaffold_794_7	SFK51008	83	253	38	1	1	253	1	248	1.20E-122	448.4
scaffold_794_8	SDW3298.	76.3	764	181	0	1	764	1	764	0.00E+00	1224.2
scaffold_794_9	SER67133	76.8	297	69	0	1	297	1	297	2.90E-126	460.7
scaffold_794_10	SFK51096	85.5	145	21	0	1	145	1	145	8.20E-63	248.8
scaffold_794_11	SFF00442.	87.1	101	13	0	1	101	1	101	1.30E-46	194.5
scaffold_794_12	SER67049	64.3	272	96	1	17	288	18	288	2.90E-96	360.9

图 10-5-8　肽段序列与 NCBI NR 数据库比对结果

（3）用 MEGAN 软件进行注释（图 10-5-9）。

```
# 将比对结果导入至 MEGAN 软件，将肽段对应的 accession number 注释以得到具体的物种信息。得到的物种信息即为相应基因的宿主细菌，最后可用物种对应的基因翻译表达丰度加和代表该物种的表达丰度
```

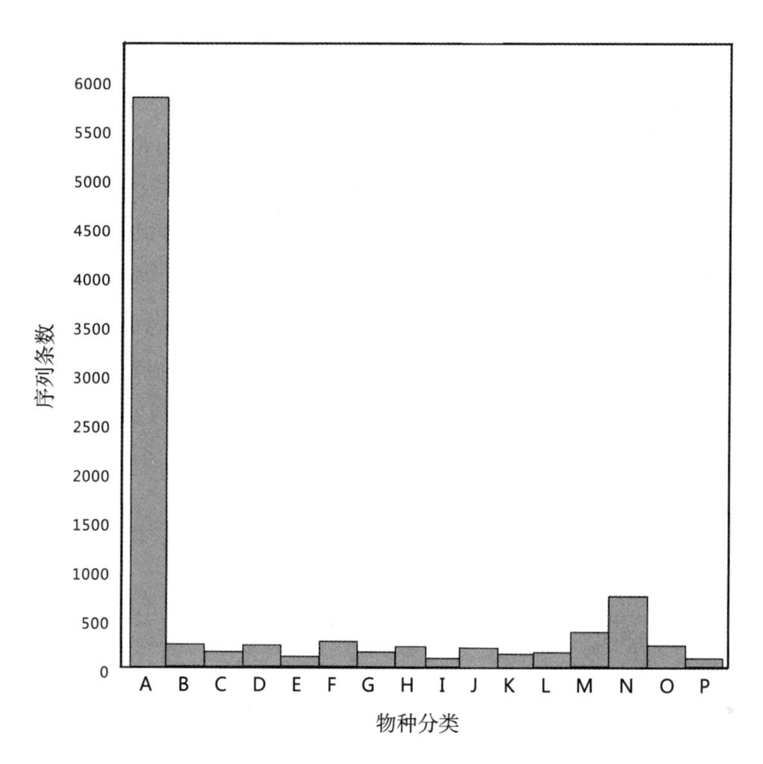

图 10-5-9　运用 MEGAN 软件对 NCBI NR 数据库比对结果进行分析

（4）用 Diamond 软件与 KEGG 数据库进行比对（图 10-5-10、10-5-11、10-5-12）。

```
# 使用 Diamond 软件将蛋白质组鉴定的氨基酸序列与 KEGG 数据库进行比对，获得基因对应的 KEGG 功能，使用 KO、Pathway、EC、Modules 对应的基因翻译表达丰度总和计算对应功能类别的翻译表达丰度
cd ..
mkdir kegg
cd kegg
diamond blastp -d kegg.dmnd -q /proteome/Peptide.faa -o Peptide.m8 --sensitive -e 1e-5 -f 6 -k 1 --threads 20
python keggstat.py -i Peptide.m8 -t xls -o Peptide_KEGGstat -d ko
```

```
-rw-r--r-- 1 tang.liu  94K Sep 25  2018 KEGG.Enzyme.profile.xls
-rw-r--r-- 1 tang.liu 1.9M Sep 25  2018 KEGG.gene.profile.xls
-rw-r--r-- 1 tang.liu  50K Sep 25  2018 KEGG.KO.profile.xls
-rw-r--r-- 1 tang.liu  29K Sep 25  2018 KEGG.Module.profile.xls
-rw-r--r-- 1 tang.liu  69K Sep 25  2018 KEGG.Pathway.profile.xls
-rw-r--r-- 1 tang.liu  29M Sep 25  2018 KEGG.Peptide_KEGG.annotate.xls
-rw-r--r-- 1 tang.liu  81K Sep 25  2018 KOpath.list
```

图 10-5-10 KEGG 功能注释过程生成文件

Query	Gene	KO	Definition	Pathway	Enzyme	Modules	Hyperlink
15.10.scafl	nwi:Nwi_2	K00799	glutathion	ko00480,k	2.5.1.18	-	http://ww\
15.10.scafl	nwi:Nwi_2	K21430	aldose suç	-	1.1.5.-	-	http://ww\
15.10.scafl	nha:Nhar	K01637	isocitrate l	ko00630,k	4.1.3.1	M00012	http://ww\
15.10.scafl	nwi:Nwi_2	K07110	XRE family	-	-	-	http://ww\
15.10.scafl	nha:Nhar	K09983	uncharacti	-	-	-	http://ww\
15.10.scafl	nwi:Nwi_2	K00111	glycerol-3	ko00564	1.1.5.3	-	http://ww\
15.10.scafl	nha:Nhar	K10806	acyl-CoA	ko01040	3.1.2.-	-	http://ww\
15.10.scafl	nwi:Nwi_2	K01782	3-hydroxy	ko00071,k	1.1.1.35,4.	M00032,N	http://ww\
15.10.scafl	nwi:Nwi_2	K00626	acetyl-Co,	ko00071,k	2.3.1.9	M00088,N	http://ww\
15.10.scafl	nwi:Nwi_2	K06445	acyl-CoA	ko00071,k	1.3.99.-	M00087	http://ww\

图 10-5-11　基因功能所对应的 KO、Pathway、EC、Modules 等信息
（KEGG.sampleA_KEGG.annotate.xls 文件内容）

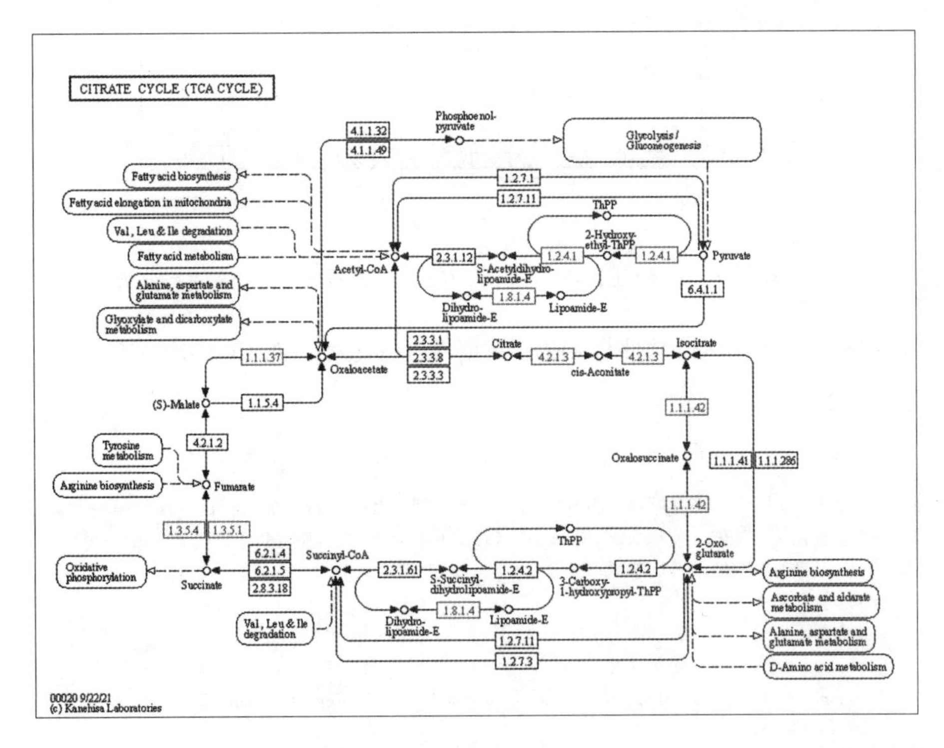

图 10-5-12　KEGG 通路数据库中的详细信息（KEGG.Pathway.profile.xls 文件内容）

（5）用 Diamond 软件与 COG 数据库进行比对（图 10-5-13、10-5-14、10-5-15）。

```
# 使用 Diamond 软件将蛋白质组鉴定的氨基酸序列与 COG 数据库进行比对，获得基因对应的 COG 功能，使用 COG 对应的基因翻译表达丰度总和计算该 COG 类别的翻译表达丰度
cd ..
mkdir cog
cd cog
diamond blastp –d COG.dmnd –q /proteome/Peptide.faa –o Peptide_COG.xls ––sensitive –e 1e–5 –f 6 –k 1 ––threads 20
awk –F ' ' '{print $1,$2}' Peptide_COG.xls > cog.txt
sed 's/\ /\x09/g' cog.txt > cog_tab.txt
awk –F "\t" 'NR==FNR{a[$1]=$2}NR>FNR{print $1"\t"a[$2]}' cog_db_tab.txt ./cog_tab.txt > cog_anno.xls
awk –F "\t" 'NR==FNR{a[$1]=$2}NR>FNR{print $1"\t"a[$2]}' COG.funccat_tab.txt ./cog_anno.xls > cog_anno_fun.xls
```

```
-rw-r--r-- 1 tang.liu  28M Sep 25  2018 all_eggNOG.xls
-rw-r--r-- 1 tang.liu 8.2M Sep 25  2018 cog_anno_fun.xls
-rw-r--r-- 1 tang.liu  11M Sep 25  2018 cog_anno.xls
-rw-r--r-- 1 tang.liu  14M Sep 25  2018 cog_tab.txt
-rw-r--r-- 1 tang.liu  14M Sep 25  2018 cog.txt
```

图 10-5-13　COG 功能注释过程生成文件

```
15.10.scaffold_8 ENOG4111NIC    S
15.10.scaffold_8 COG0463        M
15.10.scaffold_8 COG0625        O
15.10.scaffold_8 COG2133        G
15.10.scaffold_8 ENOG4111V9W    S
15.10.scaffold_8 ENOG410Y24R    S
15.10.scaffold_8 COG2224        C
15.10.scaffold_8 COG3800        K
15.10.scaffold_8 COG3812        S
15.10.scaffold_8 COG0578        C
15.10.scaffold_8 ENOG410Y609    S
15.10.scaffold_8 COG1607        I
15.10.scaffold_8 COG1250        I
15.10.scaffold_8 COG0183        I
15.10.scaffold_8 COG1960        I
15.10.scaffold_8 COG2703        P
15.10.scaffold_8 COG3237        S
```

图 10-5-14　基因功能所对应 COG 功能类别编号和 COG 功能编号信息（cog_anno_fun.xls 与 cog_anno.xls 文件内容）

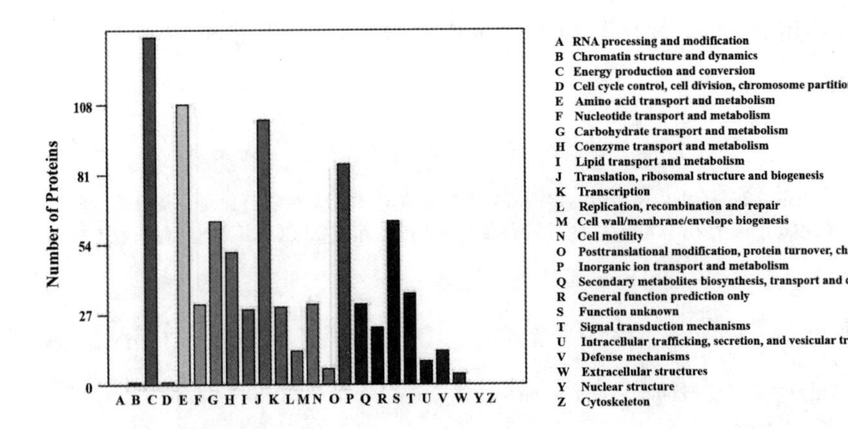

图 10-5-15 运用 cog_anno.xls 文件内容对 COG 功能分类统计的柱状图

【注意事项】

（1）肽段的物种和功能信息均通过相似度比对的方法进行鉴定，其比对参数期望值的设置会对结果的准确性产生影响，因此需要结合比对结果来优化期望值，从而使得分析结果更加合理与准确。

（2）鉴定肽段所属宿主的物种信息时，除运用公共数据库外，也可运用基因组或转录组物种注释的结果构建相应环境样品的蛋白质数据库，有利于提高鉴定结果的准确性。

【实验报告】

基于宏蛋白质组测序技术的特定环境微生物活性物种与功能基因注释结果，以及活性物种与功能基因的转录表达丰度分析结果。

【问题与思考】

（1）为什么可通过统计蛋白质和肽段数量、长度等性质来评估蛋白质组的测序质量?

（2）如何将蛋白质组分析结果与宏基因组和宏转录组分析结果相结合，从而全面剖析环境样品中微生物的基因功能和转录与翻译表达活性?

第三部分

环境微生物及其应用

第十一章

微生物与环境监测

实验 11-1 水体中细菌总数测定

【目的要求】

（1）学习并掌握地表水、污水和自来水等水样采集与保存方法。

（2）了解水中可培养细菌总数测定的方法与平板菌落计数原则。

【基本原理】

细菌总数是评价水质污染程度的重要指标。一般而言，水中的细菌总数越多，则水样中有机污染物含量越高，说明水体被有机物污染的程度越重。细菌总数的测定通常采用平皿计数法，将样品接种于牛肉膏蛋白胨琼脂培养基中，在特定的条件下培养后所生长的细菌菌落总数，即单位体积样品中的细菌群落总数（colony-forming units，CFU）。

水体中细菌种类繁多，没有单独的一种培养基或某一种环境条件能满足水体中所有细菌生长繁殖的要求。因此，以某种固定的培养基所获得的菌落总数实际上是水中细菌总数的近似值，其数值实际上低于被测水样中真正存在的活细菌数目。《生活饮用水卫生标准》（GB 5749—2006）中规定 1 mL 饮用水中检出的细菌总数不能超过 100 CFU。

【实验器材】

1. 实验材料

自来水、污水或地表水。

2. 培养基 / 实验试剂

（1）牛肉膏蛋白胨培养基：蛋白胨 10 g；牛肉膏 3 g；NaCl 5 g；琼脂 15 ~ 20 g。将上述成分全部溶解于 1 L 水中，加 10 % NaOH 调节 pH 至 7.4 ~ 7.6，分装于玻璃容器中，经 121℃高温蒸汽灭菌 20 min，储存于冷暗处备用。

（2）无菌水：取适量去离子水，经 121℃高压蒸汽灭菌 20 min，备用。

3. 实验仪器

带螺旋帽的广口玻璃瓶、高压蒸汽灭菌器、烘箱、恒温水浴锅、恒温培养箱等。

4. 实验工具

灭菌离心管、灭菌培养皿、灭菌锥形瓶、灭菌移液管、灭菌试管等。

【实验步骤】

一、水样的采集与保存

采集微生物样品时，采样瓶不得用样品洗涤，样品须采集于灭菌的采样瓶中。

1. 自来水样品采集

采样前将水龙头打开至最大，放水约 3 ~ 5 min。然后将水龙头关闭，用火焰灼烧 3 min 或采用 70% ~ 75% 的酒精对水龙头进行消毒。再次将水龙头打开至最大并放水 1 min 后，控制恰当的流速将样品接入采样瓶内。

2. 地表水水样采集

采集河流或湖库等地表水样时，可握住瓶子下部直接将带塞采样瓶插入水面下 10 ~ 15 cm 处，瓶口朝向水流方向，拔瓶塞，待样品灌入瓶内后盖上盖子并将采样瓶从水中取出。

采集的水样应在 2 h 内进行后续实验处理。无法及时处理时，应尽量于 10 ℃以下冷藏但不得超过 6 h。

二、可培养菌落总数的测定

1. 样品稀释

为方便计数，细菌菌落在每个培养皿上的数量以 30 ~ 300 个为宜。对于污水和地表水，一般需要将水样稀释后进行培养；对于较为洁净的生活饮用水，可直接进行培养。污水和地表水的稀释可采用梯度稀释法，具体操作中可准备 4 个含有 9 mL 无菌水的试管，取 1 mL 原水水样注入第一个试管中，摇匀后从中取 1 mL 至下一个试管中，重复上述操作，4 个试管中水样依次被稀释为 9^{-1}、9^{-2}、9^{-3} 和 9^{-4}（如果水样有机物含量更高，则视情况稀释更高倍数），选取 3 个适宜稀释倍数的水样进行培养。

2. 接种

从采样瓶中直接用移液管吸取 1 mL 稀释后样品或自来水原水水样，注入无菌培养皿中，然后倾注 15 ~ 20 mL 冷却到 45℃左右的牛肉膏蛋白胨培养基，立即旋转培养皿，使水样与培养基充分混匀。待冷却凝固后，翻转培养皿，使底面朝上，于 36℃恒温培养箱中培养 24 h。每个样品设置 3 个重复，每批实验设置 1 个阴性对照。

3. 菌落计数

对培养皿的菌落进行计数时，可用眼睛直接观察，必要时可用放大镜检查。记下每个培养皿的菌落后，计算各稀释倍数下的平均菌落数。在计数时，若一个培养皿上有较大片状菌落生长，则不应采用该培养皿，而应采用无片状菌落生长的培养皿。若片状菌落面积不到培养皿面积的一半，而其余一半培养皿上菌落均匀分布，则可以对这一半菌落进行计数，乘以 2 后代表该培养皿的菌落数。

4. 计算方法

细菌总数是以每个平皿菌落的总数或平均数乘以稀释倍数而得来的，首选平均菌落数在 30 ~ 300 之间的数据进行计算，各种不同情况的计算方法如下：

（1）首先选择平均菌落数在 30 ~ 300 之间进行计算，当只有一个稀释度的平均菌落数符合此范围时，即以该平均菌落数乘其稀释倍数报告（见表 11-1-1 例 1）。

（2）若有两个稀释度的平均菌落数均在 30 ~ 300 之间，则应按二者比值来决定。若比值小于 2，则应报告两者的平均数；若大于 2，则报告其中较小的数值（见表 11-1-1 例 2、例 3）。

（3）若所有稀释度的平均菌落数均大于 300，则应按稀释倍数最大的平均菌落数乘其稀释倍数报告（见表 11-1-1 例 4）。

（4）若所有稀释度的平均菌落数均小于 30，则应按稀释倍数最小的平均菌落数乘其稀释倍数报告（见表 11-1-1 例 5）。

（5）若所有稀释度的平均菌落数均不在 30 ~ 300 之间，则以最接近 300 或 30 的平均菌落数乘其稀释倍数报告（见表 11-1-1 例 6）。

（6）菌落计数报告：菌落数在 100 以内时按实有数报告；大于 100 时，采用两位有效数字，用 10 的指数来表示，两位有效数字以后的数字采取四舍六入五单双的原则取舍。在报告菌落数为“无法计数”时，应注明水样的稀释度。

表 11-1-1　稀释度选择及菌落总数报告方式

实例	不同稀释度的平均菌落数			两个稀释度菌落数之比	菌落总数（个/mL）	报告方式（个/mL）
	9^{-1}	9^{-2}	9^{-3}			
1	1365	164	20	—	16 400	16 400 或 1.6×10^4
2	2760	295	46	1.6	37 750	38 000 或 3.8×10^4
3	2890	271	60	2.2	27 100	27 000 或 2.7×10^4
4	无法计数	1650	513	—	513 000	510 000 或 5.1×10^5
5	27	11	5	—	270	270 或 2.7×10^2
6	无法计数	305	12	—	30 500	31 000 或 3.1×10^4

【注意事项】

（1）注意无菌操作，玻璃器皿洗净后应用干热灭菌法（160℃，2 h）进行灭菌，避免杂菌污染而影响检测结果。

（2）部分实验器材不得在各样品间重复使用，以免交叉污染，如不得用同一灭菌移液管移取不同水样。

（3）培养基的 pH 要正确调节至 7.4 ~ 7.6。

（4）若培养基出现产气、混浊、长菌膜、变色、沉淀等现象，应废弃。

【实验报告】

（1）列表说明水体中可培养的细菌总数的测定结果。

（2）依据测定的细菌总数进行污染程度评价分析。

【问题与思考】

（1）为什么要特别关注生活饮用水或污水中的细菌总数？

（2）不同类型的水体，细菌总数的范围是多少？

实验 11-2 水体中粪大肠菌群的测定

【目的要求】

（1）学习并掌握饮用水、地表水和污水等水样样品中总大肠菌群以及粪大肠菌群的测定方法。

（2）学习并掌握 MPN 表的检索。

【基本原理】

总大肠菌群是指在 37℃条件下培养 48 h 能发酵乳糖、产酸产气的需氧和兼性厌氧的革兰氏阴性无芽孢杆菌。粪大肠菌群，又称耐热大肠菌群，是指在 44.5℃条件下培养 24 h 能发酵乳糖、产酸产气的需氧和兼性厌氧的革兰氏阴性无芽孢杆菌。粪大肠菌群是总大肠菌群的一部分，主要来自粪便，包括柠檬酸杆菌、克雷伯氏菌等。受粪便污染的水、食品、化妆品、土壤等都含有粪大肠菌群，如若检出粪大肠菌群，说明已被粪便污染。

总大肠菌群和粪大肠菌群的检测方法有两种，一种为多管发酵法，适用于各种水样，但操作频繁，需要时间较长，以最可能数（most probable number，简称 MPN）来表示实验结果。另外一种为滤膜法，是近年来新兴的测定方法，操作相对简单快速，以菌落形成单位 CFU 来表示实验结果。本实验中重点介绍多管发酵法测定粪大肠菌群的步骤，其基本原理是将样品加入含乳糖蛋白胨培养基的试管中，37℃条件下进行发酵富集培养，大肠菌群在培养基中生长繁殖并分解乳糖产酸产气，产生的酸使溴甲酚紫指示剂由紫色变为黄色，产生的气体进入倒管中，指示产气。然后在44.5℃条件下进行复发酵培养，培养基中的胆盐三号可抑制革兰氏阳性菌的生长，最后产气的细菌确定为粪大肠菌群。通过MPN表得出大肠菌群浓度值。水体中有残留活性氯时可加入硫代硫酸钠溶液消除干扰；含有高浓度重金属离子时，可加入乙二胺四乙酸二钠溶液消除干扰。

【实验器材】

1. 实验材料

饮用水、污水、地表水。

2. 培养基 / 实验试剂

（1）营养琼脂培养基：牛肉膏 3.0 g；蛋白胨 10.0 g；NaCl 5.0 g；琼脂 15 ~ 20 g；蒸馏水 1000 mL。

将上述成分混匀后，调节 pH 为 7.4 ~ 7.6，过滤除去沉淀，分装于锥形瓶中，121℃灭菌 15 min。

（2）乳糖蛋白胨培养液：蛋白胨 10 g；牛肉浸膏 3 g；乳糖 5 g；NaCl 5 g；1.6% 溴甲酚紫乙醇溶液 1 mL；蒸馏水 1000 mL。配制时先将除 1.6% 溴甲酚紫乙醇溶液之外的其他成分加热溶解于 1000 mL 蒸馏水中，调 pH 为 7.2 ~ 7.4，再加入 1.6% 溴甲酚紫乙醇溶液 1 mL，充分混匀，然后分装于含有玻璃倒管的试管中，115℃灭菌 20 min。

（3）三倍乳糖蛋白胨培养液：称取三倍的乳糖蛋白胨培养基成分的量，溶解于 1000 mL 水中，配成三倍乳糖蛋白胨培养基，配制方法同上。

（4）EC 培养液：胰胨 20 g；乳糖 5 g；胆盐三号 1.5 g；磷酸氢二钾 4 g；

磷酸二氢钾 1.5 g；NaCl 5 g；蒸馏水 1000 mL。将上述成分加热溶解，然后分装于含有玻璃倒管的试管中，115℃灭菌 20 min，灭菌后 pH 应为 6.9 左右。

3. 实验仪器

高压蒸汽灭菌器、烘箱、水浴锅、恒温培养箱等。

4. 实验工具

灭菌离心管、灭菌培养皿、灭菌锥形瓶、灭菌移液管、灭菌试管、放大镜、记号笔、革兰氏染色试剂等。

【实验步骤】

1. 样品采集和保存

样品的采集方法与细菌总数测定样品采集方法相同。采样后应在 2 h 内检测，否则应 10℃以下冷藏但不得超过 6 h。

2. 样品稀释与接种

将样品充分混匀后，在装有 50 mL 三倍乳糖蛋白胨培养液的 2 支大试管中（内有倒管），按无菌操作要求各加 100 mL 水样；在装有 5 mL 三倍乳糖蛋白胨培养液的 10 支试管中（内有倒管），各加 10 mL 水样。对于受到污染的样品，先将样品稀释再按照上述操作接种，以生活污水为例，可先将样品稀释 10^4 倍，然后再进行接种操作。

3. 初发酵实验

将接种后的试管在 37℃培养 24 h，试管颜色变黄为产酸，玻璃倒管内有气泡为产气，产酸和产气的试管报告为阳性样本，不产酸不产气者报告为大肠菌群阴性样本。如产气不明显，可轻拍试管，有小气泡升起的为阳性。

4. 复发酵实验

将初发酵阳性的发酵管轻微振荡，用接种环将培养物接种到EC培养液中。接种后，所有发酵管必须在30 min之内放进恒温培养箱或水浴锅中，44.5℃培养24 h。培养后立即观察，倒管中产气则证明粪大肠菌群阳性。

5. 空白和阴性对照

每次实验都要用无菌水进行实验室空白测定。阴性对照可将粪大肠菌群的阳性菌株（如大肠埃希氏菌）和阴性菌株（如产气肠杆菌）制成浓度为300～3000 MPN/L的菌悬液，分别取相应体积的菌悬液接种，按照上述步骤进行初发酵实验和复发酵实验，阴性菌株应呈现阴性反应，阳性菌株应呈现阳性反应，否则该次样品测定结果无效。

6. 结果计算

根据不同接种量的发酵管所出现阳性结果的数量，查表11-2-1可得每升粪大肠菌群MPN。

表11-2-1　最大可能数（MPN）表

10 mL样品量的阳性管数	100 mL样品量的阳性管数		
	0	1	2
	1 L样品中粪大肠菌群数	1 L样品中粪大肠菌群数	1 L样品中粪大肠菌群数
0	<3	4	11
1	3	8	18
2	7	13	27
3	11	18	38
4	14	24	52
5	18	30	70
6	22	36	92
7	27	43	120
8	31	51	161
9	36	60	230
10	40	69	>230

【注意事项】

（1）接种环要求用酒精灯灼烧消毒，复发酵接种时每次接种操作均须在酒精灯上灼烧接种环。

（2）初发酵后同时有阴性和阳性样本表明稀释效果达到最佳。

【实验报告】

记录并报告不同来源水体中粪大肠菌群数的测定结果。

【问题与思考】

（1）总大肠菌群和粪大肠菌群的区别是什么？如何测定水体中的总大肠菌群？

（2）不同来源水体中粪大肠菌群的数量范围是多少？

实验 11-3 土壤中微生物呼吸的测定

【目的要求】

（1）学习并了解土壤中微生物呼吸的几种测定方法。

（2）学习并掌握土壤中微生物呼吸的 O_2 消耗量法。

【基本原理】

土壤呼吸是指未扰动土壤中产生二氧化碳的所有代谢作用，不仅包括土壤微生物呼吸，还包括土壤动物呼吸、根系呼吸和含碳矿物质的化学氧化，其中土壤微生物呼吸是指土壤中微生物呼吸所释放的 CO_2 量。

土壤微生物呼吸的测定方法主要分为 O_2 消耗量法和 CO_2 排放量法。O_2 消耗量法主要有压力补偿系统静态培养 O_2 消耗量测定法和静态系统中 O_2 消耗量测定法（压力法）；CO_2 排放量法主要有静态系统中 CO_2 释放量的测定方法（滴定法和库仑定量法）、流动系统中 CO_2 释放量的测定方法（红外气体吸收法）、流动和静态系统中 CO_2 释放量的测定（气相色谱法）。

每种测定方法都有优缺点，O_2 消耗量法和 CO_2 排放量法获得的结果并不完全一致，但是对于碱性土壤和有机质含量高的土壤，非生物因素释放的 CO_2 含量高，推荐采用 O_2 消耗量法。本实验在 O_2 消耗量法和 CO_2 排放量法中各选择一种进行介绍。其中 O_2 消耗量的测定原理是指直接测定封闭系统中土壤

样品培养过程中 O_2 的消耗量；而 CO_2 释放量的测定原理是在封闭器皿中培养土壤，释放出的 CO_2 由 NaOH 吸收，根据反滴定未中和的 NaOH 来计算消耗掉的 NaOH，然后计算出 CO_2 的释放量。

【实验器材】

1. 实验材料

新鲜土样。

2. 实验试剂

（1）去 CO_2 水：将蒸馏水煮沸冷却后装于带盖子的长颈瓶中，瓶盖中装有 $Ca(OH)_2$ 可以去除 CO_2。

（2）NaOH 溶液：c=0.05 mol/L。

（3）HCl 溶液：c=0.1 mol/L。

（4）$BaCl_2$ 溶液：c=0.5 mol/L，将 10.4 g $BaCl_2$ 溶于 100 mL 去 CO_2 水中。

（5）酚酞指示剂：将 0.1 g 酚酞溶于 100 mL 60% 乙醇溶液中。

3. 实验仪器

O_2 消耗量测定系统、天平、恒温培养箱。

4. 实验工具

孔径为 2 mm 的筛、无菌锥形瓶、250 mL 带旋转盖的广口瓶、离心管（钻若干小孔方便气体交换）、无菌移液管、无菌试管、无菌自封袋。

【实验步骤】

一、压力补偿系统静态培养 O_2 消耗量测定法

1. 实验装置与工作原理

压力补偿测定系统是一个控温的水浴设备，由反应器、O_2 产生器和压力指示器三个单元组成（图 11-3-1）。三个单元组成一个封闭系统，各部分之间由管子相连，测定结果不会受到气压波动的影响。反应器中加入土壤样品后，土壤呼吸作用释放的 CO_2 被 $Ca(OH)_2$ 吸收，与此同时呼吸作用消耗掉反应器中的 O_2 进而产生负压，产生的负压将进一步传感到压力指示器，这时驱动系统将自动补充 O_2 并在记录仪上记录不同时刻 O_2 的消耗量（mg）。

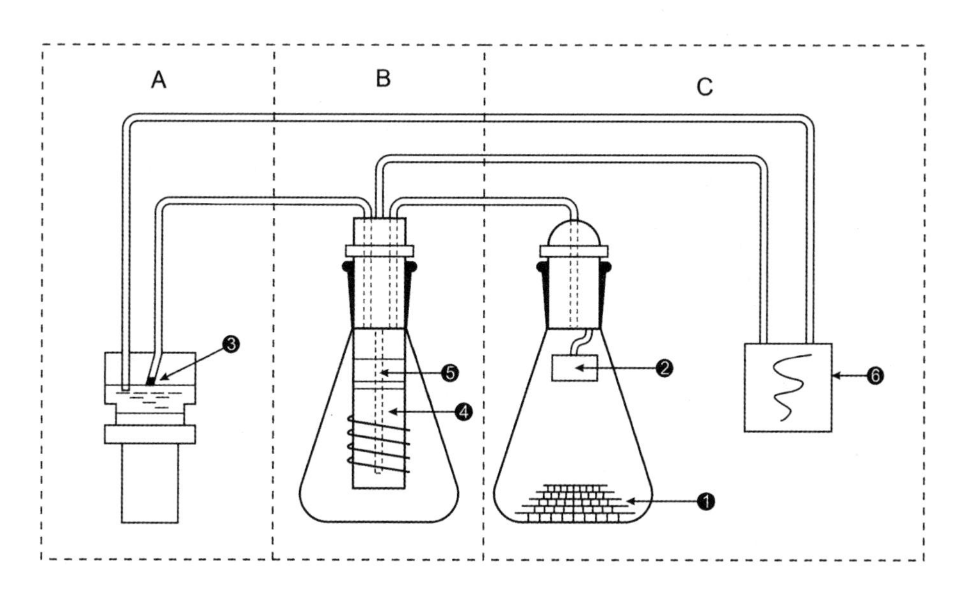

A 压力指示器　　❶ 土壤样品　　❹ 电解液
B 氧气产生器　　❷ CO_2 吸收剂　　❺ 电极
C 反应器　　❸ 压力传感器　　❻ 记录仪

图 11-3-1　O_2 消耗量的测定（GB/T 32720—2016）

2. 实验方法

将新鲜土壤样品过 2 mm 筛，然后取 50 ~ 100 g 的土壤用于测定。土壤呼吸会受到土壤含水量和温度的影响。测定过程中土壤含水量可保持在最大田间持水量的 40% ~ 60%，培养温度可控制在 20 ~ 30℃。培养开始时，因为系统平衡需要一定时间，所以起初 2 h 不需要测定 O_2 的消耗量。培养结束后，可绘制 O_2 消耗量随时间变化的曲线，计算单位质量土壤单位时间内所消耗的 O_2 量，通常表示为 mg O_2/(g · h)。

二、静态系统中 CO_2 释放量的测定方法

1. 实验装置与工作原理

在封闭器皿（图 11-3-2）中培养土壤，释放出的 CO_2 由 NaOH 吸收；然后反滴定未中和的 NaOH，得到实际消耗掉的 NaOH，进而计算出 CO_2 的释放量。

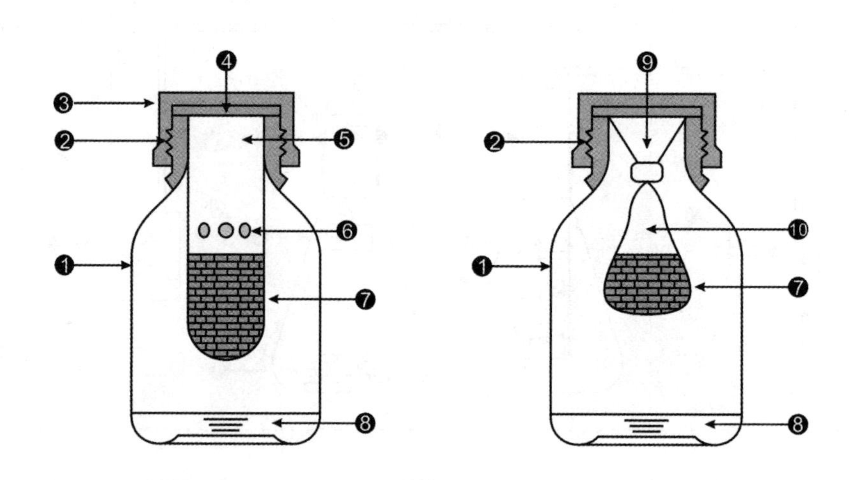

图 11-3-2　CO_2 释放量的测定（GB/T 32720—2016）

2. 实验方法

称取 20 ～ 25 g 新鲜土壤样品到离心管中，将离心管悬置于广口瓶中，广口瓶底部预先装有 20 mL 的 NaOH 溶液。广口瓶密封后，于恒温（如 22 ± 1℃）培养箱内培养 24 h。培养结束后，用空气置换瓶内气体，然后移出离心管，加入 2 mL $BaCl_2$ 溶液，将 CO_2 以 $BaCO_3$ 的形式沉淀，加入 3 ～ 4 滴酚酞指示剂，用 HCl 滴定剩余的 NaOH。测定至少重复 3 次，同时设置空白对照。如果需要长期测定土壤呼吸（>3 d），应每 3 d 更换一次广口瓶中的 NaOH 溶液，每 3 d 调节一次土壤含水量。

3. 结果计算

CO_2 形成速率的计算公式如式 11-3-1 所示。

$$R_{CO_2} = \frac{2.2 \cdot (\bar{V}_b - \bar{V}_p)}{24 \cdot m_{sm} \cdot w_{sd}} \qquad \text{（式 11-3-1）}$$

R_{CO_2} ——CO_2 形成速率，单位为毫克二氧化碳每克小时 [mg CO_2/ (g · h)]；

$\bar{V}_b$ ——对照中消耗的 HCl 平均量，单位为毫升（mL）;

$\bar{V}_p$ ——样品消耗的 HCl 平均量，单位为毫升（mL）;

m_{sm} ——新鲜土壤的质量，单位为克（g）;

w_{sd} ——新鲜土壤换算成干土的转换系数，即土壤干重占湿重的比率；

2.2 ——系数（1 mL 0.1 mol/L HCl 相当于 2.2 mg CO_2）[mg/(mL · d)]；

24 ——将天转化为小时的系数（h/d）。

【注意事项】

采用 CO_2 释放量法时，第一个小时会观察到 CO_2 释放量升高。这种升高可能与土壤样品准备过程中的移动或混合土壤颗粒时增加营养有关，也可能

与短期内气体 CO_2 与溶液中 CO_2 的平衡相关。获得稳定基础呼吸状态的培养时间取决于土壤样品中易获得的碳化合物的初始含量。

【实验报告】

记录并报告测定系统中土壤 O_2 消耗量的测定结果和 CO_2 形成速率的测定结果。

【问题与思考】

（1）O_2 消耗量法和 CO_2 释放量法的优缺点各是什么？

（2）O_2 的消耗量和 CO_2 的排放量测定结果有什么不同？

实验 11-4 公共场所空气中微生物数量的测定

【目的要求】

（1）学习并掌握公共场所空气中细菌总数的测定方法。

（2）学习并掌握公共场所空气中真菌总数的测定方法。

【基本原理】

空气是人类赖以生存的环境，同时也是微生物赋存的媒介。空气微生物是指存在于空气中的微生物，主要包括细菌、真菌、病毒、放线菌等多种微生物粒子。空气中的微生物主要附着在空气气溶胶细小颗粒物表面，可以较长时间停留在空气中，部分微生物还可以随着空气细小颗粒进入人体并停留在肺的深处，给人体健康带来严重危害。空气微生物大部分来自地面及设施、人和动物的呼吸以及周围的环境，例如畜舍、公共场所、医院等人群集中的地方，空气中微生物数量和种类都较多一些；而下过雨后的空气，森林、草原，甚至常年积雪的雪山，空气都很清新，微生物就较少一些。因此，空气中微生物的多少就可以反映所在区域环境的空气质量，是评价空气清洁程度的一个重要指标。为了评价空气的清洁程度，通常需要测定空气中的微生物数量，包括细菌总数和真菌总数等。

细菌总数是指公共场所空气中采集的样品在营养琼脂培养基上经

35 ~ 37℃、48 h 培养所生长发育的嗜中温性需氧和兼性厌氧菌落的总数。测定方法有两种，一种为撞击法，即通过采用撞击式空气微生物采样器，使空气通过孔隙产生高速气流，从而将悬浮在空气中的微生物采集到营养琼脂培养基上，经实验培养得到菌落总数的测定方法；另一种为自然沉降法，即将平板暴露在空气中，微生物根据重力作用自然沉降到平板上，此法操作简单，实验中应用较多。

真菌总数是指公共场所空气中采集的样品在沙氏琼脂培养基上经 28℃、5 d 培养所形成的菌落数。测定方法也分为撞击法和自然沉降法，实验原理与细菌总数的测定方法一致，只是将营养琼脂培养基替换为沙氏琼脂培养基。实验中也多采用自然沉降法，通过对空气中真菌总数的测定，可以了解空气中真菌增殖的情况。

本实验选用操作简单且常用的自然沉降法来测定空气中的细菌总数和真菌总数。

【实验器材】

1. 培养基 / 实验试剂

（1）营养琼脂培养基：牛肉膏 3.0 g；蛋白胨 10.0 g；NaCl 5.0 g；琼脂 15 ~ 20 g；蒸馏水 1000 mL。将上述成分混匀后，调节 pH 为 7.4 ~ 7.6，过滤除去沉淀，分装于锥形瓶中，121℃灭菌 15 min。

（2）沙氏琼脂培养基：蛋白胨 10.0 g；葡萄糖 40.0 g；琼脂 15 ~ 20 g；蒸馏水 1000 mL。将蛋白胨、葡萄糖溶于 1000 mL 水中，调节 pH 为 5.5 ~ 6.0，加入琼脂，115℃灭菌 15 min 备用。

2. 实验仪器

培养箱、高压蒸汽灭菌器、烘箱、水浴锅等。

3. 实验工具

灭菌培养皿、灭菌锥形瓶、灭菌移液管、灭菌试管、灭菌离心管、记号笔等。

【实验步骤】

1. 采样

（1）采样点：室内面积不足 50 m^2，设置 3 个采样点，分别设置在室内对角线四等分的 3 个等分点上；50 m^2 以上的设置 5 个采样点，按梅花布点。采样点避开通风口，距离地面 1.3 ~ 1.5 m，距离墙壁不小于 1 m。

（2）采样环境：采样时关闭门窗 15 ~ 30 min，记录室内人员数量、温湿度及天气情况等。

（3）采样方法：将营养琼脂培养基放置在采样点处，打开皿盖，暴露 5 min。

（4）采样地点：选择大楼内不同楼层的不同地点。

2. 操作方法

（1）细菌总数的测定：将采集细菌后的营养琼脂培养基盖上皿盖，放置于培养箱中，35 ~ 37℃培养 24 h，然后进行菌落计数。通过求出的 1 m^3 空气中的细菌总数来评价空气的卫生状况（表 11-4-1）。一个区域空气中细菌总

表 11-4-1　空气卫生状况标准

清洁程度	细菌总数（个）
最清洁的空气（有空调）	1 ~ 2
清洁空气	<30
普通空气	31 ~ 125
临界环境	126 ~ 150
轻度污染	<300
严重污染	>301

数的测定结果按该区域全部采样点中细菌总数测定值中的最大值给出。

（2）真菌总数的测定：将采集真菌后的沙氏琼脂培养基盖上皿盖，放置于培养箱中 28℃培养，连续观察 5 d，并于第五天进行菌落计数，若真菌数量过多可于第三天记录。

【实验报告】

记录每块平板上的菌落总数，然后求出全部采样点的平均菌落数，结果以每平皿菌落数（个 / 皿）报告。将结果记录于表 11–4–2 中。

根据式 11–4–1 可以求出 1 m^3 空气中 细菌（真菌）的数量。

$$X=\frac{N\times100\times100}{\pi r^2} \quad \text{（式 11–4–1）}$$

X —— 每立方米空气中的细菌（真菌）数；

N —— 暴露在空气中 5 min，置于 37℃培养 24 h 生长出来的菌落数；

r —— 平皿底的半径。

表 11–4–2　不同地点细菌总数和真菌总数

环境		菌落平均数			
		细菌菌落数（个 / 皿）	细菌菌数（个 /m^3）	真菌菌落数（个 / 皿）	真菌菌数（个 /m^3）
1 层	5 min				
2 层	5 min				
3 层	5 min				
4 层	5 min				
5 层	5 min				

【问题与思考】

（1）如何评价空气中微生物的污染程度？

（2）空气中微生物的表征指标除了细菌总数和真菌总数，还有哪些？

第十二章

微生物与污水处理

实验 12-1 序批式活性污泥法（SBR）处理生活污水

【目的要求】

（1）学习和掌握 SBR 装置的运行原理与过程。

（2）学习和掌握 SBR 装置处理污水的运行参数和影响因素。

（3）掌握 SV、SVI、MLSS、COD、NH_4^+-N 和 NO_3^--N 等指标的测定方法。

【基本原理】

序批式活性污泥法（sequencing batch reactor，SBR），也称为间歇式活性污泥处理系统。SBR 将有机污染物降解与泥水混合物沉淀集为一体，组成简单，无须污泥回流，不设二沉池，在单一曝气池内通过控制曝气就能达到同时降解有机物和脱氮除磷的效果。

1. SBR 处理污水各阶段

（1）进水阶段：进水阶段的主要作用是将原污水送入 SBR 反应器，同时使污水与 SBR 反应器中存留的活性污泥充分混合，从而使微生物与污水中的营养物质充分接触。

（2）反应阶段：反应阶段是通过微生物与污水中营养物质相互作用，降解污水中有害物质的过程，也是 SBR 反应器最关键的工作阶段。在反应阶段，根据原水水质的不同可以设置成厌氧反应过程或好氧反应过程，也可以设计成厌氧与好氧相结合的过程。对于单纯的脱碳处理工艺，仅以降低污水中有机物为目的，一般只设曝气好氧过程，进水阶段结束后，可直接进行曝气。

对于具有脱氮除磷要求的有机废水，必须设计成厌氧与好氧相结合的操作过程。进水工序完成后，首先进行厌氧过程，再进行曝气，然后可周而复始地交替进行厌氧和好氧过程，从而达到脱氮除磷的目的。在厌氧过程中，污水中的反硝化菌利用水中的有机物作碳源，可以把硝氮、亚硝氮还原成 N_2 从水中除去。在好氧阶段，硝化菌还可以利用氧将污水中的氨氮转化成硝酸盐氮或者亚硝酸盐氮，从而达到除氮的目的。SBR 工艺对于磷的去除主要是通过聚磷菌厌氧释磷好氧超吸磷的原理实现，过量的磷素以聚磷酸盐的形式储存在聚磷菌等微生物细胞内，并在沉淀阶段以剩余污泥的形式去除。SBR 工艺操作条件得当，可以获得十分满意的处理效果，就一般情况而言，化学需氧量（COD）、生化需氧量（BOD_5）、总氮（TN）、总磷（TP）的去除效率可分别达到 90%、95%、80%、60% 以上。对于 SBR 的厌氧过程，通常需要设置搅拌器，达到微生物与有机物充分混合的目的。对好氧过程，一般采用水下曝气机或鼓风曝气在供氧的同时就能达到混合的目的。

（3）沉淀阶段：沉淀阶段的作用是使 SBR 反应器中形成的活性污泥与水分离。该阶段要求上清液中尽可能少悬浮物或夹带污泥，避免污泥对出水水质产生影响。通常这一过程依靠自然重力沉降达到泥水分离的目的。

（4）排水阶段：排水阶段的作用是将沉淀后的上清液排出反应器外，这保证了上清液排出，同时又不夹带活性污泥，滗水器的选择十分重要。好的滗水器必须具有既能迅速排水，又不夹带沉淀污泥的特点。SBR 反应器内长时间运行后会过量积累剩余污泥，因此，必须定期将剩余污泥排出。通常在排水过程结束后排出剩余污泥，也有在排水过程中排泥的做法。

（5）闲置阶段：闲置阶段的主要作用是通过工程手段使污泥恢复活性，增强污泥的吸附再生能力，然后再与污水接触，从而增强反应阶段生物处理效果。

2. SBR 处理污水影响因素

（1）污泥负荷率：SBR 污泥负荷一般为 0.3 ~ 0.5 kg BOD_5/(kg MLSS · d)。

（2）水温：SBR 工艺在 15 ~ 35 ℃均能正常运行，其最适温度为 25 ~ 30℃。

（3）pH：SBR 工艺 pH 一般在 7.5 ~ 8.5 之间。

（4）溶解氧：SBR 曝气池溶氧量（DO）范围较宽，一般在 2 ~ 4 mg/L。

（5）营养盐：包括碳、氮、磷等，有机物的浓度不宜过高，BOD_5 不宜超过 500 ~ 1000 mg/L 且不低于 50 ~ 100 mg/L；污水中 BOD_5∶N∶P 的最适质量比例为 100∶5∶1，最低质量比为 100∶2∶0.5。

（6）有毒有害物质：对微生物有毒有害的物质达到一定浓度时会影响污水的处理效果，破坏微生物的结构与功能。一般微生物对有毒有害物质都有一定的耐受浓度，驯化后的微生物对有毒有害物质的耐受程度会提高。

【实验器材】

1. 实验材料

（1）生活污水：采用人工模拟配水。

（2）活性污泥：取自北京大学西门污水处理厂 MBR 曝气池。从曝气池取混合液，经沉淀后，取沉淀部分污泥。

2. 器材和试剂

（1）测定 pH 和 DO 的仪器。

（2）测定化学需氧量（COD_{Cr}）的器材和试剂。

（3）测定 NH_4^+–N、NO_3^-–N、NO_2^-–N、TN 的器材和试剂。

（4）测定污泥性质（SV、MLSS、MLVSS、SVI）的器材（同时计算污泥负荷、水力负荷、HRT）。

3. 实验设备

SBR 池实验装置（外形装置尺寸 970 cm×955 cm×960 cm，处理水量 800 L/6 h，机械搅拌转速 40 ～ 50 r/min，工作电源 220 V）、数字式溶解氧仪、进水箱、水泵、气体流量计、转子流量计、低噪音充氧泵、调速电机、不锈钢搅拌器、调速器、电控箱。

【实验步骤】

1. 生活污水的模拟配制

（1）模拟生活污水的培养液配制：通常按照 C∶N∶P=100∶5∶1 进行配制，碳源一般采用甲醇、乙醇、乙酸、乙酸钠、葡萄糖等配制，氮源一般用尿素、碳酸铵、硫酸铵、氯化铵等配制，磷源一般采用磷酸钠盐或者钾盐配制，实验用水为自来水。

本实验模拟生活污水配方见表 12-1-1 所示，为促进活性污泥生长，还可在模拟配水中添加少量微量元素，一般每升模拟生活污水中添加 1 mL 微量元素母液。此配方作为基础培养液，使用时可按需增加或降低浓度。

表 12-1-1　模拟生活污水的配方

模拟生活污水配方		微量元素母液配方	
名称	含量	名称	含量
葡萄糖	2.500 g	$NiCl_2 \cdot 6H_2O$	0.03 g/L
NH_4Cl	0.191 g	$FeSO_4 \cdot 7H_2O$	0.20 g/L
KH_2PO_4	0.044 g	$CuSO_4 \cdot 5H_2O$	0.03 g/L
$MgCl_2 \cdot 6H_2O$	0.020 g	$CoCl_2 \cdot 6H_2O$	0.10 g/L
$CaCl_2$	0.001 g	$MnSO_4 \cdot H_2O$	0.10 g/L
微量元素母液	1 mL/L	$Na_2MoO_4 \cdot 2H2O$	0.04 g/L
水	1000 mL	H_3BO_3	0.03 g/L

（2）指标测定：测定配制后的生活污水中 pH、DO、NH_4^+-N、NO_3^--N、COD_{Cr} 和 BOD_5 指标。

2. SBR 工艺处理生活污水的过程

（1）SBR 池的准备：本实验采用完全混合曝气池模型，保证进出水流畅（图 12-1-1）。配制上述模拟生活污水 1000 L，倒入曝气池，再加入经过沉淀浓缩的活性污泥 100 L，通过控温系统对�曝气池的温度进行控制，保持 25℃左右。

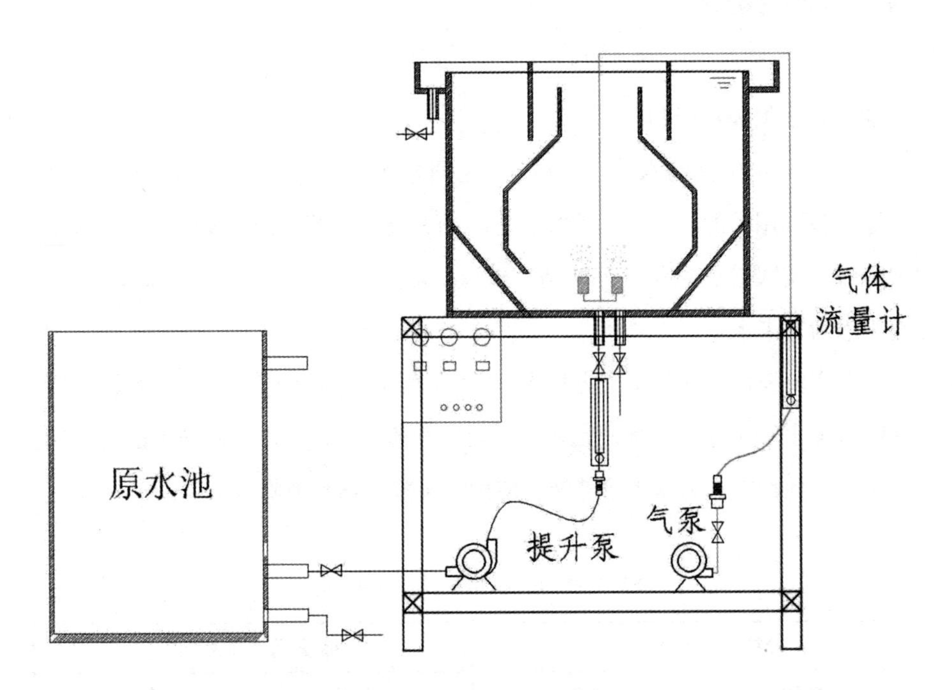

图 12-1-1 SBR 反应池实验装置

（2）活性污泥的培养和驯化：活性污泥的驯化是将污水处理厂取来的污泥接种到待处理污水中进行培养。刚开始驯化时，将污水的比例控制在 10% 以下，然后在继续培养过程中不断扩大污水的比例直至 100%，使微生物逐渐适应新的条件。在驯化过程中能够降解污水中污染物的微生物可以繁殖，不能适应的微生物遭到淘汰。

实验过程中，将上述模拟生活污水和污泥倒入 SBR 反应池后，在反应器中进行连续曝气（闷曝），溶解氧控制在 4 mg/L 左右。曝气 5 min 后取泥水混合物 100 mL 用于 DO、pH 以及活性污泥指数（SV、SVI、MLSS）的测定；另取泥水混合物 10 mL，使用 0.45 μm 滤膜过滤后测定上清液中的 COD、NH_4^+-N 和 NO_3^--N 等指标。记录取样时间，以此作为污泥和污水的初始指标。

闷曝 48 h 后，启动 SBR 反应器进行污泥驯化。驯化期间 SBR 的运行方式为：进水 5 min，静置 45 min，曝气和沉淀共 5 h，排水 10 min，以 6 h 为一个运行周期。驯化期间 SBR 反应器的排水比应逐渐增加，试运行 2 周的时间内将排水比逐步从 10% 提升至 50%，其间不断观察活性污泥性状并对反应器处理效率进行评估。活性污泥到达稳定状态时，颜色呈黄褐色，沉积性能较好，SV30 约为 25%，SVI 约为 100，MLSS 约为 3000 mg/L，MLVSS/MLSS 约为 0.75 ~ 0.80。反应器运行稳定后，COD 和 NH_4^+-N 去除率可达 85% 以上。待活性污泥成熟且反应器处理效率满足预期目标后，方可正式运行反应器。

（3）SBR 反应器的运行和指标测定：SBR 反应器正式运行时的运行方式同驯化期间的运行方式，进水 5 min，静置 45 min，曝气和沉淀共 5 h，排水 10 min，以 6 h 为一个运行周期。排水比设置为 50%，水力停留时间为 12 h，反应器连续稳定运行 7 d。同步监测进水以及反应器出水的 pH、COD_{Cr}、DO、NH_4^+-N 和 NO_3^--N 指标，以及活性污泥指数。

3. 活性污泥的性质测定

（1）污泥沉降比 SV（%）：又称 30 min 沉降率，指混合水样静置 30 min 后，污泥体积占混合水样体积的比例。

取曝气池混合液 100 mL，放入 100 mL 量筒中，静置 30 min 后，观察沉降的污泥体积与原混合液的体积比例，记录结果。

（2）污泥浓度 MLSS：也称污泥干重或混合液悬浮固体，指每升混合液中所含污泥的干重，单位为 mg/L。

取曝气池混合液 100 mL，放入 100 mL 量筒中，将其全部倒入漏斗过滤，用水多冲洗几遍量筒倒入漏斗，将载有污泥的滤纸（滤纸提前放在 105℃烘箱烘干至恒重，称量并记录 W_1）放入 105℃烘箱烘干至恒重，称量并记录

W_2，污泥的干重与混合液的体积即为 MLSS。

（3）挥发性污泥 MLVSS：又称混合液挥发性悬浮固体，指 MLSS 经马弗炉灰化后所失的质量，单位为 g/L。使用马弗炉的全过程需要有老师陪同，以免出现学生操作失误造成危险的情况。

（4）污泥指数 SVI：又称污泥容积指数，指混合液经 30 min 静沉后，每克干污泥所占的容积，单位为 mL/g。

$$污泥指数=\frac{100\ \text{mL 混合液静置 30 min 后的污泥体积（mL）}}{100\ \text{mL 混合液的污泥干重（g）}}$$

【实验报告】

将实验记录填入表 12-1-2 和表 12-1-3 中，并对 SBR 反应器运行状况进行评估。

表 12-1-2　SBR 对模拟生活污水的处理效果

指标	SBR 反应器			处理效率	
	进水	出水（1 d）	出水（7 d）	1 d	7 d
pH					
COD_{Cr}					
BOD_5					
DO					
NH_4^+-N					
NO_3^--N					

表 12-1-3　活性污泥的性质测定结果

指标	初始	驯化	正式运行
SV（%）			
MLSS（mg/L）			
MLVSS（g/L）			
SVI（mL/g）			

【问题与思考】

（1）活性污泥驯化过程中各表征指标如何变化?

（2）如何判断 SBR 反应器是否运行正常?

（3）影响 SBR 工艺处理生活污水的主要因素有哪些?

实验 12-2 曝气生物滤池处理生活污水

【目的要求】

（1）学习并掌握生物膜法处理生活污水的方法。

（2）学习并掌握固定化曝气生物滤池处理生活污水的方法。

（3）学习生物膜法中生物膜的接种和挂膜方法。

【基本原理】

生物膜法和活性污泥法均是依靠微生物进行污水处理的方法。与活性污泥法中活性污泥的悬浮状态不同，生物膜法是一种固定膜法，微生物在反应器内呈固着状态。生物滤池是一种典型的生物膜法处理技术。

1. 生物膜反应器的类型

生物滤池是生物膜法中最常用的一种生物膜反应器。它是以土壤自净的原理为依据设计的，将使用的生物载体即滤料（碎石块或塑料块等）堆放成滤床，滤床下是集水层，集水层下是池底，污水通过生物载体洒在滤床上，和载体表面的微生物及附着水进行接触，从而使污水得到净化。生物滤池通常有普通生物滤池、塔式生物滤池、曝气生物滤池等。

普通生物滤池（biological filter）是最早出现的一种生物处理方法，污水通过一层表面布满生物膜的滤料而得到净化。滤床的深度一般可达 1.5 ~ 2 m，其深度和滤料以及过滤的速率有关。滤料一般采用碎石、炉渣等，结构简单，方便管理。过滤的速率也叫水力负荷一般在 1 ~ 3 m^3（废水）/［m^2（水池）·d］，BOD 容积负荷一般小于 0.3 kg/（m^3·d）。

塔式生物滤池（trickling filter）因外形像塔而得名。这种生物滤床的水力负荷比普通滤池高，但是滤床不会堵塞，净化效果好，原因是污水与生物膜充分接触且接触时间较长。不同的塔高处存在不同的生物相，污水在不同的塔高可以接触不同的微生物，不过由于塔高，需要增加泵的运用。塔的径高比为 1:（6 ~ 8），滤床的深度可达 8 ~ 24 m，滤料一般采用煤渣、炉渣等，水力负荷一般为 80 ~ 200 m^3（废水）/［m^2（水池）·d］，BOD 容积负荷一般小于 1.2 kg/（m^3·d）。

曝气生物滤池（biological aerated filter，简称 BAF）的结构与普通生物滤池相似。污水的流向可以是自上而下（下流式），也可以是自下而上（上流式）。下流式曝气生物滤池的污水从滤池的上方流入，进入填料，空气从填料底部进入，由于污水与空气的进入方向相反，污水与空气可充分接触，继而使有机物等得到很好的降解。上流式曝气生物滤池的污水从滤池的下方流入，水的流动性好，不易堵塞。滤床的深度一般为 2 ~ 4 m，滤料一般采用陶粒和有机塑料，水力负荷一般为 0 ~ 10 m^3（废水）/［m^2（水池）·d］，BOD 容积负荷为 3 ~ 6 kg/（m^3·d）。

2. 生物膜法处理污水的影响因素

（1）温度：温度对生物膜反应器的处理效果影响较大。生物膜法的最适温度为 20 ~ 40℃，当室温低于 20℃时，需要用电热恒温控制仪控制反应器内温度为 20 ~ 25℃。

（2）pH：生物膜法为好氧生物处理技术，其 pH 应该为 6.0 ~ 8.0，pH 太低或太高均会影响微生物的生长，甚至导致微生物死亡。

（3）溶解氧：生物膜法为好氧生物处理技术，应该保证充足的溶解氧。生物膜法的最适溶氧量为 2.0 ~ 4.0 mg/L。

（4）营养盐：微生物的生长需要各种营养物质，除了有机物，还需要

一些 N、P 营养物质，一般好氧微生物所需的 BOD_5:N:P 的最适质量比例为 100:5:1。

（5）水力停留时间：水力停留时间（HRT）是决定污水处理装置处理能力的重要指标。HRT 太小，微生物长期处于饥饿状态，不利于增殖和挂膜；HRT 太大，造成水力负荷甚至有机负荷过大，使得出水水质变差。一般微生物滤池的 HRT 设置为 4 ~ 12 h 为宜。

【实验器材】

1. 实验材料

生活污水（模拟配制）。

2. 器材和试剂

（1）测定 pH 的器材。

（2）测定 COD_{Cr} 的器材和试剂。

（3）测定 BOD_5 和 DO 的器材和试剂。

（4）测定 NH_4^+-N 和 NO_3^--N 的器材和试剂。

3. 实验设备

曝气生物滤池实验装置（采用有机玻璃池，外形装置尺寸 970 cm×955 cm×870 cm，处理水量 40 L/h，工作电源为 220 V、400 W）、数字式溶解氧仪、原水箱和清水箱、水泵、气体流量计、液体流量计、低噪音充氧泵、调速电机、不锈钢搅拌器、调速器、显微镜、冰箱、pH 计、生化培养箱、烘箱等。

【实验步骤】

1. 生活污水的模拟配制

（1）模拟生活污水的培养液配制：模拟生活污水的配方见表 12-2-1。

表 12-2-1　模拟生活污水的配方

模拟生活污水配方	
名称	含量
葡萄糖	2.500 g
NH_4Cl	0.191 g
KH_2PO_4	0.044 g
$MgCl_2 \cdot 6H_2O$	0.020 g
$CaCl_2$	0.001 g
微量元素母液	1 mL/L
水	1000 mL

微量元素母液配方	
名称	含量
$NiCl_2 \cdot 6H_2O$	0.03 g/L
$FeSO_4 \cdot 7H_2O$	0.20 g/L
$CuSO_4 \cdot 5H_2O$	0.03 g/L
$CoCl_2 \cdot 6H_2O$	0.10 g/L
$MnSO_4 \cdot H_2O$	0.10 g/L
$Na_2MoO_4 \cdot 2H_2O$	0.04 g/L
H_3BO_3	0.03 g/L

（2）指标测定：测定配制后的生活污水中 pH、SS、COD_{Cr}、BOD_5、DO、NH_4^+-N 和 TP 指标。

2. 生物膜处理生活污水的过程

（1）曝气生物滤池（BAF）的准备：本实验采用 BAF 模型装置，保证进出水流畅（图 12-2-1）。配制上述模拟生活污水 10 L，倒入生物滤池，通过控温系统对曝气池的温度进行控制，保持温度为 20 ~ 25℃，然后进行接种和挂膜。

（2）接种和挂膜：接种和挂膜是生物膜处理系统中使微生物在载体上附着生长的过程。具体方法是将污水处理厂的高效活性污泥或者实验室分离出来的高效菌种经过扩大培养后，与上述生活污水在生物滤池中混合均匀并进行闷爆，3 ~ 7 d 后游离的活性污泥即可固定在载体上。

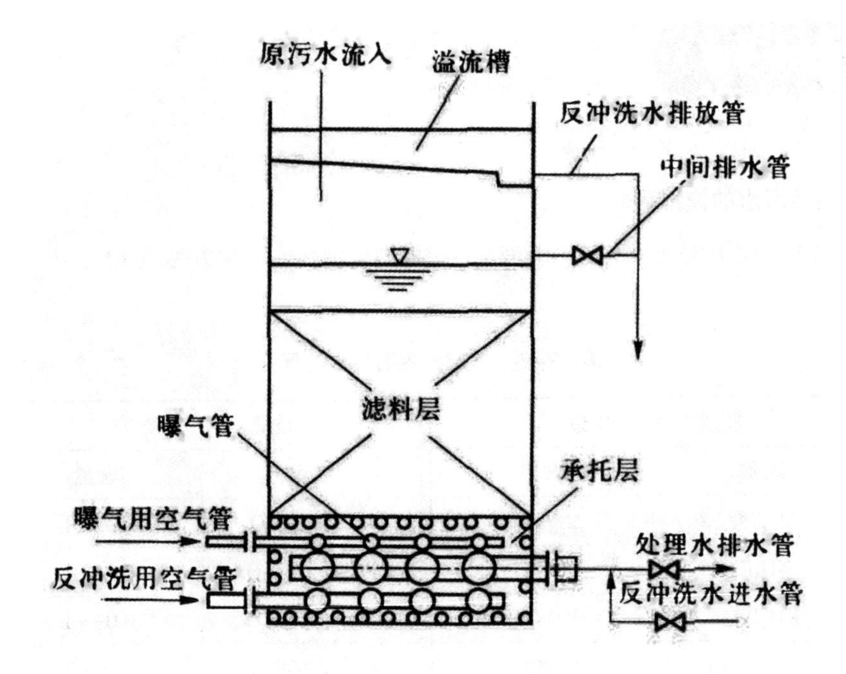

图 12-2-1 曝气生物滤池实验装置

（3）BAF 的运行：挂膜成功后 BAF 反应器可开启计量泵进行连续进水，控制进水 pH 为 6.5 ～ 7.5，温度为 20 ～ 25℃，将 HRT 设置为 24 h，监测出水 COD 和氨氮浓度。当去除率达到 80% 时，继续调低 HRT 至 18 h、16 h、14 h 和 12 h。在 HRT 为 4 h 的条件下，连续稳定运行 7 d。

（4）观察记录：用显微镜观察载体上生物膜的成熟过程，并且记录观察到的微生物形态与生物膜的颜色、厚度以及生物膜上的生物相。

（5）指标测定：测定出水的 pH、SS、COD_{Cr}、BOD_5、DO、NH_4^+-N 和 NO_3^--N 指标。

将实验记录填入表 12-2-2 中，并对 BAF 反应器运行状况进行评估。

表 12-2-2　SBR 对模拟生活污水的处理效果

指标	BAF 反应器			BAF 处理效率	
	进水	出水（1 d）	出水（7 d）	1 d	7 d
pH					
SS					
COD_{Cr}					
BOD_5					
DO					
NH_4^+-N					
NO_3^--N					

【问题与思考】

（1）曝气生物滤池和序批式活性污泥法污水处理工艺有何异同？

（2）相比于活性污泥法、A^2O 工艺（厌氧-缺氧-好氧法）、AO 工艺（厌氧好氧法），生物膜法处理生活污水有哪些优点和缺点？

参考文献

[1] 程丽娟，薛泉宏．微生物学实验技术 [M]. 2 版．北京：科学出版社，2012.

[2] 王英明，徐德强．环境微生物学实验教程 [M]. 北京：高等教育出版社，2019.

[3] 王家玲．环境微生物学 [M]. 2 版．北京：高等教育出版社，2004.

[4] 丁林贤，盛贻林，陈建荣．环境微生物学实验 [M]. 北京：科学出版社，2016.

[5] 国家环境保护总局《水和废水监测分析方法》编委会．水和废水监测分析方法 [M]. 4 版．北京：中国环境科学出版社，2002.

[6] 生态环境部．水质 粪大肠菌群的测定 多管发酵法：HJ 347.2—2018[S]. 北京：中国环境科学出版社，2019.

[7] 生态环境部．水质细菌总数的测定 平皿计数法：HJ 1000—2018[S]. 北京：中国环境科学出版社，2019.

[8] 中华人民共和国卫生部．生活饮用水标准检验方法 微生物指标：GB/T 5750.11—2006[S]. 北京：中国标准出版社，2007.

[9] 中华人民共和国卫生部．公共场所卫生检验方法第 3 部分 空气微生物：GB/T 18204.3—2013[S]. 北京：中国标准出版社，2014.

[10] 全国土壤质量标准化技术委员会．土壤微生物呼吸的实验室测定方法：GB/T 32720—2016[S]. 北京：中国标准出版社，2016.

[11] 姜彬慧，李亮，方萍 . 环境工程微生物学实验指导 [M]. 北京 : 冶金工业出版社，2011.

[12] 陈兴都，刘永军 . 环境微生物学实验技术 [M]. 北京 : 中国建筑工业出版社，2018.

[13] 边才苗，汪美贞，付永前，等 . 环境工程微生物学实验 [M]. 杭州 : 浙江大学出版社，2019.

[14] 尧品华，刘瑞娜，李永峰 . 厌氧环境实验微生物学 [M]. 哈尔滨 : 哈尔滨工业大学出版社，2015.

[15] 刘亚洁，李文娟 . 环境微生物学实验教程 [M]. 北京 : 中国原子能出版社，2013.

[16] 高冬梅，洪波，李锋民 . 环境微生物学实验 [M]. 青岛 : 中国海洋大学出版社，2014.

[17] 徐爱玲，宋志文 . 环境工程微生物实验技术 [M]. 北京 : 中国电力出版社，2017.

[18] 王兰，王忠 . 环境微生物学实验方法与技术 [M]. 北京 : 化学工业出版社，2009.

[19] 环境保护部 . 水质 氨氮的测定 纳氏试剂分光光度法：HJ 535—2009[S]. 北京 : 中国环境科学出版社，2010.

[20] Noah Fierer. Embracing the unknown: disentangling the complexities of the soil microbiome[J]. Nature Reviews Microbiology，2017，15(10)：579-590.

[21] 解雪峰，项琦，吴涛，等 . 滨海湿地生态系统土壤微生物及其影响因素研究综述 [J]. 生态学报，2021，41(1)：1-12.

[22] 环境保护部 . 环境空气质量标准：GB 3095—2012[S]. 北京 : 中国环境科学出版社，2012.

[23] 中华人民共和国卫生部 . 生活饮用水卫生标准：GB 5749—2006[S]. 北京 : 中国标准出版社，2007.

[24] 国家环境保护局 . 污水综合排放标准：GB 8978—1996[S]. 北京 : 中国环境科学出版社，1997.

[25] 高廷耀，顾国维 . 水污染控制工程 . 下册 [M]. 2 版 . 北京：高等教育出版社，1999.

[26] 世界卫生组织 . 实验室生物安全手册 [EB].3 版 .（2004-08-11）[2021-12-06]. https://www.who.int/publications/i/item/9241546506.